高等职业教育精品规划教材

建 筑 材 料

主编 沈 霁

应急管理出版社

·北 京·

图书在版编目（CIP）数据

建筑材料/沈霁主编． －－北京：应急管理出版社，2023
　高等职业教育精品规划教材
　ISBN 978－7－5020－9581－9

　Ⅰ.①建⋯　Ⅱ.①沈⋯　Ⅲ.①建筑材料—高等职业教育—教材　Ⅳ.①TU5

　中国版本图书馆 CIP 数据核字（2022）第 207392 号

建筑材料（高等职业教育精品规划教材）

主　　编	沈　霁
责任编辑	籍　磊
责任校对	李新荣
封面设计	王　滨

出版发行	应急管理出版社（北京市朝阳区芍药居 35 号　100029）
电　　话	010－84657898（总编室）　010－84657880（读者服务部）
网　　址	www.cciph.com.cn
印　　刷	北京地大彩印有限公司
经　　销	全国新华书店
开　　本	787mm×1092mm$^1/_{16}$　印张　17　字数　365 千字
版　　次	2023 年 4 月第 1 版　2023 年 4 月第 1 次印刷
社内编号	20221500　　　　　　　　定价　42.00 元

版权所有　违者必究

本书如有缺页、倒页、脱页等质量问题，本社负责调换，电话:010－84657880

编 委 会

主　任　蒲金龙　刘　忠
副主任　王　晖　李　燕　魏孔明
委　员（按姓氏笔画为序）
　　　　丁兆栋　马瑞山　王文革　王多荣　牛鹏程
　　　　兰聘文　卢建兵　刘志平　刘国强　刘　荣
　　　　朱启进　孙庆唐　吴森福　李志明　李　学
　　　　张宏升　何沛锋　杨　桢　陈　彦　胡贵祥
　　　　侯　侠　南永新　南有禄　赵澍民　黄少华
　　　　焦　健　梁珠擎　程来胜

本书编写人员

主　编　沈　霁
副主编　张贞强　毛著波　王庆彦　秦凌云

序

改革开放以来，我国职业教育迅速发展。2019年国务院印发《国家职业教育改革实施方案》，进一步肯定了职业教育的作用及现实意义，要求要牢固树立新发展理念，服务建设现代化经济体系和实现更高质量更充分就业需要，对接科技发展趋势和市场需求，完善职业教育和培训体系，优化学校、专业布局，深化办学体制改革和育人机制改革，以促进就业和适应产业发展需求为导向，鼓励和支持社会各界特别是企业积极支持职业教育，着力培养高素质劳动者和技术技能人才。2020年《教育部 甘肃省人民政府关于整省推进职业教育发展打造"技能甘肃"的意见》出台，明确提出了部省合作推进甘肃职业教育发展，聚焦打造"技能甘肃"，树立西部职业教育发展示范，全面推进本科职业教育改革试点工作。甘肃高等职业教育发展迎来了新机遇、踏上了新征程。为了实施科教兴国战略，发展职业教育，提高劳动者素质，促进社会主义现代化建设，2022年国家颁布了《中华人民共和国职业教育法》，鼓励并组织职业教育的科学研究。

在此关键时期，恰逢世行贷款甘肃职业教育发展项目助推甘肃省职业教育发展。世行贷款甘肃职业教育发展项目，是经国务院批准，由甘肃省人民政府担保，借用世界银行贷款以提高甘肃省职业院校开展职业教育与培训整体能力的改革创新项目；是全面贯彻全国职教工作会议精神，落实《甘肃省人民政府关于贯彻落实国务院加快发展现代职业教育决定的实施意见》，针对甘肃省经济产业发展战略中技能型人才不足的实际，通过利用外资，同时引进国际先进的职业教育发展理念和经验，进一步促进甘肃省现代职业教育体系建设的重要支撑项目。

甘肃能源化工职业学院子项目是该项目的重要组成部分。项目的实施，为学校引智引资，改善办学条件，改革教育教学方法，推进课程体系建设，提升人才培养质量，促进学校高质量发展奠定了基础。学校以此为契机，积极推进职业教育教材编写工作，遴选资深教师和企业专家组成编委会，编写了这套

▶ 建 筑 材 料

"高等职业教育精品规划教材"。在此过程中,我们始终得到了世行专家团队、教育主管部门和相关院校的大力支持和积极参与,对此深表感谢。

我们要抢抓"一带一路"建设和新一轮西部大开发的历史机遇,探索经济欠发达地区职业教育与区域产业互动发展、融合发展、高质量发展的路径,推动高等职业教育发展,打造"技能甘肃"职业教育高地,为新时代甘肃融入"一带一路"建设培养技术技能型人才。

高等职业教育精品规划教材编委会

2022 年 9 月

前　言

　　建筑材料既是人类建造活动所用一切材料的总称，也是人类赖以生存和发展的物质基础之一。熟悉建筑材料的基本知识，掌握各种新材料的特性，是进行结构设计与研究和工程管理必要的基本条件。反之，轻则影响结构物的外观和使用功能，重则危害结构的安全性，造成重大事故。

　　《建筑材料》是一门专业基础课，面向职业本科或高职阶段建筑类专业学生。教学目的有两个方面：一是在土木建筑工程的基本理论学习和专业课程学习之间架起一座了解建筑材料科学知识的桥梁；二是为以后工作中运用建筑材料提供必要的基本知识。本课程只讲述建筑材料的基础知识，涉及主要的建筑材料，着重让学生掌握运用基础理论知识去分析和认识这些材料的主要性能，以及结构、组成与性能之间的关系，并且能够举一反三，推及其他建筑材料。本书的项目一～项目十主要介绍建筑材料的理论知识，项目十一通过开放性实验案例培养学生理论结合实践的能力。

　　本书由沈霁任主编，张贞强、毛著波、王庆彦、秦凌云任副主编。本书共分十一个项目，参加本书编写工作的有沈霁（项目二、项目三、项目六、项目七、项目八、项目十一）、毛著波（项目五、项目九）、张贞强（项目四）、王庆彦（项目一）、秦凌云（项目十），全书由沈霁统稿。

　　本书在撰写过程中，得到了有关专家的指导以及2021年甘肃省高校课程思政建设研究项目（GSkcsz-2021-076）的基金资助。因笔者水平有限，书中难免有一些不足和疏漏之处，敬请读者多批评多指正！

编　者
2022年9月

目 录

项目一　建筑材料概述 ··· 1

  任务一　建筑材料的基本概念 ··· 1

  任务二　建筑材料的基本性质 ··· 6

项目二　无机胶凝材料 ··· 17

  任务一　石膏 ·· 17

  任务二　石灰 ·· 23

  任务三　水玻璃 ··· 32

  任务四　水泥 ·· 35

项目三　建筑砂浆 ·· 44

  任务一　建筑砂浆概述 ·· 44

  任务二　砂浆拌合物的技术性质 ·· 46

  任务三　砌筑砂浆和抹灰砂浆 ··· 49

  任务四　预拌砂浆 ·· 63

项目四　混凝土 ··· 68

  任务一　混凝土概述 ··· 68

  任务二　混凝土的组成材料 ·· 71

  任务三　混凝土的技术性质 ·· 75

  任务四　混凝土的质量控制与强度 ····································· 87

  任务五　混凝土的配合比设计 ··· 89

  任务六　其他混凝土 ··· 94

项目五　建筑钢材及其他金属材料 ·· 100

  任务一　钢材概述 ·· 100

  任务二　钢材的技术性质 ·· 105

  任务三　建筑结构用钢 ··· 111

建 筑 材 料

　　任务四　钢材的运输、验收和储存 ………………………………………… 114
　　任务五　其他金属材料 ………………………………………………………… 115

项目六　墙体材料 ……………………………………………………………… 119
　　任务一　砌墙砖 ………………………………………………………………… 119
　　任务二　墙用砌块 ……………………………………………………………… 127
　　任务三　墙用板材 ……………………………………………………………… 132

项目七　建筑塑料 ……………………………………………………………… 139
　　任务一　建筑塑料的组成 ……………………………………………………… 139
　　任务二　建筑塑料制品的生产工艺 …………………………………………… 140
　　任务三　建筑塑料的特性 ……………………………………………………… 141
　　任务四　建筑塑料的分类 ……………………………………………………… 142
　　任务五　塑料门窗 ……………………………………………………………… 144
　　任务六　管材 …………………………………………………………………… 149
　　任务七　膜结构与建筑膜材 …………………………………………………… 159
　　任务八　其他塑料制品 ………………………………………………………… 162

项目八　防水材料 ……………………………………………………………… 170
　　任务一　防水材料概述 ………………………………………………………… 170
　　任务二　柔性防水材料 ………………………………………………………… 172
　　任务三　防水密封材料 ………………………………………………………… 176
　　任务四　刚性防水材料 ………………………………………………………… 177
　　任务五　地下防水工程用防水材料 …………………………………………… 185

项目九　建筑功能材料 ………………………………………………………… 192
　　任务一　建筑装饰材料 ………………………………………………………… 192
　　任务二　绝热材料 ……………………………………………………………… 203
　　任务三　吸声隔音材料 ………………………………………………………… 206

项目十　我国建筑废弃物资源化利用 ………………………………………… 209
　　任务一　我国建筑废弃物资源化利用概述 …………………………………… 209
　　任务二　某市基础工程有限公司建筑废弃物资源化利用示范工程 ………… 215

项目十一　开放性实验案例 …………………………………………………… 231
　　任务一　水泥基复合保温墙体材料的制备 …………………………………… 231

任务二　二氧化硅-膨胀珍珠岩复合保温材料的制备 …………………………… 234
任务三　防水保温高强石膏板的制备 ……………………………………………… 237
任务四　硅烷改性聚醚合成及其密封胶的制备 …………………………………… 240
任务五　新型保温防水结构和施工工艺的探讨与研究 …………………………… 242
任务六　防水保温一体化板的制备研究 …………………………………………… 245
任务七　建筑陶瓷砖的制备 ………………………………………………………… 247
任务八　建筑钢材性能的测定 ……………………………………………………… 249
任务九　混凝土拌合物的制备与表观密度测定 …………………………………… 253
任务十　水泥净浆强度的测定 ……………………………………………………… 256

参考文献 ……………………………………………………………………………… 260

项目一　建筑材料概述

任务一　建筑材料的基本概念

【任务目标】
(1) 阐述建筑材料的分类方法。
(2) 阐述常用建筑材料的所属类别。
(3) 阐述建筑材料的检验与标准。

【任务知识】

一、建筑材料的重要性

建筑材料是建筑工程的物质基础，建筑材料的性能、质量和价格直接关系到建筑产品的适用性、安全性、经济性和美观性。每一种新材料的出现和使用都会推动建筑结构在设计、施工生产和使用功能方面的进步和发展。因此，建筑材料在建筑工程中起着极为重要的作用。一个优秀的建筑师总是把建筑艺术和以最佳方式选用的建筑材料融合在一起。结构工程师只有很好地了解建筑材料的性能后，才能根据力学计算，准确地确定建筑构件的尺寸并设计出先进的结构形式。为了降低造价，节省投资，建筑经济学家在基本建设中首先要考虑的是节约和合理地使用建筑材料。建筑施工和安装的全过程，实质上是按设计要求把建筑材料逐步变成建筑物的过程。

建筑材料的质量直接影响建筑物的安全性和耐久性。从材料的选择、储运、检测试验到生产使用等任何环节的失误都会造成工程质量的缺陷，甚至造成重大质量事故。因此，要求工程技术人员必须能正确地选择和合理地使用建筑材料。在建设项目中，材料品种多、数量大、费用高。材料费占建筑、安装工程费的比例很大，直接影响建设成本的高低。相关人员应当对主要材料、辅助材料、大宗材料、小额材料、临时设施用材料、周转性材料、维修用材料等各类材料的成本进行调节控制，以使项目成本整体最低。

二、建筑材料的发展

材料及材料科学的发展史是人类文明的发展史，自原始社会人类开始定居，建筑材料便有了雏形。在原始社会后期，人类利用自然界中的天然材料进行建造活动，如利用岩石、木材等天然建筑材料修建房屋；进入奴隶社会和封建社会，随着生产技术的不断

▶ 建 筑 材 料

发展，人们开始使用铜、铁等金属材料，并使用烧结黏土砖作为墙体材料，这标志着建筑材料由天然材料发展到人工材料阶段。进入18世纪，随着工业革命的兴起，原有的建筑材料已不能满足社会的需要，在其他科学技术的推动下，建筑材料进入全新的发展时期，钢铁、水泥和混凝土这些具有优良性能的建筑材料相继问世；同时，材料的生产也从手工业阶段过渡到工业化的生产阶段。上述二项要素为现代的大规模工程建设奠定了雄厚的物质基础。

当代建筑材料的基本技术性能明显改善，其应用范围发生了较大变化，使用功能也大为拓宽。随着技术的进步，传统的应用方式也发生了明显变化，现代施工技术与设备的应用也使材料在工程中的性能表现比以往更好，为现代土木工程的发展奠定了良好的物质基础。21世纪以来，各种高分子有机材料、新型金属材料和各类复合材料的出现，使建筑物的功能和外观发生了根本性变化。材料的综合性能不断增强和完善，并向着"轻质高强"的方向发展，兼具多种功能性作用。

传统建筑材料在工程中仍然普遍应用，如天然石材、木材、土等，但其在工程中已不占据主导地位。目前，水泥混凝土、钢材、钢筋混凝土已是不可替代的结构材料；新型合金、陶瓷、玻璃、有机材料，以及其他人工合成材料、各种复合材料等在土木工程中也占有越来越重要的位置。

从建筑材料性能改进方面来看，与以往相比，当代土木工程材料的物理力学性能也已获得明显的改善与提高，应用范围也有明显的变化。例如，水泥和混凝土的强度、耐久性及其他功能均有显著的改善；随着现代陶瓷与玻璃性能的改进，其应用范围与使用功能已经大大拓宽。此外，随着技术的进步，传统材料的应用方式也发生了较大的变化，现代施工技术与设备的应用也使得材料在工程中的性能表现比以往更好，为现代土木工程的发展奠定了良好的物质基础。

从土木工程材料应用的发展趋势来看，为满足现代土木工程结构性能和施工技术的要求，材料的应用也向着工业化的方向发展。例如，水泥混凝土等结构材料向着预制化和商品化的方向发展，材料向着成品或半成品的方向延伸，材料的加工、储运、使用，以及其他施工操作的机械化、自动化水平的不断提高，劳动强度逐渐下降。这不仅改变着材料在使用过程中的性能表现，也在逐渐改变着人们对于土木工程材料使用的手段和观念。

新型节能型绿色建筑材料不断涌现，节能建筑材料是发展节能建筑的物质基础，也是建筑节能的有效途径。节约能源，采用低能耗、无环境污染的生产技术，优先开发、生产低能耗的材料及能降低建筑物使用能耗的节能型材料，不仅改善了使用者的工作和生活环境，而且有利于我国实现经济社会可持续发展目标。

高耐久性建筑材料不仅可以延长使用寿命，降低维护保养费用，还可以提高建筑物的整体水平。研制质量轻、高性能的材料是目前建筑材料发展的趋势。

发展多功能材料，充分利用和发挥各种材料的特性，采用复合技术，制造出具有特殊功能的复合材料。

总之，建筑材料是随着社会生产力的发展而发展的，与工程技术的进步有着不可分割的联系。为适应建筑工业化、现代化、智能化，提高工程质量，降低工程造价，建筑材料正向着轻质、高强、耐久、环保、节能、多功能等方向发展。

三、建筑材料的分类

广义的建筑材料是指构成建（构）筑物所有材料的总称，包括使用的各种原材料、半成品、成品等的总称，如黏土、石灰石、生石膏等。狭义的建筑材料是指直接构成建（构）筑物实体的材料，如混凝土、水泥、石灰、钢筋、黏土砖、玻璃等。建筑材料是构成各种土木工程的物质基础，也是决定不同种类土木工程性能的主要因素，并且在使用过程中，建筑材料能抵御周围环境的影响和有害介质的侵蚀，保证建（构）筑物的合理使用寿命，同时也不会对周围环境产生危害。为便于学习和应用，常从不同角度对其进行分类。

1. 按主要组成成分分类

按主要组成成分分类，建筑材料可分为有机材料、无机材料和复合材料。

（1）有机材料，包括天然有机材料及人工合成有机材料。它们均为以有机物构成的材料，具有有机物质耐水性好等一系列特性。

（2）无机材料，包括金属材料及非金属材料。它们均为以无机物构成的材料，具有无机物质耐久性好等一系列特性。

（3）复合材料，包括有机与无机非金属材料复合、金属与无机非金属材料复合及金属与有机材料复合。由于它们能够克服单一材料的缺点，发挥复合后材料的综合优点，满足了当代土木建筑工程对材料性能的要求，复合材料目前已经成为应用最多的土木工程材料。

建筑材料按主要组成成分分类具体见表1-1。

表1-1 建筑材料按主要组成成分分类

分类			实例
无机材料	金属材料	黑色金属	铁及其合金、钢、锰及铬等
		有色金属	轻金属（铝、镁、锂、铍），重金属（铜、锌、镍、铅等），贵金属（金、银、铂等），稀有金属（钛、锆、钒、钨、钼等）
	非金属材料	天然石材	毛石、料石、石板材、碎石、卵石、砂
		烧土制品	烧结砖、瓦、陶器
		玻璃及熔融制品	玻璃、玻璃棉、岩棉、矿棉
		胶凝材料	气硬性：石灰、石膏、菱苦土、水玻璃 水硬性：各类水泥
		混凝土	砂浆、混凝土

▶ 建 筑 材 料

表 1-1（续）

分类		实例
有机材料	植物质材料	木材、竹板、植物纤维及其制品
	合成高分子材料	塑料、橡胶、胶黏剂、有机涂料
	沥青材料	石油沥青、沥青制品、煤沥青
复合材料	金属-无机非金属复合材料	钢筋混凝土、钢纤维混凝土
	无机非金属-有机复合材料	沥青混凝土、聚合物混凝土、玻纤增强塑料、水泥刨花板
	金属-有机复合材料	轻质金属夹芯板

2. 按材料在工程中的作用分类

按材料在工程中的作用分类，建筑材料主要分为结构材料和其他功能材料。

（1）结构材料，即承受荷载作用的材料，如构筑物的基础、柱、梁所用的材料。结构材料的合格与否是决定土木工程结构的安全性与使用可靠性的关键。

（2）其他功能材料，如起围护作用的材料、起防水作用的材料、起装饰作用的材料、起保温隔热作用的材料等。功能材料的选择与使用是否科学合理，往往决定了工程使用的可靠性、适用性和美观效果。

3. 按使用部位分类

按使用部位可将建筑材料分为建筑结构材料、桥梁结构材料、水工结构材料、路面结构材料、建筑墙体材料、建筑装饰材料、建筑防水材料、建筑保温材料等。材料在不同部位中使用时，对其主要性能的要求不尽相同，各自的技术质量标准也有所差别。

表 1-2 简要介绍几种按使用部位进行分类的建筑材料。

表 1-2 建筑材料按使用部位分类

分类	定义	实例
建筑结构材料	构成基础、柱、梁、框架、屋架、板等承重系统的材料	砖、石材、钢材、钢筋混凝土、木材
建筑墙体材料	构成建筑物内、外承重墙体及内分隔墙体的材料	石材、砖、空心砖、加气混凝土、各种砌块、混凝土墙板、石膏板及复合墙板
建筑功能材料	不承受荷载，具有某种特殊功能的材料	保温隔热材料（绝热材料）：膨胀珍珠岩及其制品、膨胀蛭石及其制品、加气混凝土 吸声材料：毛毡、棉毛织品、泡沫塑料 采光材料：各种玻璃 防水材料：沥青及其制品、树脂基防水材料 防腐材料：煤焦油、涂料 装饰材料：石材、陶瓷、玻璃、涂料、木材

表1-2（续）

分类	定义	实例
建筑器材	为了满足使用要求，而与建筑物配套的各种设备	电工器材及灯具 水暖及空调器材 环保器材 建筑五金

四、建筑材料的技术标准

建筑材料的质量是影响土木工程质量与技术水平最直接和最重要的因素之一，掌握与控制好建筑材料的质量对于保证工程质量具有决定性作用。然而，不同的工程或工程部位，对于材料的质量指标类型或其标准要求可能不同。这就要求对于不同的工程或工程部位确定与之相适应的质量指标。

材料的质量产生于生产、储运、应用等过程中，主要决定于材料的组成与结构。要想正确地选择和使用质量合格的材料，必须掌握材料的质量形成过程、工程对材料质量的具体要求，以及正确检测或鉴别材料质量的方法。从应用的角度来看，首先必须正确掌握建筑材料的技术标准。

1. 标准的概念与分类标准

标准的概念与分类标准就是对重复性事物和概念所做的统一规定。它以科学技术和实践经验的综合成果为基础，经有关方面协商一致，由主管机构批准，以特定形式发布，作为共同遵守的准则和依据。简而言之，标准就是对某项技术或产品所实行统一规定的各项技术指标的要求。任何技术或产品必须符合相关标准才能生产和使用，因此，建筑材料标准是工程中对所使用材料进行质量检验的依据。在工程实际中，要想正确地选择、验收和使用材料，必须掌握材料的各项标准。依据适用范围不同，我国现行的常用标准有四大类。

第一类是国家标准，如《通用硅酸盐水泥》（GB 175—2007）。其中，"GB"为国家标准的代号；"175"为标准编号；"2007"为标准颁布年代号；"通用硅酸盐水泥"为该标准的技术（产品）名称。上述标准为强制性国家标准，任何技术（产品）不得低于此标准规定的技术指标。此外，还有推荐性国家标准，以"GB/T"为标准代号，该标准为非强制性标准，如《建设用砂》（GB/T 14684—2011）表示"建设用砂"的国家推荐性标准，标准代号为14684，颁布年代为2011年。

第二类是行业标准，即对没有国家标准而又需要在全国某个行业范围内统一技术要求所制定的标准。行业标准的制定不得与国家标准相抵触，国家标准公布实施后，相应的行业标准即行废止。行业标准由国务院有关行政主管部门制定。例如，《普通混凝土用砂、石质量及检验方法标准》（JGJ 52—2006）。其中，"JGJ"为颁布此标准的建筑工业建设工

▶ 建 筑 材 料

程标准代号（其他行业标准的代号见表1-3）；"52"为此技术标准的二级类目顺序号；"2006"为标准颁发年代号。

表1-3 行业标准的代号

行业	建工行业	冶金行业	石化行业	交通行业	建材行业	铁路行业
标准代号	JG	YB	SH	JT	JC	TB

第三类是企业标准，只适于企业内部。在没有国家标准和行业标准的情况下，企业为了控制生产质量而制定的技术标准，必须以保证材料质量，满足使用要求为目的。企业标准应报当地政府标准化行政主管部门和有关行政主管部门备案。企业标准是企业组织生产经营活动的依据，该标准的代号为"QB/"，其后分别注明企业代号、标准顺序号、制定年代号。

第四类是地方标准，又称为区域标准。对于没有国家标准和行业标准而又需要在省、自治区、直辖市范围内统一的工业产品的安全、卫生要求，可以制定地方标准。地方标准由省、自治区、直辖市标准化行政主管部门制定，并报国务院标准化行政主管部门和国务院有关行政主管部门备案，在公布国家标准或者行业标准之后，该地方标准即应废止。地方标准的代号为"DB"。例如，《预拌混凝土技术规程》（DB21/T 1304—2012）（注：这里的"21"代表辽宁省地方标准）。

2. 材料技术标准在土木工程中的应用

为使材料满足设计要求的技术性能和相应的使用环境及使用条件，材料的技术性能就必须达到相应的技术要求。因此，建筑材料在使用前，必须根据工程要求通过验证试验，检验其部分或全部技术性质指标。只有这些指标能够达到技术标准规定的要求时，才允许其在工程中使用。

在材料管理工作中，了解与确定材料的技术性质时，应使用统一的标准方法检测其技术参数，遵守材料的试验标准（或称试验规程）。在材料的储运、使用方面，国家也规定了相应的质量标准。在各种土木工程建设过程中，只有掌握了这些标准，并按照其进行操作和使用，才能正确管理与使用材料。

任务二　建筑材料的基本性质

【任务目标】

(1) 阐述材料与质量有关的性质的相关概念，熟悉各密度指标的表达。

(2) 阐述材料耐水性、抗渗性的表达式，以及材料导热性、热容量与比热容、吸声性等性能。

(3) 阐述材料的强度特征与等级。

(4) 阐述材料耐久性的影响因素，列举材料耐久性的提高措施。

【任务知识】

一、材料的组成与结构

1. 材料的组成

材料的组成是指构成材料的成分，不同的成分使材料具有不同的化学、物理力学性质。通常，材料的组成可分为化学组成、矿物组成和相组成三类。

(1) 化学组成。化学组成是指组成材料的化学元素及化合物的种类和数量。通常情况下，金属材料以化学元素的质量分数表示；无机非金属材料以元素氧化物的质量分数表示；有机合成高分子材料常以构成高分子材料的一种或几种低分子化合物（单体）来表示。

(2) 矿物组成。矿物组成是指组成材料的矿物种类和数量的占比关系。所谓矿物，是指具有一定化学成分和一定结构及物理、力学性质的物质或单质的总称。矿物是构成岩石及各类无机非金属材料的基本单元。例如，花岗岩的矿物组成主要是石英和长石，石灰岩的矿物组成为方解石。

(3) 相组成。在相组成材料中，性质相同、结构相近的均匀部分称为相。同种化学物质，由于加工工艺、温度、压力等条件不同，可形成不同的相。例如，混凝土是由骨料（分散相）分散在水泥浆（基相）中硬化而成的两相复合材料。

2. 材料的结构

材料的结构也是决定材料性能的重要因素，一般从宏观、细观和微观三个层次来分析研究材料。

(1) 宏观结构。宏观结构是指材料宏观存在的状态，是以肉眼或放大镜即可分辨的粗大组织。

(2) 细观结构。细观结构也称显微或亚微观结构，是指用光学显微镜和一般扫描透射仪器所能观察到的结构，介于宏观和微观之间。

(3) 微观结构。微观结构是指材料原子、分子层次的结构，能用电子显微镜、X射线衍射仪等手段分析研究该层次材料的结构状况。材料的微观结构可分为晶体、玻璃体和胶体。

二、材料与质量有关的性质

(一) 材料的密度、表观密度和容积密度、堆积密度

1. 密度

密度是材料在绝对密实状态下，单位体积的质量。密度的计算式为

▶ 建 筑 材 料

$$\rho = \frac{m}{v} \tag{1-1}$$

式中　ρ——材料的密度，g/cm³；

　　　m——材料在干燥状态下的质量，g；

　　　v——材料在绝对密实状态下的体积，cm³。

2. 表观密度和容积密度

表观密度又称视密度、近似密度，表示材料单位细观外形体积（包括内部封闭孔隙）的质量；容积密度又称体积密度、表观毛密度、容重，表示材料单位宏观外形体积（包括内部封闭孔隙和开口孔隙）的质量。表观密度的计算式为

$$\rho' = \frac{m}{v'} \tag{1-2}$$

式中　ρ'——材料的表观密度，g/cm³；

　　　m——材料在干燥状态下的质量，g；

　　　v'——材料不含开口孔隙的体积，cm³。

注意：对致密材料，如天然砂、石，可用表观密度 ρ' 近似代替干燥时体积密度 ρ_0。

3. 堆积密度

堆积密度是指散粒材料或粉状材料，在自然堆积状态下单位体积的质量。在自然堆积体积（含材料间空隙）颗粒材料正好装满容器时，测量该容器的容积 v。堆积密度的计算式为

$$\rho'_0 = \frac{m}{v'_0} = \frac{m}{v + v_P + v_V} \tag{1-3}$$

式中　ρ'_0——材料的堆积密度，kg/m³；

　　　v_P——颗粒内部孔隙的体积，m³；

　　　v_V——颗粒间空隙的体积，m³。

自然堆积状态下的体积包含颗粒内部的孔隙体积及颗粒之间的空隙体积。

（二）材料的密实度与孔隙率

1. 密实度

密实度即材料体积内被固体物质充实的程度，用 D 表示：

$$D = \frac{V}{V_0} \times 100\% = \frac{\rho_0}{\rho} \times 100\% \tag{1-4}$$

2. 孔隙率

孔隙率指材料内部孔隙体积占其总体积的百分率，用 P_0 表示：

$$P_0 = \frac{V_0 - V}{V_0} = \left(\frac{V_0}{V_0} - \frac{V}{V_0}\right) \times 100\% = \left(1 - \frac{\rho_0}{\rho}\right) \times 100\% \tag{1-5}$$

孔隙率和密实度的关系为

$$D + P_0 = 1$$

材料孔隙率或密实度的大小直接反映材料的密实程度。材料的孔隙率高,则表示密实程度小。

(三) 材料的填充率与空隙率

(1) 填充率是指散粒状材料在某堆积体积中被其颗粒填充的程度。

(2) 空隙率是指在某堆积体积中,散粒状材料颗粒之间的空隙体积所占的百分率。空隙率的大小反映了材料的颗粒之间互相填充的致密程度。空隙率的计算式为

$$P'_0 = \frac{V_V}{V'_0} = \left(\frac{V'_0}{V'_0} - \frac{V_0}{V'_0}\right) \times 100\% = \left(1 - \frac{\rho'_0}{\rho_0}\right) \tag{1-6}$$

三、材料与水有关的性质

1. 亲水性与憎水性

材料与水接触时能被水润湿的性质称为亲水性。材料与水接触时不能被水润湿的性质称为憎水性。

材料的亲水性与憎水性可用润湿边角 θ 来说明。θ 越小,表明材料越易被水润湿。当 $\theta \leq 90°$ 时,该材料称为亲水性材料;当 $\theta > 90°$ 时,该材料称为憎水性材料。

2. 吸水性

材料在水中吸收水分的能力称为吸水性。吸水性的大小常以吸水率表示。有质量吸水率和体积吸水率两种表示方法。

(1) 质量吸水率是指材料吸水饱和时,所吸水量占材料绝干质量的百分率,质量吸水率用 ω_m 表示:

$$\omega_m = \frac{m_{sw}}{m \times 100\%} \left[\frac{(m'_{sw} - m)}{m}\right] \times 100\% \tag{1-7}$$

式中 m_{sw}——材料吸水饱和时所吸水的质量,g 或 kg;

m'_{sw}——材料吸水饱和时材料的质量,g 或 kg。

(2) 体积吸水率是指材料吸水饱和时,所吸水分的体积占绝干材料自然体积的百分率。体积吸水率在数值上等于开口孔隙率。体积吸水率用 ω_v 表示:

$$\omega_v = \frac{v_{sw}}{v_0 \times 100\%} = \left[\frac{(m'_{sw} - m)}{\frac{v_0}{\rho_w}}\right] \times 100\% \tag{1-8}$$

式中 v_{sw}——材料吸水饱和时所吸水的体积,cm³ 或 m³;

m'_{sw}——材料吸水饱和时材料的质量,g 或 kg;

ρ_w——水的密度,g/cm³ 或 kg/m³。

质量吸水率和体积吸水率的关系为

$$\omega_v = \rho_0 \omega_m$$

对于多孔吸水材料,其质量吸水率往往超过 100%,此时用体积吸水率表示;材料受

▶ 建 筑 材 料

潮后,导热性增大,故保温隔热材料需保持干燥状态。

3. 吸湿性

材料在潮湿空气中吸收水分的性质称为吸湿性。材料的吸湿性常以含水率($\omega_{含}$)表示,含水率等于含水量占材料绝干质量的百分率。含水率随环境温度和空气湿度的变化而改变,当与空气温湿度相平衡时,材料的含水率称为平衡含水率,用ω'_m表示:

$$\omega'_m = \frac{m_w}{m} \times 100\% \qquad (1-9)$$

式中 m_w——材料在空气中吸收水分的量,kg;

m——材料干燥时的质量,kg。

建筑材料在正常状态下均处于平衡含水率状态,材料的亲水性越强,连通微细孔越多,则吸水率、含水率越大。

4. 耐水性

材料长期在饱和水作用下不被破坏,而且强度也不显著降低的性质称为耐水性。材料的耐水性用软化系数$K_软$($K_软 = f_软 / f_干$)表示。软化系数越小,表示材料的耐水性越差。工程上,通常将$K_软 \geq 0.85$的材料称为耐水性材料,用软化系数K_P表示:

$$K_P = \frac{f_{sw}}{f_d} \qquad (1-10)$$

式中 f_{sw}——材料吸水饱和状态下的抗压强度,MPa;

f_d——材料在干燥状态下的抗压强度,MPa。

5. 抗渗性

材料抵抗压力水渗透的性质称为抗渗性,又称不透水性。材料的抗渗性可用渗透系数K或抗渗等级S或P表示。渗透系数越小或抗渗等级越大,材料的抗渗性越好。

材料抗渗性的好坏与其孔隙率和孔隙特征有关。绝对密实的材料和具有闭口孔隙的材料,或具有极细孔隙的材料,可以认为是不透水的。开口孔隙大的材料抗渗性最差。此外,亲水性材料的毛细孔由于毛细作用而有利于水的渗透。

6. 抗冻性

材料在吸水饱和状态下,能经受多次冻融循环作用而不被破坏,同时也不严重降低强度的性质称为抗冻性。材料的抗冻性用抗冻等级(D或F)表示,即在一定条件下能够经受的冻融循环次数。

材料的孔隙率低、孔径小、开口孔隙少,则抗冻性好。另外,抗冻性还与材料吸水饱和的程度、材料本身的强度以及冻结条件等有关。

四、材料的力学性质

材料的力学性能是指材料在外力作用下抵抗破坏的能力与变形性质,包括材料的强度、弹性、塑性、脆性、韧性、硬度和耐磨性等。

项目一 建筑材料概述

1. 强度

材料抵抗外力（荷载）作用破坏的能力称为材料的强度。若荷载增加，应力相应加大，直到材料发生破坏。材料发生破坏时的荷载称为破坏荷载或最大荷载，此时的应力称为强度极限。根据外力作用方式的不同，材料强度有抗拉强度、抗压强度、抗弯（抗折）强度、抗剪强度4种。表1-4列出了各种强度测定时，试件的受力情况和各种强度的计算公式。

表1-4 试件的受力情况和各种强度的计算公式

强度类别	受力情况	计算式	备注
抗拉强度		$f_t = \dfrac{F}{A}$	
抗压强度		$f_t = \dfrac{F}{A}$	F—破坏荷载，N A—受荷面积，mm^2 l—跨度，mm b—断面宽度，mm h—断面高度，mm
抗弯强度		$f_b = \dfrac{3Fl}{2bh^2}$	
抗剪强度		$f_t = \dfrac{F}{A}$	

材料的强度与其组成成分、结构构造有关。例如，砖、石、混凝土等材料的抗压强度较高，抗拉及抗弯强度较低；钢材的抗拉、抗压强度都很高。材料的强度主要是通过对材料试件进行破坏试验而测得的。

不同种类的材料，强度不同；同一种材料，受力情况不同时，强度也不同。例如，混凝土、砖、石等脆性材料，抗压强度较高，抗弯强度较低，抗拉强度则更低；而低碳钢、有色金属等塑性材料的抗压强度、抗拉强度、抗弯强度、抗剪强度则大致相等。同一种材料的结构构造不同时，强度也有较大的差异。例如，孔隙率大的材料，强度往往较低；层状材料或纤维状材料则会表现出各项强度有较大的差异；细晶结构的材料，强度一般要高于同类粗晶结构材料。

除上述内在因素会影响材料强度外，测定材料强度时的试验条件，如试件尺寸和形状、试验时的加荷速度、试验时的温度与湿度、试件的含水率等也会对试验结果有较大的影响。例如，在测定混凝土强度时，同样条件下，棱柱体试件的抗压强度要小于同样截面

▶ 建 筑 材 料

尺寸的立方体试件抗压强度。尺寸较小的正方体试件强度要高于尺寸较大的立方体试件强度。

总体来说，强度的影响因素主要有：

（1）材料的组成、结构和构造。

（2）试验条件、形状、尺寸、表面状况、加荷速度、试验装置情况等。

（3）材料的含水情况。

（4）测试时，试件的温度及湿度。

每一种材料由于品质的不同，其强度值也有很大的差别。为了生产和使用的方便，国家标准规定，对于以强度为主要指标的材料，通常以材料强度值的高低划分成若干等级，称为强度等级。例如：砖、混凝土等脆性材料主要应用于承受压力的构件，按照抗压强度的高低将其划分为若干强度等级，如普通混凝土有 C20、C30、……、C80 等；建筑钢材一般按照拉伸屈服强度划分强度等级，如 Q235、Q335 等。

比强度是按单位体积质量计算的材料强度，即材料的强度与其表观密度之比，是衡量材料轻质高强的一项重要指标。比强度越大，材料轻质高强的性能越好。优质的结构材料要求具有较高的比强度。选用比强度大的材料对增加建筑高度、减轻结构自重、降低工程造价等具有重大意义。轻质高强的材料是未来建筑材料发展的主要方向。

2. 弹性

材料在外力作用下产生变形，当外力除去后，又能恢复到原来形状的性质称为弹性，这种能完全恢复的变形称为弹性变形（瞬时变形）。

3. 塑性

在外力作用下，材料产生变形，当外力取消后，材料不能恢复到原来形状，且不产生裂缝的性质称为塑性。这种不能恢复的变形称为塑性变形（永久变形）。

实际上，完全的弹性材料是没有的。有些材料当应力不大时，表现为弹性，而应力超过某一限度后，即发生塑性变形，如建筑钢材；有些材料在受力后，弹性变形与塑性变形同时发生，外力除去后，弹性变形消失，塑性变形不能消失，如混凝土。

4. 脆性

材料受外力作用破坏时，无明显的塑性变形而突然产生破坏的性质，称为材料的脆性。在常温、静荷载下，只有脆性的材料称为脆性材料，如砖、石、混凝土、砂浆、陶瓷、玻璃等。脆性材料的特点是塑性变形较小，抗压强度高，抗拉强度低，抵抗冲击、振动荷载的能力差，因此脆性材料不能承受振动和冲击荷载，也不宜用于受拉部位，只适用于作承压构件。

5. 韧性

材料在冲击或振动荷载的作用下，能吸收较大的能量，并产生一定变形而不发生破坏的性质，称为材料的韧性，又称冲击韧性。在建筑工程中，对于要求承受冲击荷载和有抗震要求的结构，如吊车梁、桥梁、路面等所用的材料，均应具有较高的韧性。例如，建筑钢材、木材、橡胶沥青混凝土等都属于韧性材料。

6. 硬度

材料表面抵抗较硬物体压入或刻画的能力称为材料的硬度。测定材料硬度的方法有多种，通常采用的有压入法、刻画法和回弹法。

（1）压入法，常用于测定钢材、木材和混凝土等材料的硬度，如布氏硬度（HBW）是以单位面积压痕上所受到的压力表示的。

（2）刻画法，常用于测定天然矿物的硬度，可利用刻画法将天然矿物硬度分为10级，其硬度按递增的顺序排列依次为滑石、石膏、方解石、萤石、磷灰石、正长石、石英、黄玉、刚玉、金刚石。

（3）回弹法，常用于测定混凝土构件表面的硬度，并以此估算混凝土的抗压强度。材料的硬度越大，其耐磨性越好，加工越困难。工程中有时用硬度来间接测算材料的强度。

几种常用的硬度检测方法如图1-1所示。

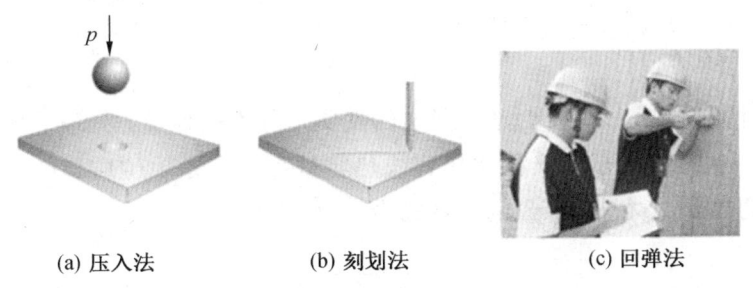

图1-1 几种常用的硬度检测方法

7. 耐磨性

材料表面抵抗磨损的能力称为材料的耐磨性。材料的耐磨性用磨损率 N 来表示。试件的磨损率表示一定尺寸的试件，在一定压力作用下，在磨损试验机上磨损一定次数后，试件每单位面积上的质量损失。材料耐磨性的计算式为

$$N = \frac{m_1 - m_2}{A} \tag{1-11}$$

式中　　N——材料的磨损率，g/cm^2；

$m_1 - m_2$——材料试件磨损前后的质量差，g；

A——材料试件的受磨面积，cm^2。

五、材料的热工性质

1. 导热性

材料传导热量的性质称为导热性，导热性的大小用导热系数 λ 表示。导热系数是评价

▶ 建 筑 材 料

材料导热能力的指标,其物理意义为单位面积、单位厚度的材料在单位温差下、单位时间内传导的热量,即

$$\lambda = \frac{Qd}{(T_1 - T_2)At} \tag{1-12}$$

式中　　λ——导热系数,W/(m·K);

　　　　Q——传递的热量,J;

　　　　d——材料的厚度,m;

　　　　$T_1 - T_2$——材料两侧的温度差,K;

　　　　A——材料传热面的面积,m²;

　　　　t——传热的时间,s 或 h。

通常把 $\lambda < 0.23$ W/(m·K) 的材料称为绝热材料,在运输、存放、施工及使用过程中,须保持干燥状态。

导热系数越小,材料的绝热性越好。材料含水,导热系数会明显增大;高温下比常温下大;顺纤维方向导热系数也会大些。

2. 热容量

材料受热时吸收热量、冷却时放出热量的性质,称为热容量。其值为比热 C 与材料质量 m 的乘积,用比热 C 表示,又称比热容或热容量系数,是单位质量的材料温度变化一度吸收或放出的热量。材料热容量的计算式为

$$C = \frac{Q}{m(T_2 - T_1)} \tag{1-13}$$

式中　　C——材料的比热,J/(kg·K);

　　　　Q——材料吸收(或放出)的热量,J;

　　　　m——材料的质量,kg;

　　　　$T_2 - T_1$——材料受热(或冷却)前后的温度差,K。

材料的热容量对保持建筑物内部温度稳定有重要意义,能在热流变动或采暖设备供暖不均匀时,缓和室内温度的波动。

六、材料的耐久性

建筑材料的耐久性是指材料使用过程中,在内、外部因素的作用下,经久不被破坏,保持原有性能的性质,简单说就是经久耐用的性能。材料的耐久性是一项综合性能,一般是根据具体气候及使用条件下保持工作性能的期限来度量的。

1. 影响材料耐久性的因素

材料在建筑物使用过程中,除材料内在原因使其组成、构造、性能发生变化以外,还会因长期受到使用条件及各种自然因素的作用而遭到破坏,这些作用包括物理作用、化学作用、机械作用和生物作用。

（1）物理作用。不燃材料的物理作用包括环境温度、湿度的交替变化，即冷热、干湿、冻融循环等作用。材料在经受这些作用后，将发生膨胀、收缩或产生内应力，长期的反复作用，将使材料渐遭破坏。

（2）化学作用。难燃材料的化学作用包括空气和环境水中的酸、碱、盐等溶液或其他有害物质对材料的侵蚀作用，以及日光、紫外线等对材料的作用。

（3）机械作用。机械作用包括荷载的持续作用，交变荷载对材料引起的疲劳、冲击、磨损、磨耗等。

（4）生物作用。生物作用包括菌类、昆虫等的侵害作用，导致材料发生腐朽、蛀蚀等而破坏。

各种材料的耐久性因其组成和结构不同而异。例如：混凝土的耐久性，主要通过抗渗性、抗冻性、抗侵蚀性和抗碳化性来评价；钢材易受氧化而锈蚀，耐久性通常取决于其抗锈蚀性；沥青的耐久性则主要取决于其大气稳定性和温度敏感性；无机非金属材料常因氧化、风化、碳化、溶蚀、冻融、热应力、干湿交替作用等而破坏；有机材料多因腐烂、虫蛀、老化而变质等。

2. 材料耐久性的测定

耐久性是材料的一项综合性质，诸如抗冻性、抗风化性、抗老化性、耐化学腐蚀性等均属耐久性的范围。此外，材料的强度、抗渗性、耐磨性等技术性能也与材料的耐久性有着密切的关系。影响耐久性的内在因素有很多，主要为材料的组成与构造、材料的孔隙率及孔隙特征、材料的表面状态等。

对材料耐久性最可靠的判断，是对其在使用条件下进行长期观察和测定，但这需要很长时间。为此，近年来常采用快速检验法，这种方法是模拟实际使用条件，将材料在实验室进行快速试验，根据试验结果对材料的耐久性做出判定。在实验室进行快速试验的项目主要有干湿循环、冻融循环、碳化、加湿与紫外线干燥循环、盐溶液浸渍与干燥循环、化学介质浸渍等。例如水泥混凝土的耐久性用抗渗性、抗冻性、耐化学腐蚀性等指标反映其在长期使用过程中的耐久性。

3. 提高耐久性的措施

为了提高材料的耐久性，可设法减轻大气或其他介质对材料的破坏作用，如降低湿度，排除侵蚀性物质；提高材料本身的密实度，改变材料的孔隙构造；适当改变成分，进行憎水处理及防腐处理等；也可用保护层、保护材料，如抹灰、刷涂料、作饰面等。

【项目习题】

1. 简述材料在土木工程中的作用。
2. 在土木工程建设中如何通过控制材料的质量状态来控制工程质量？
3. 建筑材料按其主要组成成分的不同如何进行分类？
4. 建筑材料的检验标准分为几类？
5. 材料吸水后，材料的密度、表观密度、堆积密度会发生怎样的变化？

▶ 建 筑 材 料

6. 某石材的密度为 2.70 g/cm³，孔隙率为 1.2%，将该石材破碎成石子，石子的堆积密度为 1580 kg/m³，求此石子的表观密度和空隙率。

7. 室内温度 15 ℃，室外温度 −15 ℃，外墙面积 100 m²，每天烧煤 20 kg，煤的发热量为 4.2×10^4 kJ/kg，砖的导热系数为 0.78 W/(m·K)，问外墙需要多厚？

8. 建筑物的屋面、外墙、基础所使用的材料各应具备哪些性质？

项目二 无机胶凝材料

任务一 石　　膏

【任务目标】

(1) 阐述石膏的原料组成、生产和品种分类。

(2) 阐述石膏的使用性质、优缺点。

(3) 阐述石膏的应用。

【任务知识】

一、概述

石膏主要包括两个方面：一是石膏胶凝材料的制备；二是石膏制品的制备。前者是将二水石膏加热使之部分或全部脱水，以制备不同的脱水石膏相；后者是将脱水石膏再水化，使之再生成二水石膏并形成所需的硬化体。因此，石膏的脱水和再水化是石膏工业的理论基础。

二、石膏胶凝材料的原料

生产石膏胶凝材料的原料有天然二水石膏、天然硬石膏以及工业副产石膏。天然二水石膏又称生石膏，是由两个结晶水的硫酸钙（$CaSO_4 \cdot 2H_2O$）复合组成的层积岩石。

石膏的理论重量组成：CaO 约为 32.57%，SO_3 约为 46.50%，H_2O 约为 20.93%。

石膏一般呈板状、叶片状、针状和纤维状形式进行结晶，少数呈柱状，有时也可见燕尾双晶形。石膏的种类按形状可分为透明石膏、纤维石膏、雪花石膏、片状石膏和土石膏等。纯净的石膏晶体是无色透明的或白色的，但天然产出的石膏常含有砂、黏土、碳酸盐矿物及氧化铁等各种杂质，因此，晶体通常呈现出灰、褐、淡红及灰黄等颜色。

天然二水石膏中常含一定数量的杂质，其中碳酸盐类的杂质有石灰石和白云石，黏土类杂质有石英、长石、云母和蒙脱石等；还可能有少量的氯化物、黄铁矿、有机质等。二水石膏的品位是按二水硫酸钙（$CaS_4 \cdot 2H_2O$）含量评定的，二水硫酸钙的含量一般通过 CaO、SO_3 和结晶水含量推算，得出的值分别称为钙值（3.07 CaO%）、硫值（2.15 SO_3%）和水值（4.78 H_2O%）。取三值中的最小值为定级的依据。

天然硬石膏又名无水石膏，主要是由无水硫酸钙（$CaSO_4$）组成的沉积石岩。硬石膏的矿层一般位于二水石膏层的下面,通常,硬石膏在矿物水作用下可变成二水石膏。纯净的硬石膏的化学组成(理论重量)为:CaO 41.2%,SO_3 58.8%。其晶体结构中 Ca^{2+} 和 $(SO_4)^{2-}$ 在(100)和(010)面上呈层状分布;另外,结晶格子是由每个网格内 4 个分子组成的单元结构,故结晶格子紧密,相比其他类硫酸钙,结晶格子有较大的稳定性。

硬石膏属斜方晶系。晶体呈柱状和厚板状,集合体常呈块状或粒状。纯净的硬石膏呈透明、无色或白色,含有杂质的硬石膏呈灰白或灰黑色,有时微带红色或蓝色。

三、石膏的各种变体及其形成条件与机理

石膏胶凝材料一般是以二水石膏为原料,在一定条件下进行热处理而制得。二水石膏在受热脱水过程中,根据不同条件,会得到各种半水和无水石膏变体,它们的结构和性质是有区别的。

(一)二水石膏的脱水转变及脱水石膏的形成机理

当二水石膏加热脱水时,由于热处理的条件不同,脱水石膏的结构和特性也不同(图2-1)。各种石膏变体从化学成分来看主要有含 20.9% 结晶水、含 6.2% 结晶水和无水石膏 3 种。各种变体的密度、结晶形状和尺寸、水化热、热容量、光学性能等都有一定的差别。这种差别取决于这些物质的微观结构以及与微粒内表面积值大小有关的能量状态。

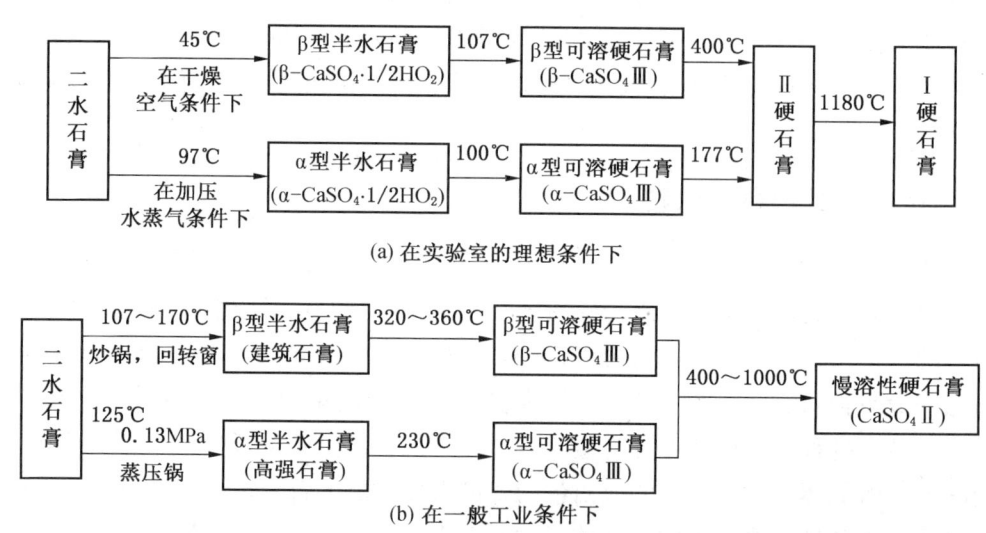

图 2-1 二水石膏加热脱水转变及脱水石膏的形成机理

石膏胶凝材料的制备过程,主要是二水石膏加热脱水转变为不同脱水石膏相的过程。该过程反应如下:

$$CaSO_4 \cdot 2H_2O \xrightarrow{加热脱水} CaSO_4 \cdot \frac{1}{2}H_2O \quad 或脱水 \ CaSO_4$$

在脱水转变过程中，每一步的转变性状不尽相同。如 $CaSO_4 \cdot 2H_2O$ 脱水至 $CaSO_4 \cdot \frac{1}{2}H_2O$ 会伴随结晶格子的重新排列，而 α 型半水石膏和 β 型半水石膏脱水至无水石膏，不会产生明显的结构改变，它们的晶格彼此间较为相似，只是这个转变过程极不稳定，很快就会吸取空气中的湿气水化成普通的半水石膏。但当温度相应提高后，α 型无水石膏和 β 型无水石膏又会进行结晶格子的重新排列，生成可溶性硬石膏。可溶性硬石膏和半水石膏不同，具有较大的需水性，凝结较快，硬化后的成品强度较低。因此，在生产建筑石膏时，应避免二水石膏加热到可能生成这种产物的温度范围。

（二）半水石膏的结构与性质

半水石膏（熟石膏）是由二水石膏加热至一定的温度后脱去部分的结晶水而得到的。由于加热条件不同，会形成 α 型和 β 型两种不同形态的半水石膏。α 型半水石膏是用蒸压釜在饱和水蒸气的湿介质中蒸炼而成的，脱出的水是液体；而 β 型半水石膏是在处于缺少水蒸气的干燥环境中进行脱水的，脱出的水是蒸汽。

由于形成条件的差异，导致它们之间不论是在结构上还是在物理力学性能上都有较大的差别。α 型半水石膏为菱形结晶体，晶体尺寸大而完整，晶形良好、密实，从建筑性质的角度将其称为高强建筑石膏；而 β 型半水石膏呈细鳞片状集合体，晶体表面有裂纹，结晶很细、不规则，从建筑性质的角度将其称为普通建筑石膏。

比较密实的 α 型半水石膏与比较疏松的 β 型半水石膏在外比表面积或内比表面积上都存在较大的差别，所以，它们的建筑性质也存在着较大差异。例如，在调制石膏浆体时，为了便于操作和成型，根据浆体的标准稠度需水量，β 型半水石膏一般为 60%～80%，α 型半水石膏一般为 35%～45%。半水石膏完全水化所需要的水只有 18.6%（半水石膏含水 5%～7%），多余的水蒸发后会在石膏硬化体中留下大量的孔隙，因而其密实度和强度均有大幅度降低。在此情况下，用水量越少，最终的硬化浆体结构越密实，由此可见，β 型半水石膏硬化浆体的强度比 α 型半水石膏硬化浆体的强度低很多。

（三）硬石膏的性质

可溶性硬石膏Ⅲ（α 型、β 型）又称无水石膏Ⅲ。它们的微观结构与半水石膏相似。

硬石膏Ⅱ又称为不溶性硬石膏Ⅱ，它在 400～1180 ℃ 温度范围内是一个稳定相。它的晶粒大小、密度和连生程度与热处理温度有关。温度越高，结构越致密，密度一般为 2200～3100 kg/m³，在水中的溶解度较小。

硬石膏Ⅰ只有在温度高于 1180 ℃ 时才是稳定的，硬石膏Ⅱ向硬石膏Ⅰ的转变是可逆的。

四、半水石膏的水化过程及机理

水化是指物质与水所起化合作用的过程，即物质从无水状态转变到含结合水状态的反应，包括水解和水合。凝结是指物质加水后，开始变成流动性浆体，浆体向固体发展形成了一定的结构,可以承受微弱的力量,但不能承受强大的力量的过程。硬化是指浆体从失去流动性发展到能承受强大力量的过程。此过程也可以认为是结晶结构网形成的过程。

半水石膏的水化过程可表示为

$$CaSO_4 \cdot \frac{1}{2}H_2O \xrightarrow{\text{加水水化硬化}} CaSO_4 \cdot 2H_2O（结晶结构的硬化体）$$

半水石膏水化具有代表性的理论有两个：一个是结晶理论；另一个是局部化学反应理论。更具普遍意义的是结晶理论。

结晶理论的要点是先形成饱和溶液,从中沉淀出晶体水化物。该理论认为,半水石膏加水之后发生溶解,生成不稳定的过饱和溶液,溶液中的半水石膏经过水化而成为二水石膏。由于二水石膏在常温下比半水石膏具有小得多的溶解度（如 20 ℃时 $CaSO_4 \cdot \frac{1}{2}H_2O$ 在水中的溶解度为是 10 g/L 左右,而 $CaSO_4 \cdot 2H_2O$ 的溶解度为 2 g/L 左右）,所以溶液对二水石膏是高度过饱和的,因此很快沉淀析晶。由于二水石膏的析出,破坏了原有半水石膏溶解的平衡状态,这时半水石膏会进一步溶解水化,以补偿二水石膏析晶而在液相中减少的硫酸钙含量。随着 $CaSO_4 \cdot 2H_2O$ 从过饱和溶液中不断沉淀出来,其结晶体随即增长,并进行排列和连生,互相交织,从而形成网络结构,使石膏浆体硬化且具有强度。如此不断地进行半水石膏的溶解和二水石膏的析晶,直到半水石膏完全水化为止。应该说整个水化过程是在溶解、水化、生成胶体、析出结晶等过程中相互交错进行的。

因此,可以认为对于半水石膏的水化速度,可能有很多影响因素,主要有石膏煅烧温度、粉磨细度、结晶形态、杂质情况及水化条件。

五、石膏浆体的硬化与强度发展过程

按照目前人们的观点：对石膏水化硬化过程,重要的不在于材料本身同水结合的过程,而是这个过程对水化产物的特性（水化产物的强度、黏结性质、内聚性质、稳定性质等）,以及对水化产物的分散能力和结晶形式的影响。

应该指出,硬化过程的观点要比生成水化物机理的观点有更多不同的说法。例如,有人认为,当 $CaSO_4 \cdot 2H_2O$ 产生结晶时,结构的形成分为两个阶段进行。第一阶段,随着新生成物晶体产生,互相之间发生了连生接触和晶体的可能增长,形成结晶结构骨架；第二阶段,新的结晶接触点不再生长,而仅仅产生已存在的骨架的长大,也就是组成的晶粒增长。还有人认为,石膏浆体的硬化过程实质上就是结晶结构网的形成过程,此过程一定伴随着强度的发展。

然而,不论持什么观点的人都承认这个论证,就是石膏胶凝材料在水化过程中,仅生成水化产物浆体并不一定能形成具有强度的人造石,而只有当水化物晶体互相连生形成结晶结构网时,才能硬化并形成具有强度的人造石。所以,可以认为,石膏浆体的硬化过程就是结晶结构网的形成过程,而浆体结晶结构网的形成过程又一定伴随着强度的发展。

（一）石膏浆体结构强度的发展过程

石膏浆体的硬化过程伴随着结构强度的发展过程，根据前人所做的大量实验可知，结构强度的变化可分为三个阶段，而每一个阶段又各具不同的结构特性。

第一阶段：5 min 之前，强度增长相当慢，此阶段浆体形成凝聚结构，粒子之间通过水膜以范德华分子引力相互作用，结合力较小，因此强度很低。另外，此结构还具有触变复原性质。

第二阶段：5~30 min，强度迅速增加，且发展到最大值。此阶段中，结晶结构网形成并发展，晶体间互相接触、连生并交错，成为整个的结晶结构网，具有较高的强度，并且不再具备触变复原性质。

第三阶段：强度逐渐下降的阶段，此现象反映了结晶结构网中的接触点在热力学上不稳定这一特征。在正常干燥条件下，已经形成的结晶接触点保持相对稳定，结构网完整，所获得的强度也相对恒定。但是如果结构处于湿热状态下，那么在结晶接触点的区段，晶格不可避免地就会发生歪曲、变形，因此，与整个晶体相比，发生变形的部分不具稳定性，有较大的溶解度，故在潮湿的条件下，产生接触点溶解和晶体的重结晶，导致强度发生不可逆地降低。

（二）影响石膏浆体结构强度发展的因素

石膏浆体在其自身的硬化过程中，存在着结构的形成和结构的破坏这一对矛盾，其影响因素是多方面的，主要有温度、水固比和半水石膏原始分散度，但最本质的因素与过饱和度有关。

六、石膏硬化体的结构与性质

（一）石膏硬化体的结构特征

石膏制品的工程性质主要决定于其内部结构。半水石膏的硬化体，主要是由水化新生成物（$CaSO_4 \cdot 2H_2O$）结晶体彼此交叉连生而形成的一个多孔网状结构。然而，石膏浆体结晶结构网的形成和破坏又几乎受同一因素所控制，这个关键因素就是液体的过饱和度。过饱和度大则在单位时间内生成的晶核多，晶粒小，造成接触点增多，这样初始结构就容易形成，且密实，反之则相反。但是，我们知道，过饱和度太大可能会使结构内部产生结晶应力，而这种应力会导致结构内部的局部膨胀、开裂，使最终结构强度被削弱。所以，通常要求在产生的结晶应力不足以破坏结晶结构的条件下，尽量使过饱和度大些。

石膏硬化浆体的性质主要与下列几个结构特征性质有关。

1. 晶粒间作用力的性质

石膏硬化浆体的网状结构按粒子之间作用力的性质可以分为两类：一类是粒子之间以范德华分子力相互作用而形成的凝聚结构；另一类是粒子之间通过结晶接触点以化学键力相互作用而形成的结晶结构。前者，当其浆体向固体发展时，由于颗粒之间以分子力结合，结合力较弱，所以，整体结构强度很低，只能承受微弱的力量，而不能承受强大的力量；后者，在粒子间的结晶接触点上随着化学键力的作用，化学键的形成和发展，使石膏不断凝结硬化，具有较高的结构强度。

2. 结晶接触点的数量和性质

形成结晶结构网以后，硬化浆体的性质便由接触点的特性和数量所决定。一般说来，单个接触点的强度高，则结构的强度高。此外，单位体积内接触点的数量也会影响结构强度，欲得高强结构，就要保证一定的过饱和度，即必须保证单位体积内有一定数量的接触点。但众所周知，结晶接触点在热力学上是不稳定的，遇潮湿溶解、变形或再结晶，强度降低。而且过饱和度越大，接触点的数目越多，接触点的尺寸越小，则接触点晶格变形的程度越厉害，引起的结构强度降低的可能性也越大。所以，接触点的性质（可以认为是溶解变形的性质）也是硬化浆体的结构特征之一。

3. 孔隙率和孔分布

孔隙率指的是物料中气孔的体积与总体积的百分比。孔分布指的是某种等级的孔所占的体积比上总的孔所占的体积。

由于石膏硬化浆体是一个多孔体，所以孔隙率及其孔分布的状况也是一个十分重要的结构因素。不同晶型的半水石膏，由于内部结构的差异，使其具有了完全不一样的内比表面积。α型半水石膏因内比表面积小，故孔隙率和微孔孔径都比内部结构疏松的β型半水石膏要小得多。

另外，水固比对孔隙率和孔径的尺寸也有很大的影响。提高水固比，将会使石膏浆体硬化后的孔隙率和孔径尺寸变大，造成结构的不密实而使强度下降。反之，孔隙率越小，孔径越小，则浆体的强度和抗水性就越高。

（二）石膏硬化浆体的强度和抗水性

强度是材料工程性质的一个重要指标，固体材料的理论强度通常要比实际强度大几百倍甚至几千倍。这是因为理论强度是在理想的假定条件下设计出来的，属无缺陷强度。它忽略了实际中存在的许多可能性，如晶体的形状和表面裂纹、晶体内部的微裂缝及变形等，而无机建筑材料的这些薄弱点是客观存在的，且材料的这些薄弱点只要受到一点外力，即可产生很大的应力集中，最后导致材料的破坏，所以，我们在实际应用和生产中，应注重的是其实际强度，以它作为依据进行工作。

石膏硬化浆体抗水性差的原因，应该和其多孔的性质有关，就是说与其在水介质作用下强度的吸附降低效应有关。除此之外，抗水性差还应与石膏硬化浆体中结晶接触点在热力学上的不稳定因素有关。实验表明，与水硬性胶凝材料相比，石膏硬化浆体中结晶接触点具有大得多的溶解度。因此，可以说石膏制品抗水性差除了与孔的性质有关外，还与其结晶接触点的性质和数量有很大的关系。

七、石膏的应用

由于石膏胶凝材料本身的抗水性差，因此石膏制品一般限于室内使用，且空气中相对湿度不超过60%~70%。常用的石膏制品有石膏内墙板（包括有纸面石膏板、无纸面石膏板），以及吊顶板、石膏空心隔墙板、石膏珍珠岩空心隔墙板等。

八、石膏的技术性质

（1）孔隙率高，表观密度小，强度较低。

（2）凝结硬化快（一般在30 min内可安全凝结）。

（3）有较好的功能性（导热系数小，隔热保温好，吸光性强，具有一定的调温调湿性）。

（4）凝结时体积产生微膨胀。

（5）吸湿性强，耐水性和抗冻性差。

（6）具有较好的防火性能。

（7）具有良好的装饰性。

任务二　石　　灰

【任务目标】

（1）阐述石灰的原料组成、生产和品种分类。

（2）阐述石灰的使用性质、优缺点。

（3）阐述石灰的应用。

【任务知识】

一、石灰概述

以主要成分为碳酸钙 $CaCO_3$ 的石灰石为主要原料，经过适当温度的煅烧所得到的一种气硬性胶凝材料，其主要成分为氧化钙（CaO），此种材料就叫作生石灰。

生石灰的主要性质如下：

（1）颜色。白色，随着化学纯度不同而亮度不同，最纯的石灰最白，低纯度和生烧的石灰其亮度低，其颜色是由杂质（主要是铁元素）等着的色。有时也呈暗灰色、浅黄色。生石灰常常比原来的石灰石白。

（2）气味。稍有臭味，伴有刺激性感觉。

（3）组织。生石灰全部是结晶质，结晶的大小与排列以生石灰的不同而显著不同，其中，有看起来像无定形的东西，但实际上它是由微粒组成的。

（4）空隙率。市场上销售的生石灰的空隙率随石灰石的结构、煅烧温度和时间等不同而在宽达18%~48%（平均35%）的范围内变化。

（5）比重。完全死烧了的时候比重为3.34~3.40，一般市场上销售的生石灰比重为3.0左右。

▶ 建 筑 材 料

（6）假比重。假比重在 1.6~2.8 的范围内变动，一般市场上销售的生石灰的平均值为 2.0~2.2；堆比重为 1.1~1.7 g/cm³。

（7）导热率。导热率为 0.0015~0.002 cal/(cm³·s·℃)。

（8）熔点、沸点。熔点为 2572 ℃，沸点为 2850 ℃。

（9）安息角。安息角是指将石灰自然堆放时，其斜面与水平面构成的倾斜角，一般为 40°~50°。

二、生产石灰的原料——石灰石

（一）石灰石的定义和分类

石灰石是一种天然的沉积岩，亦称水成岩，石灰石以化学式 $CaCO_3$ 为主，具有细粒的结晶结构，从颜色来看，以青灰、浅灰的色泽为好，杂质含量少；另外，还可采用化学试剂进行测试，即把少量的稀盐酸滴在岩石上，发出"嘶嘶"声并放出二氧化碳气泡的便是石灰石。

一般来说，含有碳化物和沥青杂质的石灰石为灰色、黑色；有微细沉积的和有机杂质的呈微蓝色；有海绿石或铁（镁）氧化物的呈浅绿色；米色、淡粉红色、没有光泽则是含较多的氧化镁；灰色、灰褐色、红黑色、棕色则是含有铁、锰氧化物；乳白色有晶体光泽的则是含有少量的氧化硅；色泽较深的则是含硫化氢较多。

按矿床类型，石灰石分为普通石灰石、高镁石灰石两类。

（二）可以烧制生石灰的石灰石分类

用于炼制石灰石的原料是碳酸盐类岩石（或矿物），其主要成分是 $CaCO_3$。烧制石灰的原料基本有：①由磷酸盐类岩石经接触变质或区域变质而成具有结晶结构的大理石；②普通的石灰石；③多孔石灰石，包括贝壳石灰石、石灰质凝石灰石、鱼卵石、石灰华；④白垩（土状结构、具有疏松的特点）；⑤贝壳。

（三）石灰石和白云石的区别

石灰石和白云石可以从理化和颜色两个方面区别。

1. 理化

（1）石灰石的主要成分是 $CaCO_3$；白云石是碳酸钙和碳酸镁的复盐（$CaCO_3$、$MgCO_3$）。

（2）石灰石具有细粒的结构，微结晶体球形或近似立方体；白云石属三方晶体系，菱面晶体，其结构是粒状的、致密的、板状的和鳞状的。

（3）石灰石的极限抗压强度为 400~1000 kg/cm²；白云石的极限抗压强度为 1000~1400 kg/cm²。

（4）白云石遇冷酸起泡缓慢，不如石灰石剧烈，也无"咝咝"声，但在被加热为 10% 浓度的盐酸作用下能产生沸腾现象。

2. 颜色

白云石因常含有铁、铝、硅等氧化物体质，其颜色与所含杂质有关，呈灰白和浅红，并有玻璃光泽。

白云石化学成分为 $CaCO_3 \cdot MgCO_3$，晶体属三方晶系的碳酸盐矿物。白云石的晶体结构与方解石类似，晶形为菱面体，晶面常弯曲成马鞍状，聚片双晶常见，多呈块状、粒状集合体。纯白云石为白色，因含其他元素和杂质有时呈灰绿、灰黄、粉红等色，玻璃光泽。三组菱面体解理完全，性脆。摩氏硬度为 3.5~4，比重为 2.8~2.9。矿物粉末在冷稀盐酸中反应缓慢。

鉴定特征：以硬度稍大，在冷稀盐酸中反应缓慢等特征，可与相似的方解石相区别。

白云石是组成白云岩和白云质灰岩的主要矿物成分。白云石可用作冶金熔剂、耐火材料、建筑材料和玻璃、陶瓷的配料。

(四) 原料的质量要求

(1) 石灰石化学成分 CaO 要求大于 53%。

(2) 粒度要求：所用石灰石粒度要在 40~80 mm，范围，其中大于 80 mm 及小于 40 mm 的量各不超过 5%，大于 80 mm 的粒度不超过 90 mm，小于 40 mm 的粒度不得小于 30 mm。

三、石灰的生产工艺

1. 石灰石在煅烧过程中进行的反应

煅烧石灰石时，窑内的化学反应为石灰石受热后分解成生石灰与 CO_2，其反应式为

$$CaCO_3 \Longleftrightarrow CaO + CO_2$$

这是一个吸热反应，热量的来源主要是燃料，另外，这个反应是可逆的。因此，为使反应自左向右进行，必须指定温度和压力条件，温度越高反应越完全，在 750 ℃ 时，$CaCO_3$ 分解开始明显，但反应很慢，在 898 ℃ 时，$CaCO_3$ 分解就相当快了。煅烧石灰石所需要的热，均由燃料在窑内燃烧所致。燃料的燃烧需要足够的氧气，若送入窑内的空气量不足，燃烧就会不完全而产生 CO。在位置较高的煅烧层中，还存在着还原层，CO_2 被炽热的碳部分还原为 CO：

$$C + CO_2 \longrightarrow 2CO$$

在煅烧较高的地方和空气中有剩余的氧，大部分 CO 被气化成为 CO_2：

$$2CO + O_2 \longrightarrow 2CO_2$$

CO 升到窑（料）面与空气接触燃烧生成 CO_2：

$$CO + \frac{1}{2}O_2 \longrightarrow CO_2$$

应当指出，在窑顶的 CO 遇到空气燃烧产生的热量是白白浪费掉的，所以，窑气中每增 1% 的 CO，相当于浪费燃料 6%~7%。因此，当 1 kg 碳完全燃烧时能释放出 7900×4.1868 kJ 的热量，而不完全燃烧时仅能释放出 23×4.1868 kJ 左右的热量，所损失的热量相当于总和的 710.1%（CO 在窑气中的含量一般不应超过 1.2%）。石灰石的主要成分是 $CaCO_3$，同时还存在着各种有害物质，所以，在高温的燃烧过程中进行着下述

反应：

$CaCO_3 \longrightarrow CaO + CO_2$	碳酸钙的分解
$MgCO_3 \longrightarrow MgO + CO_2$	碳酸镁的分解
$C + O_2 \longrightarrow CO_2$	碳的完全燃烧
$CO_2 + C \longrightarrow 2CO$	二氧化碳的还原
$2CO + O_2 \longrightarrow 2CO_2$	一氧化碳的燃烧
$2H_2 + O_2 \longrightarrow 2H_2O$	氢的燃烧
$S + O_2 \longrightarrow SO_2$	硫的燃烧

从上面列举的还很不完全的反应中可以看出，在石灰窑中不仅进行着氧化过程，也进行着还原过程，因此烧制出的石灰具有各种颜色。

2. 石灰石的分解温度

生石灰（简称石灰、白灰）是由石灰石（$CaCO_3$）在高温（一般大于900 ℃）下发生分解反应而生成的，$CaCO_3$ 分解温度是指其 CO_2 分解压的温度，因此在气相中 P_{CO_2} 不同时，$CaCO_3$ 分解温度是不同的，在一标准大气压下，纯 CO_2 气相中，$CaCO_3$ 的分解温度为 898 ~ 910 ℃。

工业窑炉内气氛中还有其他的气体，因此 P_{CO_2} 小于标准大气压。实际上，在煅烧过程中石灰石料块表面部分在 810 ~ 850 ℃ 就已经开始分解了。

3. 分解速度

石灰石的分解速度依赖于温度的高低，若煅烧温度为 900 ℃，每小时能烧透 3 mm/h；1000 ℃ 时是 14 mm/h，1000 ℃ 时是 10 mm/h，1200 ℃ 时是 25 mm/h。随着温度的升高，分解速度呈平方形式增长，但温度过高时，内部还未分解，而在表面已经被烧死，影响煅烧速度。

在恒定外部温度下，越靠近石灰石中心，CO_2 逸出的阻力就越大，分解速度越慢，从实际上来讲，直径为 150 mm 的球形石灰石，在 1050 ℃ 条件下，在窑内煅烧需要 20 h 才能烧透，与理论值相差 5 h。

在一定的介质温度下，石灰石的分解速度有一个大致的范围，如果入窑的石灰石粒径差很大，如 30 ~ 120 mm，则小粒径的石灰石尚未通过煅烧带就已经分解完毕，而后继续在高温的烧成带停留一段时间，其结果必然出现石灰晶柱长大和烧结。而那些粒径大的石灰石，则由于其完全分解所需时间超过了它在高温带可能停留的时间而出现中心部分生烧。

对于小粒径的石灰石，如回转窑生产 15 ~ 45 mm 的石灰石，虽然粒径为 1∶3，但由于中小颗粒的石灰石完全分解后只需在煅烧带停留较短的时间，而颗粒较大的也能分解完毕。因此在确定炉型后，必须选择合适的石灰石粒径区间。石灰石在煅烧中生成的石灰层，由于气孔率大，而且较石灰石的导热系数低，使得热很难传到被煅烧的石灰石内部，被煅烧的石灰石粒度越大,石灰层厚度就越大,CO_2 的逸出也越困难。煅烧大粒径的石灰石时,必须以降低煅烧温度,牺牲煅烧速度和降低竖炉利用系数为代价,才能生产出符合需要的石灰石。

4. 煅烧度

石灰的煅烧度一般分为软烧、硬烧、死烧。石灰石分解时释放占其重量40%左右的 CO_2,所以在分解瞬间的生石灰具有结晶细、比表面积大、空隙度大(但个晶粒间空隙小)、假比重小、反应性能强等性质,这种状态的生石灰称为软烧石灰。软烧石灰若在高温下长时间煅烧,细的晶粒逐渐熔合,总体积收缩,这种状态的石灰称为硬烧石灰。若再进一步提高煅烧度,则消化反应速度变得极低,称之为死烧石灰。

5. 杂质对煅烧的影响

在石灰煅烧中有害杂质主要有 SiO_2、Al_2O_3、Fe_2O_3,纯 CaO 的熔点很高,达 2572 ℃。但由于杂质的存在,在煅烧过程中,表面张力、蒸发浓缩、扩张等作用开始的温度却是该物质熔点的大约60%。例如,在 $CaO-SiO_2$ 系化合物中 $\alpha-C_2S$ 的熔点是2130 ℃,但在煅烧过程中于1280 ℃左右的温度就已经开始生成其结晶了。在大致900 ℃的低温以下,石灰石中的杂质 SiO_2、Al_2O_3、Fe_2O_3 与石灰反应的量很少,但若温度进一步提高,则会发生以下一些次生反应:

$$2CaO + SiO_2 \longrightarrow 2CaO \cdot SiO_2$$

$$3CaO + SiO_2 \longrightarrow 3CaO \cdot SiO_2$$

$$3CaO + Al_2O_3 \longrightarrow 3CaO \cdot Al_2O_3$$

$$4CaO + Al_2O_3 + Fe_2O_3 \longrightarrow 4CaO \cdot Al_2O_3 \cdot Fe_2O_3$$

这些反应生成物堵塞生石灰的细孔,使石灰活性度下降。当这些杂质数量很大时,在高温时形成融熔状态,使石灰相互黏结,造成结瘤,使窑况恶化。因此应避免杂质的引入,采取筛分和水洗能去除原料中混入的部分杂质,改善原料质量。

6. 燃料质量要求

(1) 化学成分 $C_{固}$>85%,灰分14%。

(2) 发热值:低位发热值 6700×4.1868 kJ/kg。

(3) 粒度:在 25~40 mm 以内,其中大于 40 mm 及小于 25 mm 的量各不超过5%;大于 40 mm 粒度的不超过 50 mm,小于 25 mm 粒度的不小于 15 mm。

7. 煅烧对石灰石的质量要求

(1) 石灰石的有用成分为 $CaCO_3$。

(2) 石灰石的所含有害物包括 SiO_2、Al_2O_3、Fe_2O_3、Na_2O、K_2O、P、S。

(3) 石灰石以泥土、沙粒形态黏附的有害物是 SiO_2、Al_2O_3、Fe_2O_3、Na_2O、K_2O、P、S;在石灰煅烧中有害杂质是 SiO_2、Al_2O_3、Fe_2O_3、Na_2O、K_2O 等。这些杂质从比较低的温度(900 ℃)就开始和烧成的石灰 CaO 发生反应,促进 CaO 颗粒间的融合,其结果导致颗粒间收缩,反应生成物堵塞生石灰的细孔,使石灰反应性能下降。同时也堵塞石灰石脱

除 CO_2 后所剩余的通道，造成石灰石难分解，产生带芯石灰。这些杂质数量很大时，在高温时形成融熔状态，石灰相互黏结，形成结瘤，使石灰煅烧炉失常。

对石灰煅烧产生影响的杂质，通常要求：$SiO_2 + Al_2O_3 + Fe_2O_3 \leq 5\%$，但是，由于所采用的石灰煅烧炉的形式不同，燃料的种类不同，所要求的煅烧度不同，上述的判别的标准也不同。

8. 石灰石的结晶组织

石灰石的结晶组织，主要反应在 CaO 结晶颗粒的大小上，结晶粗大的石灰石因结构致密，石灰石分解时 CO_2 逸出时的通道很小，石灰石难分解。在高温状态分解时，会产生粉化，同时石灰的活性度也低。因此在石灰煅烧时，一般应选用结晶颗粒细的石灰石。但因煅烧方式的不同，对不同种窑形，某些结晶颗粒粗的石灰石也是可以采用的。

9. 石灰石的颗粒

在石灰石煅烧过程中，原料石灰石粒度的影响也是非常大的，由于 CO_2 的分解是由石灰石表面向内部慢慢进行的，所以大颗粒的石灰石比小粒径的煅烧要困难，需要的时间也长。石灰石的分解时间与粒度不是线性关系，在一定温度下，煅烧时间与石灰石的粒径的平方成正比的。

四、石灰的熟化和硬化

生石灰（CaO）与水反应生成氢氧化钙 $[Ca(OH)_2]$ 的过程称为石灰的熟化。石灰浆体的硬化包括干燥结晶和碳化两个过程，后者的过程缓慢。

（一）石灰的熟化

块状生石灰（CaO）在使用前都要加水熟化（又称消解）生成熟石灰 $[Ca(OH)_2]$（又称消石灰），其化学反应式如下：

$$CaO + H_2O \longrightarrow Ca(OH)_2 + 64.8 \text{ kJ}$$

生石灰在熟化过程中，放出大量的热，并且体积迅速增加 1~2.5 倍。一般煅烧良好、杂质小、CaO 含量高的生石灰熟化较快，放出的热量和体积增大也较多。

根据熟化时加水量的多少，可将生石灰分别熟化为石灰膏和消石灰粉。将生石灰放入化灰池中，用过量的水熟化成石灰乳，然后经筛网流入储灰池，经沉淀去除多余的水分得到的膏状物即为石灰膏。为消除过火石灰对工程的危害，在使用前必须使其完全熟化或将其去除。常采用的方法是在熟化过程中首先将较大的过火石灰块利用筛网等去除（同时也为了去除较大的欠火石灰块，以改善石灰质量），之后将其放于储灰池中存放两周以上，即"陈伏"，使较小的过火石灰块熟化。在陈伏期间，需防止石灰碳化，应在其表面保留一定厚度的水层，以隔绝空气。

消石灰粉是将生石灰加适量的水熟化而形成的，加水量应以能充分熟化而又不过湿成团为宜。块状生石灰使用前一定要熟化，如果将块状生石灰直接磨细成生石灰粉，则可以不预先熟化、陈伏而直接应用。因为生石灰粉细度高、与水接触的表面积大,因而水化反应速度快,并且水化时体积膨胀均匀,避免了局部膨胀过大。

(二) 石灰的硬化

石灰水化后逐渐凝结硬化,主要包括干燥结晶和碳化两个过程。

1. 干燥结晶过程

石灰浆体在干燥过程中,游离水分蒸发,形成网状孔隙,这些滞留于孔隙中的自由水由于表面张力的作用而产生毛细管压力,使石灰粒子更紧密,并且由于水分蒸发,使$Ca(OH)_2$从饱和溶液中逐渐结晶析出。

2. 碳化过程

$Ca(OH)_2$与空气中的CO_2和H_2O作用,生成碳酸钙而使石灰硬化。其化学反应式如下:

$$Ca(OH)_2 + CO_2 + nH_2O \longrightarrow CaCO_3 + (n+1)H_2O$$

这个反应实际是CO_2和H_2O反应结合形成H_2CO_3,再与$Ca(OH)_2$作用生成$CaCO_3$。碳化过程是从膏体表层开始,逐渐深入到内部,但表层生成的$CaCO_3$阻碍了CO_2的深入,也影响了内部水分的蒸发,所以石灰的硬化速度很缓慢。

从上述两个硬化过程可以看出,这两个过程都需要在空气中才能进行,也只有在空气中才能继续发展并提高其强度,所以石灰是气硬性胶凝材料,只能用于干燥环境的建筑工程中。

(三) 石灰的技术标准和技术性质

1. 石灰的技术标准

按石灰中MgO含量,可将生石灰、生石灰粉分为钙质石灰(MgO含量小于5%)和镁质石灰(MgO含量不小于5%);按消石灰中MgO含量,可将消石灰粉分为钙质消石灰粉(MgO含量小于4%)、镁质消石灰粉(MgO含量为4%~24%)和白云石消石灰粉(MgO含量为24%~30%)。根据建材行业标准,将石灰粉分为优等品、一等品、合格品3个等级。各等级要求见表2-1~表2-4。

表2-1 建筑消石灰粉的技术指标

项 目	钙质生石灰			镁质生石灰		
	优等品	一等品	合格品	优等品	一等品	合格品
(CaO+MgO)含量/%	≥90	≥85	≥80	≥85	≥80	≥75
未消化残渣含量(5 mm圆孔筛筛余量)/%	≤5	≤10	≤15	≤5	≤10	≤15
CO_2/%	≤5	≤7	≤9	≤6	≤8	≤10
产浆量/(L·kg^{-1})	≥2.8	≥2.3	≥2.0	≥2.8	≥2.3	≥2.0

表2-2 建筑消石灰粉按氧化镁含量的分类界限

项 目		钙质生石灰粉			镁质生石灰粉		
		优等品	一等品	合格品	优等品	一等品	合格品
（CaO + MgO）含量/%		≥85	≥80	≥75	≥80	≥75	≥70
未消化残渣含量(5 mm 筛筛余量)/%		≤7	≤9	≤11	≤8	≤10	≤12
细度	CO_2/%	≤0.2	≤0.5	≤1.5	≤0.2	≤0.5	≤1.5
	产浆量/(L·kg^{-1})	≥7.0	≥12.0	≥18.0	≥7.0	≥12.0	≥18.0

表2-3 生石灰技术指标　　　　　　　　　　　　　　　　　%

品种名称	钙质消石灰粉	镁质消石灰粉	白云石消石灰粉
氧化镁含量	≤4	4～24	24～30

表2-4 生石灰粉的技术指标　　　　　　　　　　　　　　　%

项 目		钙质消石灰粉			镁质消石灰粉			白云石消石灰粉		
		优等品	一等品	合格品	优等品	一等品	合格品	优等品	一等品	合格品
（CaO + MgO）含量		≥70	≥65	≥60	≥65	≥60	≥55	≥65	≥60	≥55
游离水		0.4～2	0.4～2	0.4～2	0.4～2	0.4～2	0.4～2	0.4～2	0.4～2	0.4～2
体积安定性		合格	合格	—	合格	合格	—	合格	合格	—
细度	0.9 mm 筛筛余量	≤0	≤0	≤0.5	≤0	≤0	≤0.5	≤0	≤0	≤0.5
	0.125 mm 筛筛余量	≤3	≤10	≤15	≤3	≤10	≤15	≤3	≤10	≤15

2. 石灰的技术性质

（1）可塑性好。生石灰熟化为石灰浆时，能自动形成颗粒极细（直径约为 1 μm）的呈胶体分散状态的氢氧化钙，其表面吸附一层厚的水膜。因此，用石灰调成的石灰砂浆的突出优点是具有良好的可塑性。在水泥砂浆中掺入石灰膏，可使砂浆的可塑性显著提高。

（2）硬化较慢、强度低。从石灰浆体的硬化过程可以看出，由于空气中二氧化碳稀薄，碳化特别缓慢。而且表面碳化后，形成紧密外壳，不利于碳化作用的深入，也不利于内部水分的蒸发，因此石灰是硬化缓慢的材料。同时，石灰的硬化只能在空气中进行。硬化后的强度也不高，1∶3 的石灰砂浆 28 d 抗压强度通常只有 0.2～0.5 MPa。

（3）硬化时，体积收缩大。石灰在硬化过程中，由于大量的游离水蒸发，从而引起显著的体积收缩，所以除调成石灰乳作薄层涂刷外，不宜单独使用。工程上常在其中掺入砂、各种纤维材料等来减少收缩。

（4）耐水性差。硬化后的石灰受潮后，其中的氢氧化钙和氧化钙会溶解，强度更低。所以，石灰不宜在潮湿的环境中使用，也不宜单独用于建筑物基础。

（5）石灰吸湿性强。块状生石灰在放置过程中，会缓慢吸收空气中的水分而自动熟化成消石灰粉，再与空气中的二氧化碳作用生成碳酸钙，失去胶结能力。储存生石灰，不但要防止其受潮，而且不宜储存过久。最好运到工地（或熟化工厂）后立即熟化成石灰浆，将储存期变为陈伏期。由于生石灰受潮熟化时放出大量的热，而且体积膨胀，所以，储存和运输生石灰时，还要注意安全。

五、石灰的应用

石灰是建筑工程中使用面广、需求量大的建筑材料之一，其常见的用途如下：

1. 配制建筑砂浆和石灰乳涂料

石灰和砂或麻刀、纸筋配制成石灰砂浆、麻刀灰、纸筋灰等，主要用于内墙、顶棚的抹面砂浆。石灰与水泥和砂可配制成混合砂浆，主要用于墙体砌筑或抹面之用。石灰膏加水稀释成石灰乳涂料，可以用于内墙和天棚的粉刷。

2. 配制三合土和灰土

三合土是使用熟石灰粉、黏土和砂子拌和均匀并夯实而成。灰土是用生石灰粉和黏土按一定的比例加水拌和均匀并夯实而成。夯实后的三合土和灰土广泛应用于建筑物的基础、路面或地面垫层。三合土的强度比石灰和黏土都高，因为黏土颗粒表面少量的活性SiO_2和Al_2O_3与石灰发生化学反应，生成水化硅酸钙和水化铝酸钙等不溶于水的水化产物。

3. 制作碳化石灰板

碳化石灰板是将磨细生石灰、纤维状填料（如玻璃纤维等）或轻质骨料（如矿渣等）经搅拌、成形，然后人工碳化（12～14 h）而成的一种轻质板材。为了减轻重量和提高碳化效果，多制成空心板。碳化石灰板的表观密度为700～800 kg/m^3，抗弯刚度为3～5 MPa，抗压刚度为5～15 MPa，这种板材能锯、刨、钉，适宜作非承重内墙板、天花板等。人工碳化的建议方法是用塑料布将胚体盖严，通以石灰窑的废气。

4. 生产硅酸盐制品

将石灰和活性混合材料混合，并掺入适量石膏等，磨细后可制成无熟料水泥。石灰和硅质材料（如石英砂、粉煤灰等）加入少量石膏，经高压或常压蒸汽养护，生成以硅酸钙为主要产物的混凝土。其主要水化反应如下：

$$Ca(OH)_2 + SiO_2 + H_2O = CaO \cdot SiO_2 \cdot 2H_2O$$

硅酸盐混凝土按密实程度可分为密实和多空两类，前者可生产墙板、砌块及砌墙砖（如灰砂砖等），后者主要用于生产加气混凝土制品，如轻质墙板、砌块、各种隔热保温制品等。

六、石灰的储运

由于生石灰在存放时会吸收空气中的水分而熟化成石灰粉，再碳化成碳酸钙而失去胶结能力，因此生石灰不易久存；另外，生石灰受潮熟化会放出大量的热，并且体积膨胀，所以储运石灰时应注意安全。生石灰块及生石灰粉在运输时要采取防水防潮措施，不能与易燃、易爆及液体物品同时装运。运到现场的石灰产品，不宜长期储存。熟化好的石灰膏，也不宜长期暴露在空气中，表面应加以覆盖，以防碳化结硬。

任务三 水 玻 璃

【任务目标】
（1）阐述水玻璃的原料组成、生产和品种分类。
（2）阐述水玻璃的使用性质、优缺点。
（3）阐述水玻璃的应用。

【任务知识】

水玻璃化学名称为硅酸钠，化学式是 $Na_2O \cdot nSiO_2$，其中 n 为模数，模数在 3 以上的称为"中性"水玻璃，模数在 3 以下的称为"碱性"水玻璃，俗称泡花碱。

一、水玻璃的原材料性质及其质量标准

无水碳酸钠，俗称纯碱。分子式是 Na_2CO_3，分子量为 106，外观为白色粉末或细粒，密度 2.532 kg/cm^3，熔点 851 ℃；易溶于水，水溶液呈强碱性，不溶于乙醇；吸湿性很强，能吸湿而结成硬块，并能在潮湿空气中逐渐吸收二氧化碳生成碳酸氢钠。

石英砂是二氧化硅的一种，白色或无色，含有铁杂质量高的是淡黄色，不溶于水和酸（除氢氟酸），能与熔融的碱类起反应。

石英砂又称石英粉、硅石粉、硅砂。主要是石英矿石粉碎而成，但亦有天然的砂矿。石英砂主要是由晶体二氧化硅组成，优良的石英砂含 SiO_2 在 99% 以上，硅酸钠生产中，所用的石英砂含 $SiO_2 \geq 98\%$。石英砂根据颗粒的大小划分，颗粒大于 0.5 mm 为粗砂；小于 0.5 mm 为细砂；介于二者之间者为中砂；0.1 mm 左右的称为粉状砂。

石英砂的颜色，随杂质氧化物的含量而改变。氧化物含量小于 0.05% 的石英砂呈白色，若将石英砂加热到 800~1000 ℃，可使砂中的淡色氧化物变为深色。有些石英砂，在煅烧后还会变为棕色。砂中的氧化铝、氧化铁、氧化钙、氧化镁等杂质，能显著降低固体硅酸钠的溶解度，并增加液体硅酸钠的沉淀物。用于硅胶、硅溶胶、沸石分子筛精细化工产品的硅酸钠，对含铁量要求十分严格，必须控制在 0.05% 以下。

石英砂的含水量，一般在 5% 以下，含水量以 2%~3% 为宜。

二、水玻璃的生产工艺

1. 干法生产

产品以固体形式出现，主要方法是使用纯碱和石英砂为原料或以元明粉（硫酸钠）和

碳粉加石英砂做原料（由于采用 Na_2SO_4 会产生大量的 SO_2，对环境产生极大的污染，目前已被淘汰，但是在我国个别执法不严的地区，仍有厂家生产），经过称量、混料后进入窑炉在 1300～1500 ℃ 高温进行熔化，然后成形，形成固体产品。最终使用是液体产品，固体产品加水溶解后，形成液体产品。目前采用的化料方法有常压蒸煮法和高压溶解法。常压蒸煮法是指将固体产品放入常压容器中，加热水蒸煮，由于压力较低，溶解量较少，液体浓度低，作为产品使用，必须进行浓缩。高压溶解法是指将物料和水按一定比例加入容器中，通入较高压力的蒸汽，经过一定的时间，达到相应的浓度，通过较高压力，可以放入产品贮罐中，经过沉淀，得到清液作为产品使用。

2. 湿法生产

湿法生产主要是液相法，即采用石英砂和液体烧碱在反应釜内通过高温高压的蒸汽。由于设备承压能力不同，分为两种生产工艺，一种是石英砂和低浓度的烧碱，在大约 0.5 MPa 的压力下反应，生成低于 40°Bé 的液体产品，但由于反应不完全，剩余大量的石英砂，需要重复使用。此种生产工艺效率低，耗能大，在配料时需要加入少量的水，故产生较多的废渣，只能生产 2.5 模数以下的产品。在国外部分生产厂家，采用颗粒极为均匀的细石英砂（严格说不能称之为石英砂，白土，资源量极少，能够生产模数超过 2.5 以上的产品，据说能达至 3.4 左右，大陆地区没有此资源，在日本和我国台湾省有极少量）。

另一种是采用较高浓度的烧碱和石英砂作为原料，压力超过 1.0 MPa，在反应釜内经过较长时间的反应，生成可以达到 60°Bé 的产品，经过过滤后，成为清澈的液体产品。此种方法的优点是产品耗能低，能够生产高浓度的产品。特别适用于下游偏硅酸钠产品的生产。产品主要采用 48% 的烧碱，生成模数为 1.4～1.6 的产品，易于过滤，不需要加助滤剂，生产成本低。

3. 生产基本原理及化学反应式

根据石英砂能与熔融的碱类起反应这个原理，把混合均匀的纯碱和石英砂用加料机徐徐推入熔炉，逐渐升高温度使纯碱和石英砂发生一系列化学反应，当纯碱呈熔化状态时，反应特别迅速。化学反应式：

$$Na_2CO_3 = Na_2O + CO_2 \uparrow$$
$$Na_2O + nSiO_2 = Na_2O \cdot nSiO_2$$

反应熔炉的温度越高，反应越完全，反应温度过低，熔料中会带来未熔化的石英砂粒，影响产品质量，因此熔炉温度应保持在 1400 ℃ 左右。

三、水玻璃的主要技术性质

1. 黏结力强、强度较高

水玻璃在硬化后，其主要成分为 SiO_2 胶凝，因而具有较高的黏结力和强度，用水玻璃配制的混凝土的抗压强度可达 15～40 MPa。

2. 耐酸性好

▶ 建 筑 材 料

由于水玻璃在硬化后主要成分为 SiO_2，它可以抵抗除氢氟酸、过热磷酸以外的几乎所有的有机和无机酸，可用于配制水玻璃耐酸混凝土、耐酸砂浆、耐酸胶凝等。

3. 耐热性好

水玻璃不燃烧，在高温下硅酸胶凝干燥的更加强烈，强度并不降低，可用于配制水玻璃耐热混凝土、耐热砂浆、耐热胶泥等。

4. 耐碱性和耐水性差

由于水玻璃在加入促凝剂后不能完全硬化，因此仍有一定量的 $Na_2O \cdot nSiO_2$（可溶于碱、溶于水）。

四、水玻璃的物理化学性质

1. 物理性质

（1）外观。固体水玻璃为淡蓝色、青绿色、天蓝色或黄绿色玻璃状物；液体水玻璃为无色透明或带浅灰色黏稠状液体。当杂质含量极少时，玻璃状无水固体硅酸钠是无色透明的玻璃体。随着杂质含量的增加，玻璃体出现颜色。杂质中铁的氧化物使其呈现淡棕或深棕色，甚至是黑色。颜色的深浅随模数的减小而加深。

（2）密度。密度随着模数的降低而增大，当模数从 3.33 下降到 1 时，密度从 2.413 增大到 2.560。

（3）熔点。无固定熔点，"中性"水玻璃大约在 550 ℃ 软化；对急冷急热非常敏感，受到这种作用时，立即裂成不规则的小碎块。

（4）溶解度。固体水玻璃在水中的溶解度与压强有关，压强升高，溶解速度增大；在相同的压强下，随水玻璃模数增大，溶解速度而减少；还与固体水玻璃的粒度有关，粒度越大，所用的溶解时间越长。

（5）模数。硅酸钠中的二氧化硅与氧化钠的摩尔比称为模数。模数既显示硅酸钠的组成，又影响硅酸钠的物理、化学性质。模数与质量百分比的关系为：

$$M = \frac{SiO_2 n\%}{Na_2O n\%} \times 1.032$$

式中　　M——模数；

1.032——换算系数（Na_2O 与 SiO_2 分子量之比）。

2. 化学性质

无论是块状或粉状固体无水硅酸钠，对酸都很难起作用。但易被氢氟酸分解，生成挥发性的 SiF_4 和碱金属氟化物。苛性碱能溶解固体硅酸钠，特别对细粉状物的反应更快。

（1）水玻璃的水溶液能发生强烈的水解反应而使溶液呈碱性。

（2）强酸、弱酸，甚至电解质，加热或室温，都能使水玻璃水解而析出 SiO_2。

（3）Cl_2 在低于 100 ℃ 时，即能相当剧烈地分解固体硅酸钠，生成 NaCl、SiO_2，并能放出 O_2。

(4) H_2O_2 能与固体硅酸钠起反应，生成含氧气泡的二氧化硅凝胶。模数高的硅酸钠活泼性差；浓的 H_2O_2 比稀的 H_2O_2 反应强烈。

五、水玻璃的应用

水玻璃的用途非常广泛，几乎遍及国民经济各个部门，在石油行业中被用来制造石油催化、裂化用的硅铝催化剂；在化学工业中，被用来制造硅胶、沸石分子筛、沉淀二氧化硅，各种硅酸盐类是硅化物的基本原料；在轻化工业中，是洗衣粉、肥皂中不可少的填料，硅酸钠本身也是一种高效的洗涤剂，市民用于自来水的软化剂、助沉剂；在纺织工业中，用于助染、漂白和浆纱；在机械工业中，广泛用于铸造、精密铸造、砂轮制造和作金属防腐剂；在建筑工业中，用于制造快干水泥、耐酸水泥、防水油、土壤固化剂、耐火材料、瓦楞板等；在矿山方面，用于选矿、防水和堵漏；在农业方面，用于制造硅素肥料；木材在硅酸钠中浸过后就具有防火特性；蛋类在硅酸钠中浸过后就能长期存放而不变质；高模数硅酸钠是纸板、纸箱的黏结剂。硅酸钠产品在国民经济中占有重要的地位。

(1) 作为涂料，涂刷材料表面。直接将液体水玻璃涂刷在建筑物表面或涂刷黏土砖、水泥混凝土等多孔材料，渗入缝隙和孔隙中，可使材料的密实度、强度、抗渗性、耐水性得到提高。

(2) 配制防水剂。这种防水剂凝结迅速，一般不超过 1 min，适合用于和水泥浆调和，堵塞漏洞、缝隙等局部抢修。

(3) 配制水玻璃矿渣砂浆、修补砖墙裂缝。将液体水玻璃、粒化高炉矿渣粉、砂和氟硅酸钠按比例配合，压入砖缝中。

(4) 加固土壤。将模数为 2.5~3 的液体水玻璃和氯化钙溶液通过金属管轮流向地下压入，两种溶液发生化学反应，析出硅酸胶体，将土壤包裹并填实孔隙。用这种方法加工土壤，抗压强度可达 3~6 MPa。

任务四 水　　泥

【任务目标】

(1) 阐述通用水泥的种类。
(2) 阐述新型干法水泥生产流程。
(3) 阐述水泥强度、凝结时间、标准稠度用水量、需水量、密度等性能的概念。

【任务知识】

水泥属于水硬性胶凝材料，其加水拌和成塑性浆体后，能胶结沙、石等适当材料并能在水和空气中硬化。水泥被广泛应用于建筑工程、道路、桥梁、水利、国防等，是重要的建筑材料之一。

水泥与水拌合后，水泥与水产生水化反应凝结硬化，形成具有强度的稳定性化合物的能力。加水搅拌后成浆体,能在空气中硬化或者在水中更好地硬化,并能把砂、石等材料牢固地胶结在一起。

一、水泥的分类

水泥按用途和性能分类,有通用水泥、专用水泥、特性水泥三大类。水泥按组成成分类,主要有硅酸盐水泥、铝酸盐水泥、硫铝酸盐水泥、铁铝酸盐水泥等。

(一) 通用水泥

通用水泥是土木建筑工程通常采用的水泥,按混合材料的品种和掺量分为硅酸盐水泥、普通硅酸盐水泥、矿渣硅酸盐水泥、火山灰质硅酸盐水泥、粉煤灰硅酸盐水泥和复合硅酸盐水泥六大品种。

1. 硅酸盐水泥

硅酸盐水泥是以硅酸盐水泥熟料和适量石膏及规定的混合材料制成的水硬性胶凝材料。

1) 硅酸盐水泥的生产及矿物组成

生产硅酸盐水泥的原料主要有石灰质原料、黏土质原料、校正原料3种。生产硅酸盐水泥的过程可简单概括为"两磨一烧"。硅酸盐水泥的生产工艺流程如图2-2所示。

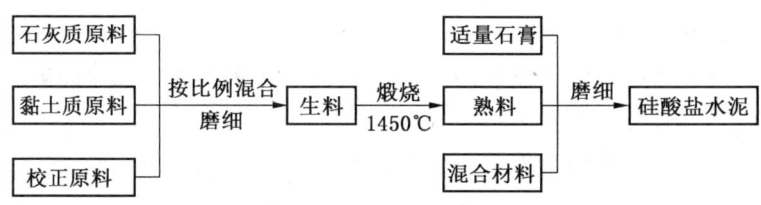

图2-2 硅酸盐水泥生产工艺流程

硅酸盐水泥熟料的主要矿物组成有硅酸三钙、硅酸二钙、铝酸三钙、铁铝酸四钙。硅酸盐水泥各熟料矿物的特性见表2-5。

表2-5 硅酸盐水泥熟料的主要矿物特性

矿物成分	含量/%	强 度	28 d水化热	凝结硬化速度
硅酸三钙	37~60	高	大	快
硅酸二钙	15~37	早期低、后期高	小	慢
铝酸三钙	7~15	低	最大	最快
铁铝酸四钙	10~18	低	中	中

硅酸盐水泥熟料除以上4种主要矿物组成外,还有少量的未反应的氧化钙、氧化镁、

硫酸盐及硫化物等,其总含量一般不超过水泥质量的10%,它们对水泥性能都会产生不利影响。

2)影响硅酸盐水泥凝结硬化的因素

(1)水泥的熟料矿物组成和细度。

(2)水泥浆的水灰比。

(3)环境的温度和湿度。

(4)龄期。

(5)石膏掺量。

3)硅酸盐水泥的技术性质

(1)化学指标。化学指标应符合表2-6的规定。

表2-6 通用硅酸盐水泥的化学指标[①]　　　　　　　　　　%

品　种	代号	不溶物	烧失量	三氧化硫	氧化镁	氯离子
硅酸盐水泥	P·Ⅰ	≤0.75	≤3.0	≤3.5	≤5.0	≤0.06
	P·Ⅱ	≤1.50	≤3.5			
普通硅酸盐水泥	P·O	—	≤5.0			
矿渣硅酸盐水泥	P·S·A	—	—	≤4.0	≤6.0	
	P·S·B	—	—		—	
火山灰质硅酸盐水泥	P·P			≤3.5	≤6.0	
粉煤灰硅酸盐水泥	P·F					

(2)碱含量。水泥中碱含量以 $Na_2O + 0.658K_2O$ 计算值表示。若使用活性骨料,用户要求提供低碱水泥时,水泥中的碱含量应不大于0.60%或买卖双方协商确定。

(3)物理指标。

① 细度(选择性指标)。细度是指水泥颗粒的粗细程度。水泥细度对水泥的性质影响很大。水泥颗粒粗细应适中,一般水泥颗粒粗细在 7~200 μm(0.007~0.2 mm)范围内。国家标准规定硅酸盐水泥的细度用比表面积表示,硅酸盐水泥的比表面积应大于 300 m^2/kg。

② 标准稠度及标准稠度用水量。水泥净浆标准稠度是对水泥净浆以标准方法拌制、测试并达到规定的可塑性程度时的稠度。水泥净浆标准稠度用水量是指水泥净浆达到标准稠度时所需的加水量,常以水和水泥质量之比的百分数表示。

各种水泥的矿物成分、细度不同,拌和成标准稠度时的用水量也各不相同,水泥的标

---

① 引自《通用硅酸盐水泥》(GB 175—2007)。

准稠度用水量一般为 24%~33%。测定硅酸盐水泥凝结时间和体积安定时必须采用标准稠度的水泥浆。

③ 凝结时间。水泥的凝结时间分为初凝时间和终凝时间。初凝时间是指从水泥浆加水拌和起到水泥浆开始失去可塑性的时间；终凝时间是指从水泥浆加水拌和起到水泥浆完全失去可塑性并开始产生强度所需的时间。

国家标准规定，硅酸盐水泥的初凝时间不得早于 45 min，终凝时间不得迟于 6.5 h。

水泥的凝结时间在工程施工中有重要作用。初凝时间不宜过短，以便有足够的时间对混凝土进行搅拌、运输、浇筑和振捣。终凝时间不宜过长，以便使混凝土尽快硬化具有一定强度，尽快拆出模板，提高模板周转率，提高工作效率，加快施工进度。

④ 体积安定性。水泥体积安定性是指水泥在凝结硬化过程中体积变化的均匀性。当水泥浆体在硬化过程中体积发生不均匀变化时，会导致水泥制品膨胀、翘曲、产生裂缝等，即所谓体积安定性不良。引起水泥安定性不良的原因有：熟料中含有过多的游离氧化钙；熟料中含有过多的游离氧化镁；石膏掺量过多。

⑤ 强度及强度等级。水泥的强度是水泥的重要技术指标，是评定水泥强度等级的依据。根据硅酸盐水泥 3 d 和 28 d 的抗压强度和抗折强度，将硅酸盐水泥分为 42.5、42.5 R、52.5、52.5 R、62.5、62.5 R 六个强度等级。

⑥ 水化热。水化热是指水泥在水化过程中放出的热量。水化热的大小主要决定于水泥熟料的矿物组成和细度，若水泥熟料中硅酸三钙和铝酸三钙的含量高，水泥细度越细，则水化热越大。水化热较大的水泥有利于冬季施工，但对大体积混凝土不利。为了避免由于温度应力引起水泥石的开裂，在大体积混凝土中不宜采用水化热较大的硅酸盐水泥，应采用水化热较小的水泥，或采取其他降温措施。

⑦ 密度和堆积密度。硅酸盐水泥的密度主要取决于熟料矿物组成，一般为 3.05~3.20 g/cm³。硅酸盐水泥的堆积密度除与矿物组成和细度有关外，主要取决于水泥堆积时的紧密程度，疏松堆积时为 1000~1100 kg/m³，紧密堆积时可达 1600 kg/m³。在混凝土配合比设计中，通常取水泥的密度为 3.1 g/cm³，堆积密度为 1300 kg/m³。

4）硅酸盐水泥石的腐蚀与防腐

硬化后的水泥石在通常使用条件下有较好的耐久性。但当水泥石长时间处于侵蚀性介质中，如流动的淡水、酸性水、强碱等，会使水泥石的结构遭到破坏，强度下降甚至全部溃散，这种现象称为水泥石的腐蚀。主要有软水侵蚀、酸类侵蚀、盐类侵蚀和强碱侵蚀。

(1) 软水侵蚀。工业冷凝水、雪水、雨水、蒸馏水等均属于软水。在静水或无水压的水中，软水的侵蚀仅限于表面，影响不大。但在有流动的软水作用时，受软水侵蚀较为严重。

(2) 酸类侵蚀。包括碳酸的侵蚀，一般酸的侵蚀。

(3) 盐类侵蚀。包括硫酸盐侵蚀，镁盐侵蚀。

(4) 强碱侵蚀。碱类溶液浓度不大时一般是无害的，但铝酸三钙含量较高的硅酸盐水泥遇到强碱也会产生破坏作用。

防止水泥石腐蚀的措施：

（1）合理选择水泥品种。如在软水侵蚀条件下的工程，可选用水化生成物中含量少的水泥；在有硫酸盐侵蚀的工程中，可选用铝酸三钙含量低于5%的抗硫酸盐水泥。

（2）提高水泥石的密实度。水泥石中的毛细管、孔隙是引起水泥石腐蚀加剧的内在原因之一。因此采取适当措施，如机械搅拌、振捣，掺外加剂等，或在满足施工操作的前提下尽量减少水灰比，从而提高水泥石密实度，改善水泥石的耐腐蚀性。

（3）表面加做保护层。用耐腐蚀的石料、陶瓷、塑料、沥青等覆盖于水泥石的表面，以防止侵蚀性介质与水泥石直接接触。

5）硅酸盐水泥的特性和应用

（1）早期及后期强度均高。适用于预制和现浇的混凝土工程，冬季施工的混凝土工程，预应力混凝土工程等。

（2）抗冻性好。适用于严寒地区和抗冻性要求高的混凝土工程。

（3）耐腐蚀性差。不宜用于受流动软水和压力水作用的工程，也不宜用于受海水和其他腐蚀性介质作用的工程。

（4）水化热高。不宜用于大体积混凝土工程。

（5）抗炭化性好。适合用于二氧化碳浓度较高的环境，如翻砂、铸造车间。

（6）耐热性差。不得用于耐热混凝土工程。

（7）干缩小。可用于干燥环境。

（8）耐磨性好。可用于道路与地面工程。

2. 其他通用硅酸盐水泥

其他通用硅酸盐水泥有普通硅酸盐水泥、矿渣硅酸盐水泥、火山灰质硅酸盐水泥、粉煤灰硅酸盐水泥和复合硅酸盐水泥。

1）混合材料的种类和作用

（1）活性混合材料。活性混合材料是指能与水泥熟料的水化产物等发生化学反应，并形成水硬性胶凝材料的矿物质材料。包括粒化高炉矿渣、火山灰质混合材料和粉煤灰混合材料。

（2）非活性混合材料。非活性混合材料是指掺入水泥后，主要起填充作用而又不损害水泥性能的矿物材料，又称为惰性混合材料。常用的品种有磨细石英砂、石灰石和炉灰等。

2）普通硅酸盐水泥

普通硅酸盐水泥代号为 P·O，其中加入了大于5%且不超过20%的活性混合材料，并允许不超过水泥质量8%的非活性混合材料或不超过水泥质量5%的窑灰代替部分活性混合材料。

（1）普通硅酸盐水泥的技术指标。普通硅酸盐水泥的细度、体积安定性、氧化镁含

▶ 建 筑 材 料

量、三氧化硫含量、氯离子含量要求与硅酸盐水泥完全相同,凝结时间和强度等级技术指标要求不同。

① 凝结时间。要求初凝时间不小于 45 min,终凝时间不大于 10 h。

② 强度等级。根据 3 d 和 28 d 的抗折强度、抗压强度,将普通硅酸盐水泥分为 42.5、42.5 R、52.5、52.5 R 四个强度等级。

(2) 普通硅酸盐水泥的性能及应用。普通硅酸盐水泥由于掺加的混合材料较少,因此其性能与硅酸盐水泥相同,只是强度等级、水化热、抗冻性、抗碳化性等较硅酸盐水泥略有降低,耐热性、耐腐蚀性略有提高。普通硅酸盐水泥的应用范围与硅酸盐水泥大致相同,是土木工程中用量最大的水泥品种之一。

3) 矿渣硅酸盐水泥

矿渣硅酸盐水泥分为两个类型,加入大于 20% 且不超过 50% 的粒化高炉矿渣的为 A 型,代号 P·S·A;加入大于 50% 且不超过 70% 的粒化高炉矿渣的为 B 型,代号 P·S·B。其中允许不超过水泥质量 8% 的活性混合材料、非活性混合材料和窑灰中的任一种材料代替部分矿渣。

(1) 矿渣硅酸盐水泥的技术指标。矿渣硅酸盐水泥的凝结时间、体积安定性、氯离子含量要求均与普通硅酸盐水泥相同。其他技术要求如下:

① 细度。要求 80 μm 方孔筛筛余不大于 10% 或 45 μm 方孔筛筛余不大于 30%。

② 氧化镁含量。对 P·S·A 型,要求氧化镁的含量不大于 6.0%,如果含量大于 6.0% 时,需进行压蒸安定性试验并合格。对 P·S·B 型不作要求。

③ 三氧化硫含量不大于 4.0%。

④ 强度等级。根据 3 d 和 28 d 的抗折强度、抗压强度,将矿渣硅酸盐水泥分为 32.5、32.5 R、42.5、42.5 R、52.5、52.5 R 六个强度等级。

(2) 矿渣硅酸盐水泥的水化特点。矿渣硅酸盐水泥的水化分两步进行,即存在二次水化。首先是水泥熟料的水化,与硅酸盐水泥相同,水化生成水化硅酸钙、氢氧化钙、水化铝酸钙、水化铁酸钙等。然后是活性混合材料开始水化。熟料矿物析出的氢氧化钙作为碱性激发剂,石膏作为硫酸盐激发剂,促使混合材料中的活性氧化硅和活性氧化铝的活性发挥,生成水化硅酸钙、水化铝酸钙和水化硫铝酸钙。

(3) 矿渣硅酸盐水泥的性能及应用如下:

① 早期强度发展慢,后期强度增长快。不适用于早期强度要求较高的工程,如现浇混凝土楼板、梁、柱等。

② 耐热性好。因矿渣本身有一定的耐高温性,且硬化后水泥石中的氢氧化钙含量少,所以矿渣水泥适于高温环境。如轧钢、铸造等高温车间的高温窑炉基础及温度达到 300 ~ 400 ℃ 的热气体通道等耐热工程。

③ 水化热小。可以用于大体积混凝土工程。

④ 耐腐蚀性好。可用于海港、水工等受硫酸盐和软水腐蚀的混凝土工程。

⑤ 硬化时对温度、湿度敏感性强。特别适用于蒸汽养护的混凝土预制构件。

⑥ 抗碳化能力差。一般不用于热处理车间的修建。

⑦ 抗冻性差。不宜用于严寒地区,特别是严寒地区水位经常变动的部位。

4）火山灰质硅酸盐水泥、粉煤灰硅酸盐水泥、复合硅酸盐水泥

火山灰质硅酸盐水泥代号为P·P,其中加入了大于20%且不超过40%的火山灰质混合材料;粉煤灰硅酸盐水泥代号为P·F,其中加入了大于20%且不超过40%的粉煤灰;复合硅酸盐水泥代号为P·C,其中加入了两种（含）以上大于20%且不超过50%的混合材料,并允许用不超过水泥质量8%的窑灰代替部分混合材料,所用混合材料为矿渣时,其掺加量不得与矿渣硅酸盐水泥重复。

（1）三种水泥的技术指标。这三种水泥的细度、凝结时间、体积安定性、强度等级、氯离子含量要求与矿渣硅酸盐水泥相同。三氧化硫含量要求不大于4.0%。氧化镁的含量要求不大于6.0%,如果含量大于6.0%时,需进行压蒸安定性试验并合格。

（2）三种水泥的性能及应用。这三种水泥与矿渣硅酸盐水泥的性质和应用有很多共同点,如早期强度发展慢,后期强度增长快;水化热小;耐腐蚀性好;温湿度敏感性强;抗碳化能力差;抗冻性差等。但由于每种水泥所加入混合材料的种类和掺加量不同,因此也各有其特点。

（二）特种水泥

特种水泥是我国对专用水泥和特性水泥的统称。专用水泥是指有专门用途的水泥,如油井水泥、砌筑水泥、大坝水泥、道路水泥等;而特性水泥是指具有比较突出的某种性能的水泥,如快硬硅酸盐水泥、膨胀水泥、白色水泥、彩色水泥等。

1. 快硬硅酸盐水泥

由硅酸盐水泥熟料和适量石膏共同磨细制成的,以3d抗压强度表示标号的水泥称为快硬硅酸盐水泥,简称快硬水泥。

快硬硅酸盐水泥的制造方法与硅酸盐水泥基本相同,不同之处是水泥熟料中铝酸三钙和硅酸三钙的含量高,二者的总量不少于65%。因此快硬水泥的早期强度增长快且强度高,水化热也大。为加快硬化速度,可适当增加石膏的掺量（可达8%）和提高水泥的细度。

2. 铝酸盐水泥

铝酸盐水泥是以铝矾土和石灰石为原料,经高温煅烧所得以铝酸钙为主的铝酸盐水泥熟料,经磨细制成的水硬性胶凝材料,代号为CA。铝酸盐水泥又称高铝水泥。

铝酸盐水泥具有快凝、早强、高强、低收缩、耐热性好和耐硫酸盐腐蚀性强等特点,适用于工期紧急的工程、抢修工程、冬季施工的工程和耐高温工程,还可以用来配制耐热混凝土、耐硫酸盐混凝土等。但铝酸盐水泥的水化热大、耐碱性差,不宜用于大体积混凝土,不宜采用蒸汽等湿热养护。

3. 白色和彩色硅酸盐水泥

▶ 建筑材料

白色硅酸盐水泥是以铁含量少的硅酸盐水泥熟料、适量石膏及混合材料磨细所得的水硬性胶凝材料，称为白色硅酸盐水泥，简称白水泥，代号 P·W。磨制水泥时，允许加入不超过水泥质量 0~10% 的石灰石或窑灰做外加物。水泥粉磨时允许加入不损害水泥性能的助磨剂，加入量不超过水泥质量的 1%。白水泥的生产、矿物组成、性能和普通硅酸盐水泥基本相同。

由白色硅酸盐水泥熟料、适量石膏和耐碱矿物颜料共同磨细，可制成彩色硅酸盐水泥。白色和彩色硅酸盐水泥，主要用于各种装饰混凝土和装饰砂浆，如水磨石、水刷石、人造大理石、干粘石等，也配制彩色水泥浆用于建筑物的墙面、柱面、天棚等处的粉刷。

4. 道路硅酸盐水泥

由道路硅酸盐水泥熟料、0~10% 活性混合材料和适量石膏共同磨细制成的水硬性胶凝材料，称为道路硅酸盐水泥，简称道路水泥。道路硅酸盐水泥熟料中硅酸钙和铁铝酸四钙的含量较多，要求铁铝酸四钙的含量不得低于 16%，铝酸三钙的含量不得大于 5.0%。

道路水泥抗折强度高，耐磨性好，干缩小，抗冻性、抗冲击性好，可减少混凝土路面的断板、温度裂缝和磨耗，减少路面维修费用，延长道路使用年限。道路水泥适用于公路路面、机场跑道、人流量较多的广场等工程的面层混凝土。

5. 抗硫酸盐硅酸盐水泥

抗硫酸盐硅酸盐水泥按其抗硫酸盐侵蚀程度分为中抗硫酸盐硅酸盐水泥和高抗硫酸盐硅酸盐水泥两类。以适当成分的硅酸盐水泥熟料加入石膏，共同磨细制成的具有抵抗中等浓度硫酸根离子侵蚀的水硬性胶凝材料，称为中抗硫酸盐硅酸盐水泥，简称中抗硫酸盐水泥，代号 P·MSR。以适当成分的硅酸盐水泥熟料加入石膏，磨细制成的具有抵抗较高浓度硫酸根离子侵蚀的水硬性胶凝材料，称为高抗硫酸盐硅酸盐水泥，简称高抗硫酸盐水泥，代号 P·HSR。

抗硫酸盐水泥适用于受硫酸盐侵蚀的海港、水利、地下、引水、隧道、道路和桥梁等大体积混凝土工程。

6. 膨胀水泥和自应力水泥

膨胀水泥和自应力水泥分为硅酸盐型（以硅酸盐水泥熟料为主，外加铝酸盐水泥和天然二水石膏配制而成）、铝酸盐型（以铝酸盐水泥为主，外加石膏配制而成）、硫铝酸盐型（以无水硫铝酸盐和硅酸二钙为主要成分，加石膏配制而成）和铁铝酸盐型（以铁相、无水硫铝酸钙和硅酸二钙为主要成分，加石膏配制而成）。

膨胀水泥主要用于收缩补偿混凝土工程，防渗混凝土（屋顶防渗、水池等）、防渗砂浆、结构的加固、构件接缝、接头的灌浆、固定设备的机座及地脚螺栓等。自应力水泥的膨胀值较大，在限制膨胀的条件下（配有钢筋时），由于水泥石的膨胀，使混凝土受到压应力的作用，达到预应力的目的。自应力水泥一般用于预应力钢筋混凝土、压力管及配件等。

二、水泥的储运及使用注意事项

水泥在储存和运输时不得受潮和混入杂质，储存时间不宜过长，一般不超过 3 个月。即使储存条件良好的水泥存放 3 个月后强度也会明显降低，储存期超过 3 个月的水泥为过期水泥，过期水泥和受潮结块的水泥，均应重新检测其强度后才能决定如何使用。

不同品种、强度等级、出厂日期的水泥应分开存放，并标志清楚；袋装水泥堆放高度一般不超过 10 袋，应注意先到先用，避免积压过期。

不同品种、标号、批次的水泥由于矿物组成不同、凝结时间不同，严禁混杂使用。

【项目习题】

一、填空题

1. 石灰、石膏属于_____无机胶凝材料；水泥属于_____无机胶凝材料。
2. 石灰膏的主要化学成分为_____和_____。
3. 消石灰粉的主要化学成分为_____。
4. 具有优良耐酸性能的无机胶凝材料为_____。
5. 水泥生产中"两磨"指的是_____和_____，"一烧"指的是_____。

二、选择题

1. 下列材料中，强度最低的为（   ）。
   A. α 半水石膏   B. β 半水石膏   C. 水玻璃   D. 石灰
2. 关于石灰陈伏的目的，下列说法正确的是（   ）。
   A. 消除过火石灰的危害   B. 沉淀成石灰膏
   C. 消除欠火石灰的危害   D. 与二氧化碳作用生成碳酸钙
3. 下列关于石灰的说法，正确的是（   ）。
   A. 石灰受潮后，强度基本不变
   B. 石灰中常常掺入砂、纸筋等以减少收缩和节约水泥
   C. 石灰不宜在潮湿环境下使用，但可单独用于建筑物的基础
   D. 石灰不宜单独使用
4. 水泥现行技术标准规定硅酸盐水泥的初凝时间不得早于（   ）。
   A. 30 min   B. 45 min   C. 1 h   D. 1.5 h
5. 水泥的物理指标包括凝结时间和（   ）。
   A. 不溶物   B. 烧失量   C. 稳定性   D. 安定性

项目三 建筑砂浆

任务一 建筑砂浆概述

【任务目标】

(1) 阐述砂浆的概念与分类。
(2) 阐述建筑砂浆的用途。
(3) 阐述砂浆的组成材料及对材料的质量要求。

【任务知识】

一、建筑砂浆的概念

建筑砂浆是由无机胶凝材料、细骨料、水,以及根据所需性能确定的掺加料和外加剂等,按照适当的比例配合、拌制,并经养护硬化而成的工程建筑材料。建筑砂浆中没有加入粗骨料,所以又称为无粗骨料的混凝土。

建筑砂浆在建筑工程中是一种用量大、用途广泛的建筑材料。在建筑工程中建筑砂浆主要起到黏结、衬垫、传递应力、补平勾缝、建筑装饰和保护主体的作用。在砌筑工程中,建筑砂浆可以把砖、石块、砌块胶结成砌体,形成整体结构。在道路和桥隧工程中,砂浆主要用来砌筑圬工结构的桥涵、沿线挡土墙和隧道衬砌等砌体,以及修饰这些构筑物的表面。在装饰工程中,墙面、地面及钢筋混凝土梁、柱等结构表面需要用砂浆进行抹面,镶贴大理石、人造石材、陶瓷面砖等都要使用到建筑砂浆。

砂浆在土木工程中用途广泛,用量也相当大,主要用于砌筑、抹面、修补和装饰等工程。如在墙面、地板及梁柱结构的表面用砂浆抹面可起防护、垫层和装饰等作用,砂浆用于大型墙、板的接缝和镶贴瓷砖、大理石等,还可用于防水、防腐、保温、吸声、加固修补等。

二、建筑砂浆的组成

1. 胶凝材料

胶凝材料在砂浆中起着胶结作用,它是影响砂浆和易性、强度等技术性质的主要组分。建筑砂浆常用的胶凝材料有水泥和石灰等。砂浆应根据所使用的环境和部位来合理选择胶凝材料。例如,处于潮湿环境中的砂浆只能选用水泥作为胶凝材料,而处于干燥环境中砂浆可选用水泥或石灰作为胶凝材料。

砌筑砂浆所用水泥强度等级一般为砂浆强度等级的 4～5 倍，水泥砂浆采用的水泥强度等级不宜超过 32.5 级，水泥混合砂浆采用的水泥强度等级不宜超过 42.5 级。

1）水泥

通用硅酸盐水泥及砌筑水泥都可以用来配制砂浆。水泥的技术指标应符合《通用硅酸盐水泥》(GB 175—2007) 和《砌筑水泥》(GB/T 3183—2003) 的规定。对于一些特殊用途砂浆，如修补裂缝、预制构件嵌缝、结构加固等，应采用膨胀水泥。水泥强度等级应根据砂浆品种及强度等级的要求进行选择。M15 及以下强度等级的砂浆宜选用 32.5 级的通用硅酸盐水泥；M15 以上强度等级的砂浆宜选用 42.5 级的通用硅酸盐水泥。

2）石灰

为了改善砂浆的和易性和节约水泥，可在砂浆中掺入适量石灰配制成石灰砂浆或水泥石灰混合砂浆。生石灰熟化成石灰膏时，应用孔径不大于 3 mm×3 mm 的网过滤，熟化时间不得少于 7 d；磨细生石灰的熟化时间不得少于 2 d。沉淀池中储存的石灰膏，应采取防止干燥、冻结和污染的措施，严禁使用脱水硬化的石灰膏。消石灰粉不得直接用于砂浆中。

2. 细骨料（砂子）

砂浆用砂主要为天然砂，其质量要求应符合《建设用砂》(GB/T 14684—2011) 的规定。砂浆采用中砂拌制，既可以满足和易性要求，又能节约水泥，因此优先选用中砂。

砂浆所用的砂子应符合混凝土用砂的质量要求。但由于砂浆层较薄，对砂子的最大粒径应有所限制。用于砌筑石材的砂浆，砂子的最大粒径不应大于砂浆层厚度的 1/4～1/5；砌砖所用的砂浆宜采用中砂或细砂，且砂子的粒径不应大于 2.5 mm；用于各种构件表面的抹面砂浆及勾缝砂浆，宜采用细砂，且砂子的粒径不应大于 1.2 mm。

此外，为了保证砂浆的质量，对砂中的含泥量也有要求。对强度等级大于等于 M5 的砂浆，砂中含泥量应不大于 5%；对强度等级为 M2.5 的砂浆，砂中含泥量应不大于 10%。

3. 水

砂浆拌合用水与混凝土拌合用水的要求基本相同，应选用无有害杂质的洁净水拌制砂浆，未经试验鉴定的污水不能使用。

4. 掺和料

为改善砂浆的和易性，节约水泥，降低成本，常在砂浆中加无机的微细颗粒掺和料，如石灰膏、磨细生石灰、消石灰粉及磨细粉煤灰等。

为了保证砂浆的质量，生石灰应充分熟化成石灰膏后再掺入到砂浆中。由块状生石灰磨细得到的磨细生石灰，其细度用 0.080 mm 筛的筛余量不应大于 15%。消石灰粉使用时也应

▶ 建 筑 材 料

预先浸泡，不得直接使用于砌筑砂浆；石灰膏、电石膏试配时的稠度应为（120±5）mm；粉煤灰的品质指标应符合国家有关标准的要求。

5. 外加剂

为了改善砂浆的某些性能，可在砂浆中掺入外加剂，如引气剂、缓凝剂、早强剂等。外加剂的品种与掺量应通过试验确定。

建筑砂浆按所用胶凝材料的不同，可分为水泥砂浆、石灰砂浆、水泥石灰混合砂浆等；按用途不同，可分为砌筑砂浆、抹面砂浆等。将砖、石、砌块等块材黏结成砌体的砂浆称为砌筑砂浆，它起着传递荷载并使应力分布较为均匀、协调变形的作用。抹面砂浆是指涂抹在基底材料的表面，兼有保护基层、增加美观等作用的砂浆。根据其功能不同，抹面砂浆一般可分为普通抹面砂浆、装饰砂浆、防水砂浆和特种砂浆等。常用的普通抹面砂浆有水泥砂浆、石灰砂浆、水泥石灰混合砂浆、麻刀石灰砂浆（简称麻刀灰）、纸筋石灰砂浆（纸筋灰）等。特种砂浆是具有特殊用途的砂浆，主要有隔热砂浆、吸声砂浆、耐腐蚀砂浆、聚合物砂浆、防辐射砂浆等。

任务二 砂浆拌合物的技术性质

【任务目标】

（1）阐述砂浆的强度等级。

（2）对砂浆的主要技术性质进行检测。

（3）完成测定砂浆的和易性的操作。

【任务知识】

砂浆的技术性质主要是新拌砂浆的和易性和硬化后砂浆的强度，另外还有砂浆的黏结力、变形、耐久性等性能。

砂浆是由胶凝材料、细骨料和水（也可根据需要掺入外加剂或掺合料）按适当比例拌和成拌合物，经一定时间硬化而成的建筑材料。

砂浆按功能和用途不同，分为砌筑砂浆、抹面砂浆和特种砂浆。

砂浆按所用胶凝材料不同分为水泥砂浆、石灰砂浆、混合砂浆（如水泥石灰砂浆、石灰黏土砂浆、水泥黏土砂浆等）。

一、砂浆的技术性质

（一）新拌砂浆的和易性

和易性是指新拌水泥混凝土易于各工序施工操作（搅拌、运输、浇灌、捣实等）并能保证质量均匀、成型密实的性能，也称混凝土的工作性，包括流动性、保水性和黏聚性等。

1. 流动性

流动性是指新拌混凝土在自重或机械振捣的作用下产生流动,并均匀密实地填满模板的性能。流动性反映拌合物的稀稠程度。砂浆稠度的大小用沉入度表示,沉入度越大,表示砂浆的流动性越好。若混凝土拌合物太干稠,则流动性差,难以振捣密实;若拌合物过稀,则流动性好,但容易出现分层离析现象。主要影响因素是混凝土用水量。

用砂浆稠度仪通过试验测定沉入度值,以标准圆锥体在砂浆内自由沉入 10 s 后测定,沉入深度用毫米(mm)表示。沉入度大,砂浆流动性大,但流动性过大,硬化后强度将会降低;若流动性过小,则不便于施工操作。

砂浆流动性的大小与砌体材料种类、施工条件及气候条件等因素有关。对于多孔吸水的砌体材料和干热的天气,则要求砂浆的流动性大些;相反,对于密实不吸水的材料和湿冷的天气,则要求流动性小些。根据《砌筑砂浆配合比设计规程》(JGJ/T 98—2010)的规定,用于砌体的砂浆稠度见表 3-1。

表 3-1 砌体的砂浆稠度　　　　　　　　　　　　　　　　　mm

砌 体 种 类	施工稠度
烧结普通砖砌体,粉煤灰砖砌体	70~90
混凝土砖砌体、普通混凝土小型空心砌块砌体、灰砂砖砌体	50~70
烧结多孔砖砌体、烧结空心砖砌体、轻集料混凝土小型空心砌块砌体、蒸压加气混凝土砌块砌体	60~80
石砌体	30~50

2. 保水性

保水性是指砂浆保持水分的能力,也指砂浆中各项组成材料不易分层离析的性质。工程中应选用保水性良好的砂浆,以保证工程质量。保水性的好坏用分层度表示。

保水性是指新拌混凝土具有一定的保水能力,在施工过程中,不致产生严重泌水现象的性能。保水性反映混凝土拌合物的稳定性。保水性差的混凝土内部易形成透水通道,影响混凝土的密实性,并降低混凝土的强度和耐久性。主要影响因素是水泥品种、用量和细度。

砂浆的保水性用砂浆分层度测定仪测定,以分层度(mm)表示。先将搅拌均匀的砂浆拌合物一次装入分层度筒,测定沉入度,然后静置 30 min 后,去掉上节 200 mm 砂浆,剩余的 100 mm 砂浆倒出放在搅拌锅内搅拌 2 min,再测其沉入度,两次测得的沉入度之差即为该砂浆的分层度值。砂浆的分层度以 10~20 mm 为宜。分层度过大,砂浆易产生离析,不便于施工和水泥硬化。因此水泥砂浆分层度不应大于 30 mm,水泥混合砂浆分层度一般不会超过 20 mm;分层度接近于零的砂浆,容易发生干缩裂缝。

(二) 砂浆的强度

砂浆在砌体中主要起传递荷载的作用,并经受周围环境介质的作用,因此砂浆应具有一定的黏结强度、抗压强度和耐久性。试验证明:砂浆的黏结强度、耐久性均随抗压强度

▶ 建 筑 材 料

的增大而提高,即它们之间有一定的相关性,而且抗压强度的试验方法较为成熟,测试较为简单、准确,所以工程上常以抗压强度作为砂浆的强度指标。

砂浆的强度等级是将砂浆制成 70.7 mm × 70.7 mm × 70.7 mm 的立方体标准试件,在标准条件下养护 28 d,用标准试验方法测得的抗压强度平均值。在标准养护条件[水泥混合砂浆为温度(20±2)℃,相对湿度 60%~80%;水泥砂浆为温度(20±2)℃,相对湿度 90% 以上]下,用标准试验方法测得 28 d 龄期的抗压强度来确定的。根据砂浆的抗压强度,将砂浆划分为 M2.5、M5.0、M7.5、M10、M15、M20 六个强度等级。例如:M10 表示砂浆的抗压强度为 10 MPa。

影响砂浆强度的因素较多。试验证明,当原材料质量一定时,砂浆的强度主要取决于水泥强度等级与水泥用量。用水量对砂浆强度及其他性能的影响不大。砂浆的强度可用式(3-1)表示。

$$f_\mathrm{m} = \frac{\alpha f_\mathrm{ce} Q_\mathrm{c}}{1000} + \beta = \frac{\alpha K_\mathrm{c} f_\mathrm{ce,k} Q_\mathrm{c}}{1000} + \beta \tag{3-1}$$

式中　　f_m——砂浆的抗压强度,MPa;

　　　　f_ce——水泥的实际强度,MPa;

　　　　Q_c——1 m³ 砂浆中的水泥用量,kg;

　　　　K_c——水泥强度等级的富余系数,按统计资料确定;

　　　　$f_\mathrm{ce,k}$——水泥强度等级的标准值,MPa;

　　　　α、β——砂浆的特征系数,$\alpha = 3.03$,$\beta = -15.09$。

砂浆的强度除与砂浆本身的组成材料和配合比有关外,还与基层材料的吸水性有关。当基层为不吸水材料时,影响砂浆强度的因素主要为水泥强度等级和水灰比。当基层为吸水材料时,砂浆的强度主要与水泥用量和水泥强度等级有关,与水灰比关系不大。

(三) 砂浆的黏结力

砂浆能把许多块状的砖石材料黏结成为一个整体。因此,砌体的强度、耐久性及抗震性取决于砂浆黏结力的大小。砂浆的黏结力随其抗压强度的增大而提高。此外,砂浆的黏结力与砖石的表面状态、清洁程度、湿润状况及施工养护条件等因素有关。粗糙的、洁净的、湿润的表面黏结力较好。

黏结力与抗压强度、基层材料的表面状态、润湿情况、清洁程度及施工养护等条件有关。抗压强度越高,黏结力越大;在粗糙的、润湿的、清洁的基层上使用且养护良好的砂浆与基层的黏结力较好。

(四) 砂浆的变形

砂浆在承受荷载、温度变化或湿度变化时,均会产生变形。变形过大或不均匀会降低砌体的整体性,引起沉降或裂缝。砂浆变形性的影响因素很多,如胶凝材料的种类和用量、用水量、细骨料的种类和级配、细骨料的质量以及外部环境条件等。

砂浆中混合料掺量过多或使用轻骨料,会产生较大的收缩变形。为了减少收缩,可在砂浆中加入适量的膨胀剂。

（五）砂浆的耐久性

耐久性是材料抵抗自身和自然环境双重因素长期破坏作用的能力，即保证其经久耐用的能力。耐久性越好，材料的使用寿命越长。在受冻融影响较多的建筑部位，要求砂浆具有一定的抗冻性。对有冻融次数要求的砌筑砂浆，经冻融试验后，质量损失率不得大于5%，抗压强度损失率不得大于25%。

二、砂浆在建筑工程中的主要用途

（1）将砖、石材、砌块等块状材料胶结成砌体。
（2）用于建筑物室内外的墙面、地面、梁、柱、顶棚等构件的表面抹灰。
（3）镶贴大理石、陶瓷墙地砖等各类装饰板材。
（4）用于装配式结构中墙板、混凝土楼板等各种构件的接缝。
（5）制成各类特殊功能的砂浆，如装饰砂浆、保温砂浆、防水砂浆等。

任务三　砌筑砂浆和抹灰砂浆

【任务目标】
（1）阐述砌筑砂浆和抹灰砂浆的分类。
（2）阐述砌筑砂浆和抹灰砂浆的技术要求。

【任务知识】

一、砌筑砂浆

（一）砌筑砂浆的概念

砌筑砂浆能够把砖、石、砌块等砌筑粘结成砌体，也用于填充墙板、楼板和构件的接缝。砌筑砂浆在建筑工程中用量很大，主要起黏结、衬垫和传递应力的作用，以保证构件整体工作，受力均匀。

（二）常用的砌筑砂浆的种类

1. 根据所用胶结料的种类不同分类

（1）水泥砂浆。由水泥、砂子和水等按适当比例配合、拌制而成。水泥砂浆的和易性较差，强度较高，适用于潮湿环境、水中以及要求砂浆强度较高的工程。

（2）石灰砂浆。由石灰、砂子和水等按适当比例配合、拌制而成。石灰砂浆的和易性较好，但是强度较低。由于石灰是气硬性胶凝材料，所以石灰砂浆一般用于地上部位、强度要求不高的建筑工程。不适合用于潮湿环境或水中工程。

（3）混合砂浆。由水泥、石灰、砂子和水等按适当比例配合、拌制而成。混合砂浆的强度、和易性、耐水性介于水泥砂浆和石灰砂浆之间，常用于地面以上工程。

2. 根据生产工艺不同分类

（1）施工现场拌制砂浆。施工现场拌制砂浆是指根据设计和施工的具体要求，在施工现场取料、施工现场拌制并使用的砂浆。一般在小型工程中使用。

（2）预拌砂浆。预拌砂浆又称为商品砂浆，分为预拌湿砂浆和干混砂浆。①预拌湿砂浆是指由水泥、细骨料、保水增稠材料、外加剂和水，以及根据需要掺入的矿物掺合料等按一定比例，在集中拌合并经计量、拌制后，用搅拌运输车运至使用地点，放入封闭容器中储存，并在规定时间内使用完毕的砂浆拌合物；②干混砂浆是指由专业生产厂生产的，经干燥筛分处理的水泥、细骨料、保水增稠材料以及根据需要掺入的外加剂、矿物掺合料等按一定比例，在专业生产厂混合而成的固态混合物，在使用地点按规定比例加水或配套液体拌和使用的砂浆。

（三）砌筑砂浆的组成材料

砌筑砂浆主要由胶凝材料、细骨料、水、外加剂和矿物掺合料等组成。

1. 胶凝材料

砌筑砂浆的胶凝材料包括水泥、石灰等无机胶凝材料。胶凝材料的选择应根据工程设计和使用环境条件确定。在干燥环境中使用的砂浆既可选用气硬性胶凝材料，也可选用水硬性胶凝材料；处于潮湿环境或水中的砂浆则必须选用水硬性胶凝材料。所用的各类胶凝材料均应满足相应的技术要求。

（1）水泥。常用的各种水泥均可作为砌筑砂浆的结合料，由于砂浆的强度相对较低，所以水泥的强度不宜过高，否则水泥的用量太低，会导致砂浆的保水性不良。所用水泥的强度等级应根据砂浆品种及强度等级的要求进行选择。M15及以下强度等级的砌筑砂浆宜选用32.5级的通用硅酸盐水泥或砌筑水泥；M15以上强度等级的砌筑砂浆宜选用42.5级的通用硅酸盐水泥；水泥混合砂浆中的水泥，其强度等级不宜大于42.5级。考虑到水泥强度等级的经济合理性，一般在配制砌筑砂浆时，选择水泥的强度等级为砂浆强度等级的4~5倍。同时应注意，不同品种的水泥不得混合使用，实际工程中，可根据具体的设计要求、砌筑部位及环境条件来选择适宜的水泥品种。

（2）石灰。在石灰砂浆中，石灰起着胶凝材料的作用。但有时候根据工程需要，会在水泥砂浆中掺入适量的生石灰或生石灰粉，它们既起着胶凝材料的作用，也有改善砂浆和易性的作用。但是在使用前必须将生石灰、生石灰粉熟化成石灰膏，要求膏体稠度为 (120 ± 5) mm，并需经 3×3 mm 的筛网过滤。生石灰熟化时间不得少于7 d；磨细的生石灰粉熟化时间不得少于2 d。消石灰粉不得直接用于砌筑砂浆中，严禁使用已经干燥、脱水硬化、冻结或遭受污染的石灰膏生产砂浆。

2. 细骨料

细骨料为砂浆的骨料，用于制作砂浆的细骨料为天然砂，砌筑砂浆中细骨料用砂宜选用中砂，并应符合现行行业标准《普通混凝土用砂、石质量及检验方法标准》（JGJ 52—2006）的规定，且应全部通过4.75 mm的方孔筛。

由于砂浆层一般较薄,所以对砂的最大粒径有所限制。通常情况下,石砌体结构用砂浆宜选用粗砂,最大粒径应控制在砂浆层厚度的 1/4~1/5;砖砌体结构用砂浆宜选用中砂,最大粒径不大于砂浆厚度的 1/4;光滑的抹面及勾缝的砂浆宜采用细砂,以最大粒径不大于 1.2 mm 为宜。

砌筑砂浆用砂的含泥量不应超过 5%,强度等级为 M2.5 以下的水泥混合砂浆,砂的含泥量不应超过 10%,防水砂浆用砂的含泥量不应超过 5%。

3. 水

可以选用洁净的饮用水。砂浆对水的技术要求与混凝土拌合用水相同,其水质应符合现行《混凝土用水标准》(JGJ 63—2006)的要求。未经试验检测的非洁净水、生活污水、工业废水等均不准用于配制和养护砂浆。

4. 外加剂

为改善砂浆的性能,节约结合料的用量,制作砂浆时还经常掺入适宜的外加剂。外加剂的种类有减水剂、膨胀剂、引气剂、防水剂、早强剂等,其掺入量必须通过试验确定。外加剂应符合国家现行有关标准的规定。砌筑砂浆中掺入的外加剂与混凝土中的外加剂相似。例如,要改善砂浆的和易性,减少用水量,可以掺入减水剂;要增强砂浆的防水性和抗渗性,可以掺入防水剂;要增强砂浆的保温隔热性能,可掺入引气剂。

5. 掺合料

为改善砂浆的和易性,节约水泥,还可以掺加其他胶结料或掺合料(如石灰膏、黏土膏和粉煤灰等)制成混合砂浆。《砌筑砂浆配合比设计规程》(JGJ/T 98—2010)对砌筑砂浆中的掺合料有相关规定。如砌筑砂浆用石灰膏、电石膏应符合下列规定:

(1) 生石灰熟化成石灰膏时,应用孔径不大于 3 mm × 3 mm 的网过滤,熟化时间不得少于 7 d;磨细生石灰粉的熟化时间不得少于 2 d。沉淀池中储存的石灰膏,应采取防止干燥、冻结和污染的措施。严禁使用脱水硬化的石灰膏。

(2) 制作电石膏的电石渣应用孔径不大于 3 mm × 3 mm 的网过滤,检验时应加热至 70 ℃后至少保持 20 min,并应待乙炔挥发完后再使用。

(3) 消石灰不得直接用于砌筑砂浆中。

(4) 石灰膏、电石膏试配时的稠度应为 120 mm ± 5 mm。

(四) 砌筑砂浆的主要技术性质

砂浆与混凝土在组成上的差别仅在于砂浆中不含粗骨料,所以有关混凝土和易性、强度的基本规律,原则上也适用于砂浆,但由于砂浆的组成及用途与混凝土有所不同,所以它还具有其自身的特点。

1. 砂浆的和易性

砂浆在硬化前应具有良好的和易性,以方便施工操作,能在砖石表面铺展成均匀的薄层,并使砌体之间紧密黏结。砂浆的和易性包括流动性和保水性两个方面。和易性好的砂浆,在运输和操作时,不会出现分层、泌水等现象,而且容易在粗糙的砖、石、砌块表面

▶ 建 筑 材 料

上铺成均匀、薄薄的一层,保证灰缝既饱满又密实,能够将砖、砌块、石块很好地黏结成整体。而且可操作的时间较长,有利于施工操作。

1) 稠度

砂浆的稠度又称流动性,是指新拌砂浆在其自重或外力作用下产生流动的性能,用"沉入度"表示。砂浆的稠度采用砂浆稠度仪测定,单位是 mm。砂浆沉入度值越大,表明砂浆越稀,流动性越大。

砂浆的流动性与用水量,胶凝材料的品种和用量,细骨料的级配和表面特征,掺合料及外加剂的特性和用量,拌和时间等因素有关。其中流动性主要取决于用水量,施工中常以用水量的多少来控制砂浆的稠度。

《砌筑砂浆配合比设计规程》(JGJ/T 98—2010)规定,砌筑砂浆施工时的稠度的确定,宜按表 3-2 选用。

表 3-2 砌体的砂浆稠度　　　　　　　　　　　　mm

砌 体 种 类	施工稠度
烧结普通砖砌体,粉煤灰砖砌体	70 ~ 90
混凝土砖砌体、普通混凝土小型空心,砌块砌体、灰砂砖砌体	50 ~ 70
烧结多孔砖砌体、烧结空心砖砌体、轻集料混凝土小型空心砌块砌体、蒸压加气混凝土砌块砌体	60 ~ 80
石砌体	30 ~ 50

2) 保水性

砂浆的保水性是指砂浆保持其内部水分的能力。砂浆在运输、静置或砌筑过程中,水分不应从砂浆中离析,使砂浆保持必要的稠度,以便于施工操作,同时使水泥正常水化,以保证砌体的强度。保水性不好的砂浆,会因失水过多而影响砂浆的铺设及砂浆与材料间的结合,并影响砂浆的正常硬化,从而使砂浆的强度,特别是砂浆与多孔材料的黏结力大大降低。

图 3-1　砂浆保水性试验测定仪
　　　　（滤纸法）

砂浆的保水性与胶结材料的种类和用量、细骨料的级配、用水量以及有无掺合料和外加剂等有关。砂浆的保水性采用"保水率"表示,保水率用保水性试验测定。图 3-1 所示为砂浆保水性试验测定仪。砂浆的保水率值越大,表明砂浆保持水分的能力越强。

《砌筑砂浆配合比设计规程》(JGJ/T 98—2010)对建筑砂浆的保水率的规定见表 3-3。

表3-3 砌筑砂浆的保水率　　　　　　　　　　　　　　　　　　　　%

砂浆种类	保水率
水泥砂浆	≥80
水泥混合砂浆	≥84
预拌砌筑砂浆	≥88

2. 砂浆的强度

砂浆在砌体结构中主要起着传递应力的作用,所以在工程上常以抗压强度作为砂浆的主要技术指标。

《建筑砂浆基本性能试验方法标准》(JGJ/T 70—2009)中规定,建筑砂浆的强度等级试验应采用70.7 mm×70.7 mm×70.7 mm的带底试模试件,每组为3个试件。在标准养护条件下养护28 d,用标准试验方法测得的28 d龄期的砂浆立方体抗压强度平均值,并按具有85%强度保证率而确定的。

《砌筑砂浆配合比设计规程》(JGJ/T 98—2010)规定,水泥砂浆及预拌砌筑砂浆的强度等级分为M30、M25、M20、M15、M10、M7.5、M5.0七个强度等级。水泥混合砂浆的强度等级有M15、M10、M7.5、M5.0四个强度等级。砂浆强度等级越高,其强度越高,质量越好。如M10表示砂浆的抗压强度为10 MPa。影响砂浆强度的因素很多,试验证明,当原材料质量一定时,砂浆的强度主要取决于水泥强度等级和水泥用量,用水量对砂浆强度及其他性能的影响不大。

砂浆的强度除与砂浆本身的组成材料和配合比有关外,还与基层材料的吸水性有关。对于普通水泥配制的砂浆可参考以下两种方法计算其强度。

1)不吸水基层(如致密石材)

当基层为不吸水材料时,影响砂浆强度的因素与普通混凝土相似,主要为水泥强度等级和水灰比。砂浆强度可采用下式计算:

$$f_m = 0.29 f_{ce} \left(\frac{C}{W} - 0.40 \right) \tag{3-2}$$

式中　f_m——砂浆28 d的抗压强度值,MPa;

　　　f_{ce}——水泥的实际强度,MPa;

　　　$\frac{C}{W}$——灰水比。

式(3-2)中的f_{ce}可通过试验确定,也可取水泥强度富余系数$\gamma_c = 1.0$,按$f_{ce} = 1.0 \times f_c$计算。其中,f_c为水泥强度等级。

2)吸水基层(如砖或其他多孔材料)

当基层为吸水材料时,砂浆中多余的水分被基层吸收。砂浆中水分的多少取决于砂浆的保水性,与砂浆初始水灰比关系不大。因此,砂浆的强度主要与水泥用量和水泥的强度等级有关,与水灰比关系不大。砂浆强度可采用下式计算:

$$f_\mathrm{m} = \frac{Af_\mathrm{ce}Q_\mathrm{c}}{1000} + B \tag{3-3}$$

式中　　f_m——砂浆 28 d 的抗压强度值,MPa;

　　　　Q_c——每立方米砂浆中水泥的用量,kg;

　　　　A、B——砂浆特征系数,可参考表 3-4 选用;

　　　　f_ce——水泥的实际强度,MPa。

式(3-3)中的 f_ce 可通过试验确定,也可取 $f_\mathrm{ce} = 1.0 \times f_\mathrm{c}$。其中,$f_\mathrm{c}$ 为水泥强度等级。

表 3-4　砂浆特征系数 A、B 参考数值

砂浆种类	A	B
水泥砂浆	1.03	3.50
水泥混合砂浆	3.03	-15.09

3. 砂浆的黏结力

砂浆黏结力的大小影响砌体的强度、耐久性、稳定性、抗震性等,与工程质量密切相关。一般砂浆的抗压强度越高,黏结力越大。此外,砂浆的黏结力还与基层材料的表面状态、润湿情况、清洁程度及施工养护条件等有关。在粗糙的、润湿的、清洁的基层上使用养护良好的砂浆,则砂浆与基层的黏结力较好。因此,砌筑墙体前应将块材表面清理干净,浇水润湿,其含水率控制在 10%～15%,表面不沾泥土,以提高砂浆与砖之间的黏结力,保证砌筑质量。必要时凿毛,砌筑后应加强养护,从而提高砂浆与块材之间的黏结力,保证砌体的质量。

4. 砂浆的变形

砌筑砂浆在承受荷载、温度变化或干缩过程中,会产生变形。如果变形量过大或变形不均匀,会引起砌体开裂而降低了砌体的质量,所以要求砂浆具有较小的变形性。

5. 砂浆的耐久性

砌体砂浆经常会遭受环境水的作用,故除强度外,还应考虑砂浆的抗渗性、抗冻性和抗腐蚀性等性能。要提高砂浆的耐久性,主要途径是提高其密实性。

(五) 砌筑砂浆配合比设计

石灰砂浆一般根据保水性来确定石灰和砂的比例,配合比一般取石灰膏:砂 = 1:2～5(体积比)。对于砌筑砖、砌块等吸水材料的水泥砂浆和水泥石灰混合砂浆,应按照现行《砌筑砂浆配合比设计规程》(JGJ 98—2010)的要求设计配合比。

1. 确定砂浆配制强度

为了保证砂浆具有 95% 强度保证率，砂浆的配制强度应高于设计强度。配制强度按下式计算：

$$f_{m,0} = f_m + 0.645\sigma \tag{3-4}$$

式中 $f_{m,0}$——砂浆的配制强度，MPa；

f_m——砂浆的设计强度等级，MPa；

σ——砂浆现场强度标准差，MPa，可按表 3-5 选用。

表 3-5 σ 取 值 表

施工水平	砂浆强度等级					
	M2.5	M5	M7.5	M10	M15	M20
优良	0.50	1.00	1.50	2.00	3.00	4.00
一般	0.62	1.25	1.88	2.50	3.75	5.00
较差	0.75	1.50	2.25	3.00	4.50	6.00

2. 确定每立方米砂浆中水泥的用量 Q_c

根据式（3-4）可得出水泥用量为

$$Q_c = \frac{1000(f_{m,0} - B)}{A f_{ce}} \tag{3-5}$$

当计算出的水泥用量不足 200 kg/m³ 时，应取 $Q_c = 200$ kg/m³。

3. 确定每立方米砂浆中掺和料（石灰膏）的用量 Q_D

为了保证砂浆具有良好的流动性和保水性，每立方米砂浆中胶凝材料和掺和料的总量 Q_A 应控制在 300~350 kg/m³ 之间。则砂浆中掺和料的用量为

$$Q_D = Q_A - Q_c \tag{3-6}$$

为了保证砂浆的流动性，石灰膏的稠度按（120±5）mm 计量。当石灰膏的稠度为其他值时，其用量应乘以换算系数，换算系数见表 3-6。

表 3-6 石灰膏不同稠度时的用量换算系数

石灰膏稠度/mm	120	110	100	90	80	70	60	50	40
换算系数	1.00	0.99	0.97	0.95	0.93	0.92	0.90	0.88	0.87

4. 确定每立方米砂浆中砂的用量 Q_S

砂浆中的胶凝材料、掺和料和水是用来填充砂中空隙的，因此，每立方米砂浆含有堆积体积为 1 m³ 的砂。则砂的用量为

▶ 建筑材料

$$Q_S = \rho_{0干}(1+\beta) \tag{3-7}$$

式中　Q_S——每立方米砂浆中砂的用量，kg/m^3；

$\rho_{0干}$——砂干燥状态的堆积密度，kg/m^3；

β——砂的含水率，%。

5. 确定每立方米砂浆中水的用量 Q_W

砂浆中用水量的多少对其强度等性能的影响不大，用水量可根据经验选取，也可按表3-7选用。

表3-7　砂浆用水量选用表　　　　　　　　　　　　　　　　　　kg/m^3

砂浆品种	水泥砂浆	混合砂浆
用水量	270~330	250~300

6. 配合比的试配、调整

按照以上步骤计算出来的配合比试拌砂浆，测定其和易性和强度。若和易性和强度不符合要求，应进行配合比调整。最后，采用满足和易性和强度要求，并且水泥用量最小的配合比作为砂浆的配合比。

砌筑砂浆配合比设计应满足以下基本要求：

（1）砂浆拌合物的和易性应满足施工要求，并且拌合物的体积密度为：水泥砂浆不小于1900 kg/m^3；水泥混合砂浆不小于1800 kg/m^3。

（2）砌筑砂浆的强度、耐久性应满足设计要求。

（3）经济上应合理，水泥及掺和料的用量应较少。

【例3-1】　某工程砌筑砖墙所用强度等级为M10的水泥石灰混合砂浆。所采用的原材料为：强度等级为32.5的普通硅酸盐水泥；中砂，含水率为3%，干燥堆积密度为1450 kg/m^3；石灰膏的稠度为100 mm。此工程施工水平一般，试计算此砂浆的配合比。

解：

（1）确定砂浆配制强度。

根据表3-5可知 $f_m = 10$ MPa，$\sigma = 2.5$ MPa，根据式（3-4）可得到砂浆的配制强度为

$$f_{m,0} = (10 + 0.645 \times 2.5)\text{ MPa} = 11.6 \text{ MPa}$$

（2）计算每立方米砂浆中水泥的用量 Q_C。

根据表3-4可知 $A = 3.03$，$B = -15.09$，$f_{ce} = 1.0 \times 32.5$ MPa $= 32.5$ MPa，则每立方米砂浆中水泥的用量为

$$Q_C = \frac{1000 \times (11.6 + 15.09)}{3.03 \times 32.5} \text{ kg} = 271 \text{ kg}$$

（3）计算每立方米砂浆中石灰膏的用量 Q_D。

取每立方米砂浆中胶凝材料和掺和料的总量 $Q_A = 320 \text{ kg/m}^3$，由式（3-6）得到立方米砂浆中石灰膏的用量为：

$$Q_D = Q_A - Q_c = (320 - 271) \text{ kg} = 49 \text{ kg}$$

根据表 3-6 可知稠度为 100 mm 的石灰膏用量应乘以换算系数 0.97，所以应掺加石灰膏的用量为 $49 \times 0.97 = 47.5 \text{ kg}$。

（4）计算每立方米砂浆中砂的用量 Q_S。

$$Q_S = \rho_{0\mp}(1+\beta) = 1450 \times (1+3\%) \text{ kg} = 1493.5 \text{ kg}$$

（5）计算每立方米砂浆中水的用量 Q_W。

根据表 3-7，选取用水量 $Q_W = 280 \text{ kg}$。

故此砂浆的设计配合比为

水泥：石灰膏：砂：水 = 271：47.5：1493.5：280 = 1：0.18：5.51：1.03

二、抹灰砂浆

抹灰砂浆又称抹面砂浆，它是以薄层形式涂抹在建筑物或构筑物的表面，既能保护墙体，又具有一定装饰性的建筑材料。与砌筑砂浆相比，抹灰砂浆与底面和空气的接触面大，失水更快，所以对抹面砂浆的强度要求不高，但要求保水性好，与基底的黏附性好。

抹灰砂浆的材料组成与砌筑砂浆基本相同，要求具有良好的工作性，即易于抹成很薄的一层，便于施工，还要有较好的黏结力，保证基层和砂浆层良好黏结，并且不能出现开裂，因此有时需要加入一些纤维材料（纸筋、麻刀、玻璃纤维等）来增强其抗拉强度，减少干缩和开裂；有时根据需要加入有机聚合物，以便在提高砂浆与基层黏结力的同时增加硬化砂浆的柔韧性，从而减少开裂，避免空鼓或脱落；有时加入特殊的骨料（陶砂、膨胀珍珠岩等）以强化其功能。

由于抹灰砂浆对强度要求不高，故一般不需进行配合比设计，常根据施工经验来选择配合比。

（一）抹灰砂浆的组成材料

为了提高抹灰砂浆的黏结力，其胶凝材料用量比砌筑砂浆多，并可在其中加入适量的有机聚合物（占水泥质量的10%），如聚乙烯醇缩甲醛胶（107胶）等。由于抹灰砂浆的面积较大，干缩大，易开裂，故常在砂浆中加入麻刀、纸筋、稻草等纤维材料来增加抗拉强度，防止砂浆层开裂。

（二）抹灰砂浆的种类

抹灰砂浆按其使用功能不同可分为普通抹灰砂浆、装饰砂浆、防水砂浆和特种砂浆（绝热砂浆、防辐射砂浆、吸声砂浆、耐酸砂浆）等；按胶结料不同可分为水泥砂浆、石灰砂浆和混合砂浆等。

常用的抹灰砂浆有水泥砂浆、石灰砂浆、水泥混合砂浆、麻刀石灰砂浆、纸筋石灰砂浆等。常用抹灰砂浆的配合比及应用范围见表 3-8。

表 3-8 常用抹面砂浆的配合比及应用范围

材　料	体积配合比	应用范围
水泥：砂	1:3~1:2.5	潮湿房间的墙裙、踢脚、地面基层
水泥：砂	1:2~1:1.5	地面、墙面、顶棚
水泥：砂	1:0.5~1:1	混凝土地面压光
石灰：砂	1:2~1:4	干燥环境中砖、石墙表面
石灰：水泥：砂	1:0.5:4.5~1:1:5	勒脚、檐口、女儿墙及较潮湿部位
石灰：黏土：砂	1:1:4~1:1:8	干燥环境墙表面
石灰：石膏：砂	1:0.4:2~1:1:3	干燥环境墙及顶棚
石灰：石膏：砂	1:2:2~1:2:4	干燥环境的线脚及装饰
石灰膏：麻刀	100:2.5（质量比）	木板条顶棚面层
石灰膏：纸筋	100:3.8（质量比）	木板条顶棚面层
石灰膏：纸筋	1 m³ 灰膏掺 3.6 kg 纸筋	较高级墙板、顶棚
石灰：石膏：砂：锯末	1:1:3:5	用于吸音粉刷

抹灰砂浆一般分两层（中级抹灰）或三层（高级抹灰）施工。底层抹灰的作用是使砂浆与基层黏结牢固，要求砂浆具有较高的黏结力和良好的和易性；中层抹灰起抹平作用，可省去不用；面层抹灰起装饰作用，要求光洁平整。底层及中层抹灰多采用水泥混合砂浆或石灰砂浆，面层多采用水泥混合砂浆、麻刀石灰砂浆、纸筋石灰砂浆等。

用于室外、潮湿环境或易碰撞等部位的砂浆，如外墙、地面、踢脚、水池、墙裙、窗台等，应采用水泥砂浆。

1. 普通抹灰砂浆

普通抹灰砂浆是建筑工程中用量最大的抹灰砂浆。普通抹灰砂浆可以保护建筑物及墙体、地面不受风、雨、雪及有害物质的侵蚀，提高防潮、防腐蚀、抗风化性能，提高建筑物的耐久性；同时可使建筑表面平整、光洁和美观，可以达到一定的装饰效果。

普通抹灰砂浆的组成与砌筑砂浆基本相同，但其胶凝材料的用量要比砌筑砂浆多，为使其与基面牢固地粘合，所以对其和易性的要求要比砌筑砂浆更高，黏结力要求更高。

为了使砂浆表面平整均匀、不易脱落、耐久性好，抹面砂浆可分为两层或三层进行施工。由于各层砂浆的作用和要求不同，所以每层所选用的砂浆也不一样。如水泥砂浆宜用于潮湿或对强度要求较高的部位；混合砂浆则多用于室内底层、中层或面层抹灰；石灰砂浆、麻刀灰、纸筋灰多用于室内中层或面层抹灰。基底材料的特性和工程部位不同，对砂浆的技术性能要求也不同。如对混凝土基层多用水泥石灰混合砂浆；对于木板条基层及面层，多用纤维材料增加其抗拉强度来防止开裂。

抹灰砂浆常分为底层砂浆、中层砂浆和面层砂浆 3 层，如图 3-2 所示。

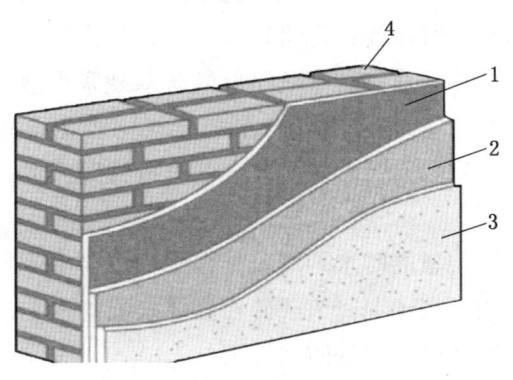

1—底层；2—中层；3—面层；4—基层

图 3-2 抹面砂浆的组成

（1）底层砂浆。主要起初步找平和黏结基层的作用。因此要求砂浆应具有良好的和易性和较高的黏结力，所以底层砂浆的保水性要好，不然砂浆水分被基层材料吸收后会影响到砂浆的流动性和黏结力。另外，基层表面粗糙程度也会影响与砂浆的黏结性能。砖墙的底层多用石灰砂浆，有防水、防潮要求时的底层用水泥砂浆。混凝土基层的底层多采用水泥混合砂浆。

（2）中层砂浆。主要起找平的作用，又称为找平层。一般采用混合砂浆或石灰砂浆，找平层的稠度要合适，应能很容易地抹平。砂浆层的厚度以表面抹平为宜。找平层有时可省去不用。

（3）面层砂浆。主要起装饰作用，它能使表面平整美观。因此多选用细砂配制的混合砂浆、麻刀石灰砂浆或纸筋石灰砂浆，可加强表面的光滑程度及质感。在容易受碰撞的部位（窗台、窗口、踢脚板等）应采用水泥砂浆。在加气混凝土砌块墙体表面上做抹灰时，应采用特殊的施工方法，如在墙面上刮胶、喷水润湿或在砂浆层中夹一层钢丝网片以防开裂脱落。

实践应用中要依据工程使用的部位及基层材料的性质来确定抹灰砂浆材料组成和配合比。对于普通抹灰砂浆配合比，可参考表 3-9 选用。

表 3-9 普通抹灰砂浆配合比

材料	体积配合比	材料	体积配合比
水泥：砂	1：2～1：3	石灰：石膏：砂	1：0.4：2～1：2：3
石灰：砂	1：2～1：4	石灰：黏土：砂	1：1：4～1：1：8
水泥：石灰：砂	1：1：6～1：2：9	石膏：麻刀（质量比）	100：1.3～100：2.5

▶ 建 筑 材 料

2. 防水砂浆

防水砂浆是具有显著的防水、防潮性能的砂浆，是一种刚性防水材料和堵漏密封材料。防水砂浆可用普通水泥砂浆制作，也可在水泥砂浆中掺入防水剂、膨胀剂或聚合物等配制而成的。在水泥砂浆中掺入适量防水剂制成的防水砂浆目前应用最广泛。防水剂的掺量，一般为水泥质量的3%～5%，常用的防水剂有氯化物金属盐类、金属皂类、硅酸钠类、有机硅类等；常用的聚合物有天然橡胶胶乳、合成橡胶胶乳、树脂乳液、水溶性聚合物等。

防水砂浆拌合时，把一定量的防水剂溶于拌合水中，与事先拌匀的水泥、砂混合料再次拌合均匀形成砂浆拌合物。用于混凝土或砖石砌体表面的水泥砂浆防水层，应采用多层抹压的施工工艺，以提高水泥砂浆层的防水能力。

防水砂浆的防渗效果在很大程度上取决于施工质量，因此施工时要严格控制原材料质量和配合比。防水砂浆层一般分4层或5层施工，每层约5 mm厚。砂浆防水层做完后，要加强养护，以防止出现干缩裂缝，降低防水效果。

防水砂浆是一种刚性防水材料，通过提高砂浆的密实性及改进抗裂性以达到防水抗渗的目的。主要用于不会因结构沉降、温度和湿度变化，以及受振动等产生有害裂缝的防水工程。用作防水工程防水层的防水砂浆有刚性多层抹面的水泥砂浆、掺防水剂的防水砂浆和聚合物水泥防水砂浆3种。

（1）刚性多层抹面的水泥砂浆。由水泥加水配制的水泥素浆和由水泥、砂、水配制的水泥砂浆，将其分层交替抹压密实，以使每层毛细孔通道大部分被切断，残留的少量毛细孔也无法形成贯通的渗水孔网。硬化后的防水层具有较高的防水和抗渗性能。

（2）掺防水剂的防水砂浆。在水泥砂浆中掺入各类防水剂以提高砂浆的防水性能，常用的掺防水剂的防水砂浆有氯化物金属类防水砂浆、氯化铁防水砂浆、金属皂类防水砂浆和掺早强剂防水砂浆等。

（3）聚合物水泥防水砂浆。是指用水泥、聚合物分散体作为胶凝材料与砂配制而成的砂浆。聚合物水泥砂浆硬化后，砂浆中的聚合物可有效地封闭连通的孔隙，增加砂浆的密实性及抗裂性，从而改善砂浆的抗渗性及抗冲击性。聚合物分散体是在水中掺入一定量的聚合物胶乳（合成橡胶、合成树脂、天然橡胶等）及辅助外加剂（乳化剂、稳定剂、消泡剂、固化剂等），经搅拌而使聚合物微粒均匀分散在水中的液态材料。常用的聚合物品种有有机硅、阳离子氯丁胶乳、乙烯－聚醋酸乙烯共聚乳液、丁苯橡胶胶乳、氯乙烯－偏氯化烯共聚乳液等。

防水砂浆适用于工业和民用建筑内外墙、地下室、水池、水塔、异形屋面、隧道、厕浴间、大坝等部分的防水、防腐、防渗、防潮及渗漏修复工程；适用于人防、地下工程及水利水电工程的防水、防腐、黏结补强和加固处理及防水防腐衬砌。

3. 装饰砂浆

装饰砂浆是一种具有特殊美观装饰效果的抹面砂浆，是直接涂抹于建筑物内外墙表面,增加建筑物装饰艺术的砂浆。

装饰砂浆底层和中层的做法与普通抹灰砂浆基本相同,主要区别在面层。装饰砂浆的面层通常采用不同的施工工艺,选用特殊的材料,得到符合要求的具有不同的质感和颜色、花纹、图案效果的表面。装饰砂浆常用的胶凝材料有石膏、彩色水泥、白水泥或普通水泥,骨料有大理石、花岗石等带颜色的碎石渣或玻璃、陶瓷碎粒等。

装饰砂浆饰面可分为灰浆类饰面和石碴类饰面两大类。

1) 灰浆类装饰面

灰浆类饰面是通过水泥砂浆的着色或水泥砂浆表面形态的艺术加工,获得一定色彩、线条、纹理质感的表面装饰,从而起到装饰作用。常用的有拉毛灰、甩毛灰、搓毛灰、扫毛灰、弹涂、外墙喷涂、假大理石和假面砖等。

2) 石碴类装饰面

石碴类饰面是在水泥砂浆中掺入各种彩色石碴作为骨料,配制成水泥石碴浆抹于墙体基层表面,然后用水洗、斧剁、水磨等加工手段除去表面水泥浆皮,使石碴呈现不同的外露形式,使得表面呈现出石碴颜色及其质感的饰面效果。常用的石碴类饰面有水刷石、干粘石、斩假石、拉假石、水磨石等。

4. 吸声砂浆

吸声砂浆是由轻质多孔的骨料配制成的具有吸声性能的砂浆,用水泥、石膏、砂、锯末等可配制成吸声砂浆,也可在石灰砂浆、石膏砂浆中掺入玻璃纤维、矿物棉等松软纤维材料制成吸声砂浆;另外,由轻质多孔骨料制成的绝热砂浆也具有吸声性能。由于吸声砂浆的骨料内部孔隙率大,所以具有良好的吸声性能,主要应用于室内的吸声墙面和顶面。

5. 膨胀砂浆

在砂浆中加入膨胀剂或者使用膨胀水泥配制的砂浆称为膨胀砂浆。膨胀砂浆具有较好的膨胀性或无收缩性,减少了收缩,可用于嵌缝、修补、堵漏等工程的施工。

6. 防辐射砂浆

在水泥中掺入重晶石粉和重晶石砂可配制成具有防 X 射线的砂浆。在水泥砂浆中掺加硼砂、硼酸等可配制成具有防中子辐射能力的砂浆,可用于射线防护工程。

7. 干混砂浆

干混砂浆又称干拌砂浆,是水泥、石灰等胶凝材料与干燥筛分处理的细骨料、掺加料、外加剂等按一定比例在专业生产厂混合而成的固态混合物,在使用地点按规定比例加水或配套液体拌合使用。

干混砂浆的强度等级可分为 M5、M7.5、M10、M15、M20、M25、M30。干混砂浆的性能优良,品种多样,有砌筑砂浆、抹灰砂浆、修补砂浆等。干混砂浆的使用,有利于提高砌筑、抹灰、装饰、修补等工程的施工质量,改善砂浆现场施工条件。

8. 保温砂浆

保温砂浆又称绝热砂浆,是用水泥、石灰、石膏等胶凝材料与膨胀珍珠岩、膨胀蛭石、火山渣或浮石砂、人造陶粒、陶砂等轻质多孔的骨料，按照一定的比例配制成的砂浆。

保温砂浆具有轻质、隔热保温和吸声性能，其导热系数为 0.07~0.1 W/(m·K)。

保温砂浆可用于屋面保温层、冷库绝热墙壁、供热管道保温等的施工。

9. 抗裂砂浆

由于外墙保温系统所处的环境温度和湿度变化较大、施工的方法不当，易造成外墙保温层空鼓、开裂、脱落等，从而引起墙体产生渗漏、透风、剥落等问题，对保温砂浆的保温效果影响较大。因此对外保温抹面砂浆提出了抗裂性的要求，要求其能满足一定变形而保持不开裂，此种符合抗裂性的砂浆称为抗裂砂浆。

外保温抹面抗裂砂浆的抗裂性是评价外墙外保温体系技术性能的主要依据之一。如果外墙保温砂浆保护层产生了裂缝，就会降低保温系统的保温、耐水、抗冻等整体性能和其耐久性。所以加强保温墙体的抗裂性能是提高外墙保温体系的保温、耐水、抗冻等整体性能和其耐久性的基础和前提。为了防止砂浆保护层产生裂缝，保证外墙保温系统的保温效果，抗裂砂浆应满足以下质量要求：

（1）柔韧性。抗裂砂浆层的柔韧性是指能消除、释放、平衡来自于体系动态应力的应变能力。保温层一般密度轻、强度低，受温度和湿度影响变形造成的外形尺寸不稳定，要求与之配套的抹面层也必须有效地适应此种变化。如双组分抗裂砂浆，以其大掺量的弹性乳液、纤维等，获得了极高的柔韧性和适应性，在多年的应用中其优异性能获得了一致的认可。单组分抗裂砂浆的柔韧性比双组分的要差一些，其柔韧性主要依靠砂的合理级配、能够提供丰富均匀空隙的纤维素醚，以及填充各种孔隙和在水泥石周边起桥联作用的可再分散胶粉等。

其他与柔韧性有关的因素还有很多，如网格布的质量、抗裂层的厚度等。其中抗裂层的厚度尤为重要，但可再分散胶粉的发明使薄层施工成为可能。一般干拌抗裂砂浆施工厚度控制在 2~4 mm 或 3~5 mm，网格布要尽量往外靠，似露非露效果最佳。在实验室中一般通过考查产品 28 d 抗压强度、抗折强度及压折比等来评价抗裂砂浆的柔韧性。

（2）抗冲击性。抗裂层作为保温材料的保护层，其必须具有抵御外界风吹雨打、意外破坏等的能力。实验室的体系试验要求其首层抗冲击大于 3 J/m^2。抗裂层的抗冲击性也能客观地反映出外墙保温体系及其材料的柔韧性，如果抗裂层中的可再分散胶粉的掺量较低或抗裂层柔韧性较差时，其抗冲击性能一般都不能满足要求。另外，如果抗裂层较厚或网格布太靠里时，其抗冲击性和柔韧性也会下降。

（3）防水透气性。作为外墙保温体系的表面防护层来说，其吸水性越小越好，透气性越大越好。其原因在于外墙保温体系的热工作性能，即保温效果与体系的含水量关系很紧密，抗裂层良好的防水透气性可有效地平衡体系的含湿量，从而获得良好的热工作性能。抗裂砂浆通过调整原料中纤维素醚、可再分散胶粉、憎水性助剂等的配合比，可以使其获得较好的耐水性，再通过测试其黏结强度、体系的透水性和吸水量等来调整其耐水性。

（4）黏结性。外墙保温体系中的保温材料一般是有机轻质材料或复合轻质材料，其对界面的黏结性要求较高,所以配方中必须掺有适量的可再分散胶粉、纤维素醚等才能与有机界面良好地黏结,从而避免黏结不良造成空鼓、开裂等问题。

(5)易施工性。施工性涵盖了施工时所用材料的可涂抹性、保水性、可操作时间等。判断其施工性的好坏一般根据材料的和易性、防结皮时间、干燥时间及使用时间等进行评价。

综上所述,抗裂砂浆具有很好的柔韧性和弹性模量,可以有效地抑制表层防护砂浆裂缝的产生和发展,极大地提高了砂浆抵抗自身干缩应力和外界温湿应力的能力。同时砂浆的抗裂性能、外墙外保温体系的耐久性、保温效果等也都得到了提高。

任务四 预拌砂浆

【任务目标】
(1)阐述预拌砂浆的分类。
(2)阐述预拌砂浆的技术要求。

【任务知识】

传统的砂浆大多都是在现场进行拌制,但是现场拌制砂浆日益显现出了很多缺点,如砂浆质量不稳定、材料浪费大、砂浆品种单一、污染环境、不利于文明施工等,已经不能满足建筑工程的多种需求。采用工业化生产的预拌砂浆很好地改善了现场拌制砂浆的不足之处,可保证建筑工程质量、提高建筑施工现代化水平、实现资源的综合利用、减少污染改善环境、提高文明施工的水平、实现可持续发展。

早在20世纪50年代初,欧洲就开始大量生产和使用预拌砂浆。2007年6月6日,我国商务部、公安部、建设部等六部委联合发布了《关于在部分城市限期禁止现场搅拌砂浆工作的通知》,要求北京、天津、上海等10个城市从2007年9月1日起禁止在施工现场使用水泥搅拌砂浆(第一批);重庆等33个城市从2008年7月1日起禁止在施工现场使用水泥搅拌砂浆(第二批);长春等84个城市从2009年7月1日起禁止在施工现场使用水泥搅拌砂浆(第三批)。同时颁布了相应的标准,《预拌砂浆》(JG/T 230—2007)于2008年2月1日起实施。现执行标准为《预拌砂浆》(GB/T 25181—2010),于2011年8月1日起实施。

根据生产的产品形式不同,预拌砂浆可分为湿拌砂浆和干混砂浆两大类。将加水拌和而成的湿拌预拌砂浆拌合物称为湿拌砂浆;将干态材料混合而成的固态预拌砂浆混合物称为干混砂浆。

一、预拌砂浆的分类和标记

(一)湿拌砂浆

湿拌砂浆是将水泥、细骨料、矿物掺合料、外加剂、添加剂和水,按一定比例在搅拌

▶ 建 筑 材 料

站经计量、拌制后，运至使用地点，并在规定时间内使用的拌合物。

湿拌砂浆按照其用途不同可分为湿拌砌筑砂浆（WM）、湿拌抹灰砂浆（WP）、湿拌地面砂浆（WS）和湿拌防水砂浆（WW）4种。

湿拌砂浆的标记方式见表3-10。

表3-10 湿拌砂浆标记方式

Wx	Mxx/	Pxx -	- xx	- xx	- xx
湿拌砂浆代号	强度等级	抗渗等级（有要求时）	稠度	凝结时间	所执行标准号

示例1：湿拌砌筑砂浆的强度等级为M10，稠度为70 mm，凝结时间为12 h，其标记为

WM M10 - 70 - 12 - GB/T 25181—2010

示例2：湿拌防水砂浆的强度等级为M15，抗渗等级为P8，稠度为70 mm，凝结时间为12 h，其标记为

WW M15/P8 - 70 - 12 - GB/T 25181—2010

（二）干混砂浆

干混砂浆是将水泥、干燥骨料或粉料、添加剂以及根据性能确定的其他组分，按一定比例在专业生产厂经计量、混合而成的混合物，在使用地点按规定比例加水或配套组分拌和使用。

干混砂浆按照其用途不同可分为干混砌筑砂浆（DM）、干混抹灰砂浆（DP）、干混地面砂浆（DS）、干混普通防水砂浆（DW）、干混陶瓷砖黏结砂浆（DTA）、干混界面砂浆（DIT）、干混保温板黏结砂浆（DEA）、干混保温板抹面砂浆（DBI）、干混聚合物水泥防水砂浆（DWS）、干混自流平砂浆（DSL）、干混耐磨地坪砂浆（DFH）、干混饰面砂浆（DDR）等。

干混砂浆的标记方式见表3-11。

表3-11 干混砂浆标记方式

Dxx -	xx -	xx
干混砂浆代号	主要性能或型号	所执行标准号

示例1：干混砌筑砂浆的强度等级为M10，其标记为

DM M10 - GB/T 25181—2010

示例2：用于混凝土界面处理的干混界面砂浆，其标记为

DIT - C - GB/T 25181—2010

二、预拌砂浆的原材料

预拌砂浆所用原材料不应对人体、生物及环境造成有害的影响,并符合国家有关安全和环保相关标准的规定。

(一)水泥

宜采用通用硅酸盐水泥,且应符合《通用硅酸盐水泥》(GB 175—2007)的规定。采用其他水泥时,应符合相应标准的规定。宜采用散装水泥。水泥进厂时应具有质量证明文件。对进厂水泥应按国家现行标准的规定按批进行复验,复验合格后方可使用。

(二)骨料

细骨料应符合《建设用砂》(GB/T 14684—2011)的规定,且不应含有粒径大于 4.75 mm 的颗粒。天然砂的含泥量应小于 5.0%,泥块含量应小于 2.0%。细骨料最大粒径应符合相应砂浆品种的要求。轻骨料应符合相关标准的规定。骨料进厂时应具有质量证明文件。对进厂骨料应按国家现行标准的规定按批进行复验,复验合格后方可使用。

(三)矿物掺合料

粉煤灰、粒化高炉矿渣粉、天然沸石粉、硅灰应分别符合《用于水泥和混凝土中的粉煤灰》(GB/T 1596—2017)、《用于水泥、砂浆和混凝土中的粒化高炉矿渣粉》(GB/T 18046—2017)、《天然沸石粉在混凝土与砂浆中应用技术规程》(JGJ/T 112—1997)、《高强高性能混凝土用矿物外加剂》(GB/T 18736—2017)的规定。采用其他品种矿物掺合料时,应经试验验证。矿物掺合料的掺量应符合相关标准的规定,并应通过试验确定。矿物掺合料进厂时应具有质量证明文件。对进厂矿物掺合料应按国家现行标准的规定按批进行复验,复验合格后方可使用。

(四)外加剂

外加剂应符合《混凝土外加剂》(GB 8076—2008)、《砂浆、混凝土防冻剂》(JC 474—2008)以及国家现行标准的规定。外加剂进厂时应具有质量证明文件。对进厂外加剂应按国家现行标准的规定按批进行复验,复验合格后方可使用。

(五)添加剂

保水增稠材料、可再分散乳胶粉、颜料、纤维等应符合相关标准的规定或经过试验验证。保水增稠材料用于砌筑砂浆时应符合《砌筑砂浆增稠剂》(JC/T 164—2004)的规定。添加剂进厂时应具有质量证明文件,并应按国家现行标准的规定按批进行复验,复验合格后方可使用。

(六)填料

重质碳酸钙、轻质碳酸钙、石英粉、滑石粉等填料应符合相关标准的规定或经过试验验证。

(七)拌合水

拌制砂浆用水应符合《混凝土用水标准》(JGJ 63—2006)的规定。

三、预拌砂浆的技术要求

(一)强度等级

预拌砂浆表的强度等级见表 3-12 和表 3-13。

表 3-12 湿拌砂浆

项目	湿拌砌筑砂浆	湿拌抹灰砂浆	湿拌地面砂浆	湿拌防水砂浆
强度等级	M5、M7.5、M10、M15、M20、M25、M30	M5、M10、M15、M20	M15、M20、M25	M15、M20、M25
抗渗等级	—	—	—	P6、P8、P10
稠度/mm	50、70、90	70、90、110	50	50、70、90
凝结时间/h	≥8、≥12、≥24	≥8、≥12、≥24	≥4、≥8	≥8、≥12、24

表 3-13 干混砂浆

项目	干混砌筑砂浆		干混抹灰砂浆		干混地面砂浆	干混普通防水砂浆
	普通砌筑砂浆	薄层砌筑砂浆	普通抹灰砂浆	薄层抹灰砂浆		
强度等级	M5、M7.5、M10、M15、M20、M25、M30	M5、M10	M5、M10、M15、M20	M5、M10	M15、M20、M25	M10、M15、M20
抗渗等级	—	—	—	—	—	P6、P8、P10

(二)技术要求

1. 湿拌砂浆

湿拌砌筑砂浆的砌体力学性能应符合《砌体结构设计规范》(GB 50003—2011)的规定,湿拌砌筑砂浆拌合物的表观密度不应小于 1800 kg/m³。性能指标见表 3-14。

表 3-14 湿拌砂浆性能指标

项 目		湿拌砌筑砂浆	湿拌抹灰砂浆	湿拌地面砂浆	湿拌防水砂浆
保水率/%		≥88	≥88	≥88	≥88
14 d 拉伸黏结强度/Pa		—	M5:≥0.15 >M5:≥0.20	—	≥0.20
28 d 收缩率/%		—	≤0.20	—	≤0.15
抗冻性	强度损失率/%	≤25			
	质量损失率/%	≤5			

注:有抗冻性要求时,应进行抗冻性试验。

2. 干混砂浆

双组分产品液料组分经搅拌后应呈均匀状态、无沉淀；粉状产品应均匀、无结块。干混普通砌筑砂浆的砌体力学性能应符合《砌体结构设计规范》(GB 50003—2011) 的规定，干混普通砌筑砂浆拌合物的表观密度不应小于 1800 kg/m³。性能指标见表 3 – 15。

表 3 – 15 干混砂浆性能指标

项 目		干混砌筑砂浆		干混抹灰砂浆		干混地面砂浆	干混防水砂浆
		普通砌筑砂浆	薄层砌筑砂浆	普通抹灰砂浆	薄层抹灰砂浆		
保水率/%		≥88	≥99	≥88	≥99	≥88	≥88
凝结时间/h		3~9	—	3~9	—	3~9	3~9
2 h 稠度损失率/%		≤30	—	≤30	—	≤30	≤30
14 d 拉伸黏结强度/Pa		—	—	M5：≥0.15 >M5：≥0.20	≥0.30	—	≥0.20
28 d 收缩率/%		—	—	≤0.20	≤0.20	—	≤0.15
抗冻性	强度损失率/%	≤25					
	质量损失率/%	≤5					

注：1. 干混薄层砌筑砂浆宜用于灰缝厚度不大于 5 mm 的砌筑；干混薄层抹面砂浆宜用于砂浆厚度不大于 5 mm 的抹灰。
2. 有抗冻性要求时，应进行抗冻性试验。

【项目习题】

1. 什么是砂浆？砂浆的用途是什么？
2. 建筑砂浆的组成材料有哪些？各有什么要求？
3. 新拌砂浆的和易性包括哪几方面？各用什么表示？
4. 现场拌制砂浆与预拌砂浆各有什么特点？
5. 湿拌砂浆与干混砂浆各有什么特点？
6. 什么是砂浆的保水性？保水性对砂浆的施工有什么意义？
7. 什么是砂浆的强度？影响砂浆强度的因素有哪些？
8. 砂浆的种类有哪些？其用途各是什么？
9. 砂浆配合比设计的步骤有哪些？
10. 对于抗裂砂浆应该满足哪些质量要求？
11. 测定砂浆强度的试件标准尺寸是多少？一组几块试件？如何确定砂浆的强度等级？
12. 要求设计强度等级为 M5 的水泥砂浆，稠度为 70~100 mm。采用 32.5 级普通硅酸盐水泥，28 d 实测强度值为 39 MPa；中砂，含水率为 3.5%，堆积密度为 1400 kg/m³；施工水平一般。根据以上资料设计该砂浆的配合。

项目四 混 凝 土

任务一 混凝土概述

【任务目标】
(1) 阐述混凝土的定义及分类方法。
(2) 描述混凝土的特点。

【任务知识】
混凝土这个名字来自于罗马,它源于拉丁文"concretus",意思是"在一起成长"。现代混凝土的基本组成材料是水泥、矿物掺合料、粗细骨料、化学外加剂和水,如图4-1所示。其中,水泥和矿物掺合料组成的胶凝材料浆体占20%~30%,砂石骨料占70%左右。胶凝材料浆体在硬化前起润滑作用,使混凝土拌合物具有可塑性。在混凝土拌合物中,胶凝材料浆填充砂子孔隙,包裹砂粒,形成砂浆,砂浆又填充石子孔隙,包裹石子颗粒,形成混凝土拌合物;在混凝土硬化后,胶凝材料浆则起胶结和填充作用。胶凝材料浆多,混凝土拌合物流动性大,反之干稠;混凝土中水泥在胶凝体系中起主导作用,用量过多则混凝土水化温度升高,收缩大,抗侵蚀性不好,容易引起耐久性不良。粗细骨料主要起骨架作用,给混凝土带来很大的技术优点,它比水泥浆具有更高的体积稳定性和更好的耐久性,可以有效地降低水化热、减少裂缝的产生和发展。

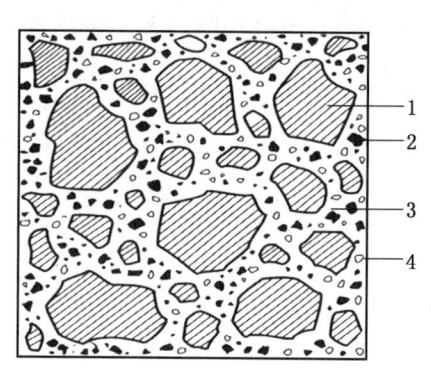

1—石子;2—砂子;3—水泥浆;4—气孔
图4-1 普通混凝土结构示意图

现代混凝土中除了以上组分外,还加入了化学外加剂与矿物细粉掺合料。化学外加剂的品种很多,可以改善、调节混凝土的各种性能,而矿物细粉掺合料则可以有效提高混凝土的新拌性能和耐久性能,同时降低成本。

一、混凝土的分类

混凝土的种类很多。混凝土因其成分不同,性能各异,可分成不同的种类。
1. 按胶凝材料的不同划分

混凝土按胶凝材料的不同，可分为无机胶凝材料混凝土、有机胶凝材料混凝土、有机与无机复合胶凝材料混凝土三类。

（1）无机胶凝材料混凝土。有水泥混凝土、石膏混凝土和水玻璃混凝土等。

（2）有机胶凝材料混凝土。有沥青混凝土、聚合物胶凝混凝土等。

（3）有机与无机复合胶凝材料混凝土。有聚合物水泥混凝土和聚合物浸渍混凝土。

2. 按混凝土的密度划分

混凝土按密度划分，可分为特重混凝土、普通混凝土、轻混凝土和特轻混凝土四类。

（1）特重混凝土。密度大于 2700 kg/m^3 的混凝土。

（2）普通混凝土。密度为 1900～2500 kg/m^3 的混凝土。

（3）轻混凝土。密度为 1000～1900 kg/m^3 的混凝土。

（4）特轻混凝土。密度小于 1000 kg/m^3 的混凝土。如加气混凝土、泡沫混凝土都属于这类特轻混凝土。

3. 按使用的功能划分

混凝土按使用功能一般可分为结构混凝土、耐酸碱混凝土、耐热混凝土、防水混凝土、海洋混凝土以及水工混凝土等。

4. 按施工工艺划分

混凝土按施工工艺一般可分为普通浇筑混凝土、泵送混凝土、喷射混凝土及离心成型混凝土等。

5. 按流动性划分

混凝土按其流动性一般可分为塑性混凝土、干硬性混凝土、半干硬性混凝土、流动性混凝土和大流动性混凝土等。

二、混凝土的特点

1. 优点

混凝土作为最大的土木工程材料，必然有其独特之处。它的优点主要体现在以下几个方面：

（1）易塑性。现代混凝土可以具备很好的工作性，几乎可以随心所欲的通过设计和模板制成形态各异的建筑物及构件，可塑性很强。

（2）与钢筋等有牢固的黏结力，与钢材有基本相同的线膨胀系数，能在混凝土中配筋或埋设钢件制作钢筋混凝土构件或整体结构。

（3）经济性。同其他材料相比，混凝土价格较低，容易就地取材，结构建成后的维护费用也较低。

（4）安全性。硬化混凝土具有较高的力学强度，目前工程构件最高强度可达 130 MPa，同时与钢筋有牢固的黏结力，使结构安全性得到充分保证。

（5）耐火性。混凝土一般可有 1～2 h 的防火时效，比起钢铁较为耐火，不会出现钢结构建筑物在高温下很快软化而造成坍塌的现象。

(6) 多用性。混凝土在土木工程中适用于多种结构形式，满足多种施工要求，可以根据不同要求配制出不同的混凝土加以满足，所以称之为"万用之石"。

(7) 耐久性。混凝土本来就是一种耐久性很好的材料，古罗马建筑经过几千年的风雨仍然屹立不倒，这本身就昭示着混凝土应该"历久弥坚"。

(8) 生产混凝土及其制品，相对其他建筑材料能耗较低。

2. 缺点

混凝土具有许多优点，当然相应的缺点也不容忽视，主要表现为：

(1) 抗拉强度低。混凝土抗拉强度是混凝土抗压强度的 1/10 左右，是钢筋抗拉强度的 1/100 左右。

(2) 延展性不高。属于脆性材料，变形能力差，只能承受少量的张力变形（约 0.003），否则就会因无法承受而开裂；抗冲击能力差，在冲击荷载作用下容易产生脆断。

(3) 自重大，比强度低。高层、大跨度建筑物要求材料在保证力学性质的前提下，以轻为宜。

(4) 体积不稳定性。尤其是当水泥浆量过大时，这一缺陷表现得更加突出。随着温度、湿度、环境介质的变化，容易引发体积变化，产生裂纹等内部缺陷，直接影响建筑物的使用寿命。

三、水泥混凝土的发展

进入 21 世纪，混凝土研究和实践将主要围绕两个焦点展开：一是解决好混凝土耐久性问题，二是使混凝土走上可持续发展的健康轨道。水泥混凝土在过去的 100 年中，几乎覆盖了所有的土木工程领域，可以说，没有混凝土就没有今天的世界。但是在应用过程中，传统水泥混凝土的缺陷也越来越多地暴露出来，集中体现在耐久性方面。经过近十年来的研究和工程实践，越来越多的学者认识到传统混凝土过分地依赖水泥是导致混凝土耐久性不良的首要因素。混凝土实现性能优化的主要技术途径在于：

(1) 降低水泥用量，由水泥、粉煤灰或其他矿物掺合料等共同组成合理的胶凝材料体系。

(2) 依靠减水剂实现混凝土的低水胶比。

(3) 使用引气剂减少混凝土内部的应力集中现象。

(4) 通过改变加工工艺，改善骨料的粒形和级配。

(5) 减少单方混凝土用水量和浆骨比。

由于多年来大规模的建设，优质资源的消耗量惊人，我国许多地区的优质骨料趋于枯竭；水泥工业带来的能耗巨大，生产水泥放出的 CO_2 导致的"温室效应"日益明显，国家的资源和环境已经不堪重负，混凝土工业必须走可持续发展之路。大力发展绿色混凝土技术的出路在于：

(1) 大量使用工业废弃资源，例如用尾矿资源做骨料；大量使用粉煤灰和磨细矿粉代替水泥。

（2）扶植再生混凝土产业，使越来越多的建筑垃圾作为骨料循环使用。

（3）克服追求混凝土"高早强"的习惯，在结构和施工允许的前提下，应更多采用长龄期进行混凝土强度验收，例如选择 60 d 或 90 d。

任务二　混凝土的组成材料

【任务目标】

(1) 阐述混凝土的组成材料以及各组成材料的作用。

(2) 描述混凝土结构特点及其对混凝土性能的影响。

【任务描述】

(1) 了解混凝土的组成材料以及各组成材料的作用。

(2) 掌握混凝土结构特点及其对混凝土性能的影响。

【任务知识】

混凝土的组成材料主要是水泥、水、细集料和粗集料，同时还包括适量的掺合料和外加剂，有时还可以加入适量的纤维。另外，混凝土的制备过程中，不可避免要带入少量的空气，或有意引入空气（采用引气剂等），它对混凝土的结构和性能也有很大影响。因此，空气也可以成为混凝土组成材料的组分之一。

普通混凝土的组成及其各组分材料见表 4-1。

表 4-1　普通混凝土组成及其各组分材料　　　　　　　　　　　　%

组成部分	水泥净浆胶凝材料				矿物填充材料	
	水泥胶体	未水化水泥颗粒	凝胶孔、微毛细孔和大毛细孔	空隙	细集料（砂）	粗集料（石）
	水泥		水和蒸汽空气混合气体	蒸汽空气混合气体		
占混凝土总体积的百分数	10~15		15~20	1~3	20~33	35~48
	22~35			1~3	66~78	

普通混凝土是由粗、细集料作为填充材料、水泥净浆作为胶凝材料构成的。前者占总体积的 70% 左右。占总体积 30% 左右的水泥净浆又可分为水泥胶体、凝胶孔、毛细孔、空隙和未水化的水泥颗粒等。在大气环境中，凝胶孔和微毛细孔通常充满着自由水，大毛细孔和空隙通常充满蒸汽、空气混合气体；与水接触时，大毛细孔和空隙也可以被水充填。水泥净浆的质量及组成结构对于混凝土的性能起决定性的作用，集料的质量对于混凝土的性能也有很大的影响。

▶ 建 筑 材 料

一、水泥

《水泥的命名、定义和术语》(GB/T 4131—1997) 中将水泥定义为：凡细磨成粉末状，加入适量水后可成为塑性浆体，既能在空气中硬化，又能在水中继续硬化，并能将砂、石等材料牢固的胶结在一起的水硬性胶凝材料统称为水泥。《通用硅酸盐水泥》(GB 175—2007/XG 1—2009) 国家标准第 1 号修改单中将通用硅酸盐水泥定义为：以硅酸盐水泥熟料和适量的石膏及规定的混合材制成的水硬性胶凝材料。

水泥的品种很多，按矿物成分分类，可分为硅酸盐水泥系列、铝酸盐水泥系列、氟铝酸盐水泥系列、硫铝酸盐水泥系列、铁铝酸盐水泥系列及无熟料或少熟料水泥等；按水泥的用途及性能分类，可分为通用水泥、专用水泥和特性水泥三大类。

二、集料

普通混凝土所用集料按粒径大小分为两种，粒径大于 4.75 mm 的称为粗集料，粒径小于 4.75 mm 的称为细集料。

普通混凝土中所用细集料，一般是由天然岩石长期风化等自然条件形成的天然砂，也有人工砂（包括机制砂、混合砂）。根据产源不同，天然砂可分为河砂、海砂、山砂三类。按粗细程度可分为粗砂（细度模数 3.1~3.7）、中砂（细度模数 2.3~3.0）、细砂（细度模数 1.6~2.2）和特细砂（细度模数 0.7~1.5）四类。

普通混凝土通常所用的粗集料有人工碎石和天然卵石（河卵石、海卵石、山卵石）两种。按颗粒大小可分为小石（公称粒径 5~20 mm）、中石（公称粒径 20~40 mm）、大石（公称粒径 40~80 mm）和特大石（公称粒径 80~150 mm）四类。

我国在《建设用砂》(GB/T 14684—2011) 和《建设用卵石、碎石》(CB/T 14685—2022) 这两个标准中，对不同类别的砂、石均提出了明确的技术质量要求。根据国家标准规定，建筑用砂和建筑用卵石、碎石按技术要求均分为Ⅰ类、Ⅱ类、Ⅲ类。

三、水

混凝土用水的基本质量要求是：不影响混凝土的凝结和硬化；无损于混凝土强度发展及耐久性；不加快钢筋锈蚀；不引起预应力钢筋脆断；不污染混凝土表面。JGJ 63—89 规定的混凝土用水中的物质含量限值见表 4-2。

表 4-2 混凝土用水中的物质含量限值　　　　　　　　mg/L

项　目	预应力混凝土	钢筋混凝土	素混凝土
pH 值	>4	>4	>4
不溶物	<2000	<2000	<5000

表4-2（续） mg/L

项　　目	预应力混凝土	钢筋混凝土	素混凝土
可溶物	<2000	<5000	<10000
氯化物（以 Cl^- 计）	<500	<1200	<3500
硫酸盐（以 SO_4^{2-} 计）	<600	<2700	<2700
硫化物（以 S^{2-} 计）	<100	—	—

凡能饮用的水和清洁的天然水，都可用于混凝土拌制和养护。海水不得拌制钢筋混凝土、预应力混凝土及有饰面要求的混凝土。工业废水须经适当处理后才能使用。

四、矿物掺合料

混凝土掺合料是指在配制混凝土拌合物过程中，直接加入的能够改变新拌混凝土和硬化混凝土性能的矿物细粉材料。

矿物掺合料绝大多数来自工业固体废渣，它们在混凝土胶凝组分中的掺量通常大于水泥用量的5%，细度与水泥细度相同或比水泥细度更细。混凝土掺合料作用与水泥混合材相似，在碱性或兼有硫酸盐成分存在的液相条件下，许多掺合料可发生水化反应，生成具有固化特性的胶凝物质。但由于掺合料的质量要求与水泥混合材的质量要求不完全一样，所以，掺合料对混凝土性能的影响与混合材并不完全相同。例如，利用粉煤灰水泥配制的混凝土工作性通常较差，而利用优质的Ⅰ级粉煤灰掺合料可以配制高工作性的混凝土，用劣质的Ⅲ级粉煤灰掺合料配制的混凝土工作性比粉煤灰水泥还差；此外，对强度和耐久性的影响也有所不同。目前，掺合料也被称为混凝土的"第二胶凝材料"或辅助胶凝材料。

在混凝土中合理使用掺合料不仅可以节约水泥，降低能耗和成本，而且可以改善混凝土拌合物的工作性，提高硬化混凝土的强度和耐久性。另外，掺合料的应用，对改善环境，减少二次污染，推动可持续发展的绿色混凝土具有十分重要意义。

五、外加剂

混凝土外加剂，简称外加剂，是指在拌制混凝土的过程中掺入用以改善混凝土性能的物质。混凝土外加剂的掺量一般不大于水泥质量的5%。混凝土外加剂产品的质量必须符合国家标准《混凝土外加剂》（GB 8076—2008）的规定。

（一）混凝土外加剂的分类

1. 按主要功能分类

（1）改善混凝土拌合物流变性能的外加剂：包括各种减水剂、引气剂和泵送剂等。

（2）调节混凝土凝结时间、硬化性能的外加剂：包括缓凝剂、早强剂和速凝剂。

（3）改善混凝土耐久性的外加剂：包括减水剂、引气剂、防冻剂、防水剂和阻锈剂等。

（4）改善混凝土其他性能的外加剂：包括加气剂、膨胀剂、着色剂等。

2. 按化学成分分类

（1）无机物外加剂：包括各种无机盐类、一些金属单质和少量氢氧化物等。如早强剂中的 $CaCl_2$ 和 Na_2SO_4；加气剂中的铝粉；防水剂中的氢氧化铝等。

（2）有机物外加剂：这类外加剂占混凝土外加剂的绝大部分，种类繁多，其中大部分属于表面活性剂的范畴，有阴离子型、阳离子型、非离子型表面活性剂等。如减水剂中的木质素磺酸盐、萘磺酸盐甲醛缩合物等。有一些有机外加剂本身并不具有表面活性作用，但却可作为优质外加剂使用。

（3）复合外加剂：适当的无机物与有机物复合制成的外加剂，往往具有多种功能或使某项性能得到显著改善，这是协同效应在外加剂技术中的体现，是外加剂的发展方向之一。

（二）混凝土外加剂的作用

1. 改善混凝土拌合物的性能

在改善混凝土拌合物性能方面，外加剂主要有以下作用：

（1）在和易性不变条件下减少用水量，或在用水量不变条件下大幅度提高和易性。

（2）提高拌合物的黏聚性和保水能力。

（3）减小拌合物坍落度的经时损失。

（4）延长或缩短拌合物的凝结时间。

（5）提高拌合物的可泵性，减少泵阻力。

（6）提高拌合物的含气量。

（7）减少体积收缩、沉陷或产生微量膨胀。

（8）提高拌合物的抗堵塞能力，实现自密实。

（9）降低拌合物液相冰点，使水泥在负温下水化。

2. 改善硬化混凝土的性能

在改善硬化混凝土的性能方面，外加剂主要有以下作用：

（1）改变混凝土的强度增长规律。

（2）在水泥用量不变的条件下提高混凝土强度，或在混凝土强度不变的条件下节约水泥。

（3）减少水泥水化热，延缓温峰出现时间。

（4）提高混凝土密实度，提高耐久性。

（5）增加混凝土含气量，提高耐久性。

（6）减小混凝土的收缩或产生微量膨胀。

（7）使混凝土在负温下硬化并在规定时间内达到抗冻临界强度。

（8）阻止混凝土中钢筋（或预埋件）的锈蚀。

(9) 提高混凝土与钢筋的握裹力。

任务三 混凝土的技术性质

【任务目标】
(1) 描述混凝土拌合物的工作性及其主要内容。
(2) 描述混凝土拌合物工作性的影响因素。
(3) 描述混凝土强度、变形以及耐久性能。

【任务知识】

一、混凝土拌合物的和易性

混凝土在未凝结硬化之前,称为混凝土拌合物。它必须具有良好的和易性,便于施工,以保证能获得均匀、密实的浇筑质量。同时应认识到仅保证混凝土正确地浇筑还不够,混凝土浇筑后凝结前 6~10 h 内以及硬化最初几天里的特性与处理,对其长期强度和特定环境中必要的耐久性具有重要意义。

(一) 拌合物的工作性及其主要内容

新拌混凝土拌合物工作性(和易性)是指混凝土拌合物易于施工操作(搅拌、运输、浇注、捣实)并能获得质量均匀、成型密实的混凝土的性能。工作性是一项综合的技术性质,包括流动性、黏聚性和保水性三方面的含义。

流动性是指混凝土拌合物在本身自重或外力作用下能产生流动,并均匀密实地填满模板的性能。流动性好的混凝土操作方便,易于捣实、成型。

黏聚性是指混凝土拌合物在施工过程中,其组成材料之间具有一定的黏聚力,不致产生分层和离析现象的性能。在外力作用下,混凝土拌合物各组成材料的沉降不相同,如配合比例不当,黏聚性差,则施工中易发生分层(即混凝土拌合物各组分出现层状分离现象)、离析(即混凝土拌合物内某些组分分离、析出现象)等情况,致使混凝土硬化后产生"蜂窝""麻面"等缺陷,影响混凝土强度和耐久性。

保水性是指混凝土拌合物在施工过程中,具有一定的保水能力,不致产生严重泌水的性能。泌水性又称析水性,是指从混凝土拌合物中泌出部分水的性能。保水性不良的混凝土,易出现泌水,水分泌出后会形成连通孔隙,影响混凝土的密实性;泌出的水还会聚集到混凝土表面,引起表面疏松;泌出的水积聚在集料或钢筋的下表面会形成孔隙,从而削弱了集料或钢筋与水泥石的黏结力,影响混凝土质量。

由此可见,混凝土拌合物的流动性、黏聚性、保水性有其各自的内容,而彼此既互相联系又存在矛盾。所谓工作性就是这三方面性质在一定工程条件下达到统一。

(二) 拌合物工作性的检测方法

从工作性的定义可看出,工作性是一项综合技术性质,很难用一种指标全面反映混凝土拌合物的工作性。通常是以测定拌合物流动性为主,而黏聚性和保水性主要通过观察的方法进行评定。

国家标准《普通混凝土拌合物性能试验方法标准》(GB/T 50080—2016)规定,根据拌合物的流动性不同,混凝土流动性的测定可采用坍落度与坍落扩展度法或维勃稠度法。

坍落度试验方法适用于集料最大粒径不大于 40 mm、坍落度值不小于 10 mm 的混凝土拌合物的测定;维勃稠度试验方法适用于最大粒径不大于 40 mm、维勃稠度 5~30 s 的混凝土拌合物稠度测定。维勃稠度大于 30 s 的特干硬性混凝土拌合物的稠度可采用增实因数法来测定[①]。

(三) 拌合物工作性的影响因素

影响混凝土拌合物工作性的因素较复杂,大致分为组成材料、环境条件和时间三方面。

1. 组成材料

1) 水泥的特性

不同品种和质量的水泥,其矿物组成、细度、所掺混合材料种类的不同都会影响到拌合用水量。即使拌合水量相同,所得水泥浆的性质也会直接影响混凝土拌合物的工作性。

2) 用水量

在水灰比不变的前提下,用水量加大,则水泥浆量增多,会使骨料表面包裹的水泥浆层厚度加大,从而减小骨料间的摩擦,增加混凝土拌合物的流动性。

3) 水灰比

水灰比越大,水泥浆越稀软,混凝土拌合物的流动性越大。这一依存关系,在水灰比为 0.4~0.8 的范围内时,又呈现得非常不敏感。

4) 骨料性质

(1) 砂率。砂率对混凝土拌合物的工作性有很大影响。在水泥用量和水灰比不变(水泥浆量不变)的前提下,当砂率提高时,骨料的总表面积加大,骨料表面包裹的水泥浆层变薄,使拌合物的坍落度变小;当砂率变小时,粗骨料间的砂量减小,水泥浆填充粗骨料间空隙,粗骨料表面水泥浆变薄,石子间的摩擦变大,也使拌合物的坍落度变小。

(2) 骨料粒径、级配和表面状况。在用水量和水灰比不变的情况下,加大骨料粒径可提高流动性,采用细度模数较小的砂,黏聚性和保水性可明显改善。级配良好,颗粒表面光滑圆整的骨料(卵石等)所配置的混凝土流动性较大。

(3) 外加剂。外加剂可改变混凝土组成材料间的作用关系,改善流动性、黏聚性和保水性。

---

① 可参照国家标准《普通混凝土拌合物性能试验方法标准》(GB/T 50080—2016)。

2. 环境条件

新搅拌的混凝土的工作性在不同的施工环境条件下往往会发生变化。尤其是当前推广使用集中搅拌的商品混凝土与现场搅拌最大的不同就是要经过长距离的运输才能到达施工面。在这个过程中，若空气湿度较小，气温较高，风速较大，混凝土的工作性就会因失水而发生较大的变化。

3. 时间

新拌制的混凝土随着时间的推移，部分拌合水挥发或被骨料吸收，同时水泥矿物会逐渐水化，进而使混凝土拌合物变稠，流动性减小，造成坍落度损失，影响混凝土的施工质量。

（四）拌合物工作性的调整与选择

1. 拌合物工作性的调整

（1）当混凝土流动性小于设计要求时，为了保证混凝土的强度和耐久性，不能单独加水，必须保持水胶比不变，增加水泥浆用量。

（2）当坍落度大于设计要求时，可在保持砂率不变的前提下，增加砂石用量，实际上减少水泥浆数量，选择合理的浆集比。

（3）改善集料级配，即可增加混凝土的流动性，也能改善黏聚性和保水性。

（4）掺减水剂或引气剂，是改善混凝土工作性的有效措施。

（5）尽可能选用最优砂率，当黏聚性不足时可适当增大砂率。

2. 拌合物工作性的选择

应根据结构物的断面尺寸、钢筋配置以及机械类型与施工方法来选择。

对断面尺寸较小、形状复杂或配筋特密的结构，则应选用较大的坍落度，易浇捣密实。反之，对无筋厚大结构，钢筋配置稀，易于施工的结构，则尽量选用较小的坍落度，以节约水泥。

当所采用的浇筑密实方法不同时，对拌合物流动性的要求也不同。

混凝土混合料的黏聚性是它抵抗分层离析的能力，黏聚性主要取决于它的细粒组分的相对含量。对于贫混凝土，特别要注意细集料和粗集料的比例，以求获得具有一定黏聚性的配合比。

在选定流动性指标以后，根据需水性规则，选择单位体积混凝土的用水量，在集料级配良好的条件下，当集料最大粒径为一定时，混凝土混合料的坍落度（流动性）取决于单位体积混凝土的用水量，而与水泥用量（在一定范围内）的变化无关。

二、硬化混凝土的强度和变形

（一）混凝土的强度

强度是混凝土最重要的力学性质，因为混凝土结构物主要用以承受荷载或抵抗各种作用力。

（二）影响硬化后混凝土强度的因素

1. 材料组成

混凝土的材料组成，即水泥、水、砂、石及外掺材料是决定混凝土强度形成的内因，其质量及配合比对强度起着主要作用。

1) 水泥强度与水胶比

水泥混凝土的强度主要取决于其内部起胶结作用的水泥石的质量，水泥石的质量则取决于水泥的特性和水胶比。水泥是混凝土中的活性组分，在混凝土配合比相同的条件下，水泥强度越高，则配制的混凝土强度越高。水泥不可避免地会在质量上有波动，这种质量波动毫无疑问地会影响混凝土的强度，主要是影响混凝土的早期强度，这是因为水泥质量的波动主要是由于水泥细度和 C_3S 含量的差异引起的，而这些因素在早期的影响最大，随着时间的延长，其影响就不再是重要的了。

2) 集料特性与水泥浆用量

（1）集料强度、粒形及粒径对混凝土强度的影响。集料的强度不同，使混凝土的破坏机理有所差别，如集料强度大于水泥石强度则混凝土强度由界面强度及水泥石强度所支配，在此情况下，集料强度对混凝土强度几乎没有什么影响；如集料强度低于水泥石强度，则集料强度与混凝土强度有关，会随混凝土强度下降。但过强过硬的集料可能在混凝土因温度或湿度变化发生体积变化时，使水泥石受到较大的应力而开裂，对混凝土的强度并不有利。

集料粒形以接近球形或立方形为好，若使用扁平或细长颗粒，就会对施工带来不利影响，增加了混凝土的空隙率，扩大了混凝土中集料的表面积，增加了混凝土的薄弱节，导致混凝土强度的降低。

适当采用较大粒径的集料，对混凝土强度有利。但如采用最大粒径过大的集料会降低混凝土的强度。因为过大的颗粒减少了集料的比表面积，黏结强度比较小，这就使混凝土强度降低；过大的集料颗粒对限制水泥石收缩而产生的应力也较大，从而使水泥开裂或使水泥石与集料界面产生微裂缝，降低了黏结强度，导致混凝土后期强度的衰减。

（2）水泥浆用量。水泥浆用量由强度、耐久性、工作性、成本几方面因素确定，选择时需兼顾。水泥浆用量不够时，将会导致下列缺陷：混凝土、砂浆黏聚性差，施工时易出现离析，硬化后混凝土强度低、耐久性差、耐磨性差、易起粉；集料间的水泥浆润滑不够，施工流动性差，混凝土以及砂浆难以成型密实。若水泥浆用量过多，则会导致下列质量问题：混凝土或砂浆硬化后收缩增大，由此引起干缩裂缝增多；一般来说，水泥石的强度小于集料的强度，相对而言，水泥石结构疏松、耐侵蚀性差，是混凝土中的薄弱环节。

2. 养护的温度与湿度

为了获得质量良好的混凝土，成型后必须在适宜的环境中进行养护。养护的目的是为了保证水泥水化过程能正常进行。

周围环境的温度对水泥水化反应进行的速度有显著的影响，其影响的程度随水泥品种、混凝土配合比等条件而异。通常养护温度高，可以增大水泥早期的水化速度，混凝土的早期强度也高。但早期养护温度越高，混凝土后期强度的增进率越小。

周围环境的湿度对水泥水化反应能否正常进行有显著影响，湿度适当，水泥水化便能顺利进行，使混凝土强度得到充分发展。

3. 龄期

混凝土在正常养护条件下（保持适宜的环境温度与湿度），其强度将随龄期的增加而增长。一般初期增长比例较为显著，后期较为缓慢，但龄期延续很久其强度仍有所增长。

4. 试验条件和施工质量

相同材料组成、制备条件和养护条件制成的混凝土试件，其力学强度还取决于试验条件。影响混凝土力学强度的试验条件主要有试件形状与尺寸、试件湿度、试件温度、支撑条件和加载方式等。

混凝土工程的施工质量对混凝土的强度有一定的影响。施工质量包括配料的准确性、搅拌的均匀性、振捣效果等。上述工序如果不能按照有关规程操作，必然会导致混凝土强度的降低。

（三）提高混凝土强度的措施

1. 采用高强度水泥和特种水泥

为了提高混凝土强度可采用高强度等级水泥，对于抢修工程、桥梁拼装接头、严寒的冬季施工以及其他要求早强的结构物，则可采用特种水泥配制的混凝土。

2. 采用低水胶比和浆集比

采用低的水胶比可以减少混凝土中的游离水，从而减少混凝土中的空隙，改善混凝土的密实度和强度。另一方面，降低浆集比，减薄水泥浆层的厚度，充分发挥集料的骨架作用，对混凝土的强度也有一定的帮助。

3. 掺加外加剂

在混凝土中掺加外加剂，可改善混凝土的技术性质。掺早强剂，可提高混凝土的早期强度；掺加减水剂，在不改变流动性的条件下，可减小水胶比，从而提高混凝土的强度。

4. 采用湿热处理方法

（1）蒸汽养护。蒸汽养护是指浇筑好的混凝土构件经 1~3 h 预养后，在 90% 以上的相对湿度、60 ℃以上的温度的饱和水蒸气中进行养护，以加速混凝土强度的发展。普通混凝土经过蒸汽养护后，其早期强度提高很快，一般经过 24 h 的蒸汽养护，混凝土的强度能达到设计强度的 70%，但对后期强度增长有影响。所以普通水泥混凝土养护温度不宜太高，时间不宜太长，一般养护温度为 60~80 ℃，恒温养护时间以 5~8 h 为宜。用火山灰水泥和矿渣水泥配制的混凝土蒸汽养护的效果比普通水泥混凝土好。

（2）蒸压养护。蒸压养护是将浇筑成型混凝土构件静置 8~10 h，放入蒸压釜内，通入高压（≥8 个大气压）、高温（≥175 ℃）饱和蒸汽进行养护。在高温、高压的蒸汽养护下，水泥水化时析出的 $Ca(OH)_2$ 不仅能充分与活性氧化硅结合，而且也能与结晶状态的氧化硅结合生成含水硅酸盐结晶，从而加速水泥的水化和硬化，提高了混凝土的强度。此法比蒸汽养护的混凝土质量好，特别是对掺活性混合材料的水泥配制的混凝土，对掺有磨细石英砂混合材料的硅酸盐水泥更为有效。

5. 采用机械搅拌和振捣

混凝土拌合物在强力搅拌和振捣作用下，水泥浆的凝聚结构暂时受到破坏，降低了水泥浆的黏度和集料间的摩阻力，使拌合物能更好地充满模型并均匀密实，从而使混凝土强度得到提高。

（四）混凝土的变形

混凝土的变形包括非荷载作用下的变形和荷载作用下的变形。非荷载下的变形，分为混凝土的化学收缩、干湿变形及温度变形；荷载作用下的变形，分为短期荷载作用下的变形及长期荷载作用下的变形——徐变。

1. 非荷载作用下的变形

1）化学收缩（自生体积变形）

在混凝土硬化过程中，由于水泥水化物的固体体积，比反应前物质的总体积小，从而引起混凝土的收缩，称为化学收缩。化学收缩是伴随着水泥水化而进行的，其收缩量是随混凝土硬化龄期的延长而增长的。增长的幅度逐渐减小。一般在混凝土成型后40多天内化学收缩增长较快，以后就渐趋稳定。

化学收缩是不能恢复的，收缩值较小，对混凝土结构没有破坏作用，但在混凝土内部可能产生微细裂缝而影响承载状态和耐久性。

2）干湿变形（物理收缩）

干湿变形是指由于混凝土周围环境湿度的变化，会引起混凝土的干湿变形，表现为干缩湿胀。混凝土湿胀产生的原因是：吸水后使混凝土中水泥凝胶体粒子吸附水膜增厚，胶体粒子间的距离增大。湿胀变形量很小，对混凝土性能基本上无影响。但干缩变形对混凝土危害较大，干缩能使混凝土表面产生较大的拉应力而导致开裂，降低混凝土的抗渗、抗冻、抗侵蚀等耐久性能。

2. 荷载作用下的变形

1）混凝土在短期作用下的变形

混凝土是一种由水泥石、砂、石、游离水、气泡等组成的不匀质的多组分三相复合材料，为弹塑性体。受力时既产生弹性变形，又产生塑性变形。

2）混凝土在长期荷载作用下的变形——徐变

混凝土在持续荷载作用下，除产生瞬间的弹性变形和塑性变形外，还会产生随时间增长的变形，称为徐变。

三、混凝土的长期性能和耐久性

混凝土结构设计中不仅要考虑其所承受的荷载，而且要考虑环境的影响，即耐久性。

混凝土结构耐久性是指混凝土结构（钢筋或预应力钢筋混凝土）抵抗环境中各种因素作用而保持正常使用功效的能力。包括抗渗透性、抗冻融性、抗碳化性、抗化学侵蚀性、抗碱-骨料病害、耐火性等。衡量混凝土结构耐久性的指标是设计使用年限。

《混凝土耐久性设计规范》（GB/T 50476—2008）就针对一般环境、冻融环境、氯化物环境和化学腐蚀环境等不同的环境类别分别对耐久性设计作出规定。严格地讲，衡量混凝土耐久性的物理量应该是时间，遗憾的是混凝土耐久性就像人的生命一样。不可能用简单的方法进行预测。因此考虑以其他指标参考性地评价混凝土耐久性。

（一）混凝土的抗渗透性能

1. 抗渗透性

混凝土的抗渗透性，是指其抵抗水、油等压力液体渗透作用的能力。它是决定混凝土耐久性最基本的因素。混凝土品质劣化的4个原因依次是钢筋锈蚀、冻融破坏、硫酸盐侵蚀、碱-骨料反应。

2. 抗渗透性的衡量和表征

作为混凝土抗渗透性的表征，国内外有3种，即透水性、透气性和抗氯离子渗透性。混凝土的抗渗性采用国家标准《普通混凝土长期性能和耐久性能试验方法标准》（GB/T 50082—2009）中抗水渗透试验，一种方法为渗水高度法，用于以测定硬化混凝土在恒定水压力下的平均渗水高度来表示混凝土抗水渗透性能；另一种方法为通过逐级施加水压力测定，以抗渗等级来表示混凝土的抗水渗透性能。根据混凝土抗渗性的试验方法和混凝土的毛细孔结构特性，可知抗渗性是指混凝土抵抗水压力和毛细孔压力共同作用下渗透的性能。

3. 影响混凝土抗渗性的主要因素

水胶比和水泥用量是影响混凝土抗渗透性能的最主要指标。水胶比越大，多余水分蒸发后留下的毛细孔道就多，亦即孔隙率大，又多为连通孔隙，故混凝土抵抗水压力渗透性差。特别是当水胶比大于0.6时，抵抗水压力渗透性急剧下降。因此，为了保证混凝土的耐久性，对水胶比必须加以适当限制。为保证混凝土耐久性，水泥用量的多少，在某种程度上可由水胶比表示。因为混凝土达到一定流动性的用水量基本一定，水泥用量少，亦即水胶比大。

集料含泥量高，则总表面积增大，混凝土达到同样流动性所需用水量增加，毛细孔道增多；同时含泥量大的集料界面黏结强度低，也将降低混凝土的抗渗性能。集料级配差，则集料空隙率大，填满空隙所需水泥浆量大，同样导致毛细孔增加，影响抗渗性能。若水泥浆不能完全填满集料空隙，则抗渗性能更差。

施工质量和养护条件是混凝土抗渗性能的重要保证。如果振捣不密实留下蜂窝、空洞，抗渗性就严重下降；如果温度过低产生冻害或温度过高产生温度裂缝，抗渗性能严重降低；如果浇水养护不足，混凝土产生干缩裂缝，也严重降低混凝土抗渗性能。

此外，水泥的品种、混凝土拌合物的保水性和黏聚性等，对混凝土抗渗性能也有显著影响。提高混凝土抗渗性的措施,除了对上述相关因素加以严格控制和合理选择外,还可通过掺入引气剂或引气减水剂提高抗渗性。其主要作用机理是引入微细闭气孔、阻断连通毛细孔道,同时降低用水量或水胶比。

(二)混凝土的抗冻融性能

国家标准《普通混凝土长期性能和耐久性能试验方法标准》(GB/T 50082—2009)采用三种混凝土抗冻性能试验方法——慢冻法、快冻法和单面冻融法(盐冻法)。慢冻法所测定的抗冻标号是我国一直沿用的抗冻性能指标,目前在建工、水工碾压混凝土,以及抗冻性要求较低的工程中还在广泛使用。近年来有以快冻法检验抗冻耐久性指标来替代的趋势,但是这个替代并不会很快实现。慢冻法采用的试验条件是气冻水融法,该条件对于并非长期与水接触或者不是直接浸泡在水中的工程,如对抗冻要求不太高的工业和民用建筑,以气冻水融"慢冻法"的试验方法为基础的抗冻标号测定法,仍然有其优点,其试验条件与该类工程的实际使用条件比较相符。

1. 抗冻融性

混凝土在饱水状态下因冻融循环产生膨胀压和渗透压,两者共同反复作用,导致混凝土结构破坏。即混凝土孔隙中的水由于冰冻膨胀引起结冰膨胀压和体积膨胀导致周围未结冰水向外迁移引起渗透压。

2. 抗冻融性的表征

抗冻融性的表示方法为:以抗冻标号来表示,抗冻标号是以龄期28天的试块在吸水饱和后于 $-15 \sim 200$ ℃反复冻融循环,用抗压强度下降不超过25%,且重量损失不超过5%时,所能承受的最大冻融循环次数来表示。混凝土分以下九个抗冻等级:D10、D15、D25、D50、D100、D150、D200、D250、D300,分别表示混凝土能够承受反复动融循环次数不小于10、15、25、50、100、150、200、250和300次。

以上是用慢冻法确定抗冻性,对于抗冻性要求高的混凝土,也可用快冻法,即同时满足相对弹性模量值不小于60%,重量损失率不超过5%时的最大循环次数来表示其抗冻性指标。

3. 除冰盐对混凝土的破坏

在冬季,高速公路和城市道路为防止因结冰和积雪使汽车打滑造成交通事故,在路面撒盐($NaCl$ 或 $CaCl_2$)以降低冰点去除冰雪。近年来,国内外交通行业和学术界越来越注意到除冰盐对混凝土路面和桥面造成的严重破坏,事实证明盐冻剥蚀破坏是最严重的冻融破坏形式。在工程应用中发现除冰盐不仅加速了冻害,且渗入混凝土中的氯盐又导致严重的钢筋锈蚀,加速碱-骨料反应。

4. 影响混凝土抗冻性的主要因素

(1)含气量。在混凝土中加入一定量的引气剂,可使混凝土中形成一些细小的圆形封闭气孔,进一步提高混凝土的流动性,减少拌合物的离析和泌水,提高混凝土的均匀性,改善混凝土的耐久性(抗渗性、抗冻性)。在混凝土中平均孔隙间距随含气量增加而减小,在最佳含气量条件下,孔隙间距将会防止冻融造成的压力过大。实验表明,当混凝土含气量超过6%后,抗冻性不再提高。

(2)水胶比。混凝土的抗冻性主要取决于混凝土的水胶比及含气量,由于含气量取决于骨料最大粒径,也可以说,当混凝土的含气量满足骨料最大粒径的要求时,混凝土的抗冻性取决于混凝土的水灰比。

(3)粉煤灰。随着混凝土材料科学的发展,粉煤灰在混凝土中应用越来越广泛。粉煤灰由于其化学成分、矿物组分及颗粒形态等特征,在混凝土中主要产生三大效应,即活性效应(火山灰效应)、形态效应及微集料效应。

(4)水饱和度。混凝土的冻融破坏还与其饱水程度密切相关。冰冻破坏主要是由于混凝土中水分结冰产生的膨胀应力,一般认为含水量小于孔隙总体积的91.7%就不会产生冻结膨胀压力,在混凝土完全饱水状态下,其冻结膨胀压力最大。

5. 提高混凝土抗冻融性的措施

(1)降低混凝土水胶比,降低孔隙率。

(2)掺加引气剂,保持含气量在5%~6.5%范围内。

(3)提高混凝土强度,在相同含气量的情况下,混凝土强度越高,抗冻性越好。

(4)尽量使用粒径比较小的粗骨料,避免使用吸水率大、4~5 μm孔比较多的骨料。

(5)掺加适量的矿物细粉掺合料。

(三)混凝土碳化与钢筋锈蚀

1. 混凝土碳化

混凝土碳化是指混凝土内水化产物$Ca(OH)_2$与空气中的CO_2在一定湿度条件下发生化学反应,产生$CaCO_3$和水的过程。碳化使混凝土的碱度下降,故也称混凝土中性化。炭化过程是CO_2碳由表及里向混凝土内部逐渐扩散的过程。因此,气体扩散规律决定了碳化速度的快慢。

碳化引起水泥石化学组成及组织结构的变化,从而对混凝土的化学性能和物理力学性能有明显的影响,主要是对碱度、强度和收缩的影响。影响碳化的因素主要有混凝土的水胶比、水泥品种和用量、施工养护和环境条件。

(1)混凝土的水胶比。前面已详细分析过,水胶比大小主要影响混凝土孔隙率和密实度。因此水胶比大,混凝土的碳化速度就快。这是影响混凝土碳化速度的最主要因素。

(2)水泥品种和用量。普通水泥水化产物中$Ca(OH)_2$含量高,碳化同样深度所消耗的CO_2量要求多,相当于碳化速度减慢;而矿渣水泥、火山灰水泥、粉煤灰水泥、复合水泥以及高掺量混合材配制的混凝土,$Ca(OH)_2$含量低,故碳化速度相对较快。水泥用量大,碳化速度慢。

(3)施工养护。搅拌均匀、振捣成型密实、养护良好的混凝土碳化速度较慢。蒸汽养护的混凝土碳化速度相对较快。

(4)环境条件。空气中CO_2的浓度大,碳化速度加快。当空气相对湿度为50%~

75%时，碳化速度最快。

2. 混凝土中钢筋的锈蚀

在建筑工程中，钢筋混凝土因具有成本低廉、坚固耐用且材料来源广泛等优点而被土木工程的各个领域普遍采用。钢筋混凝土既保持了混凝土抗压强度高的特性，又保持了钢筋很好的抗拉强度，同时钢筋与混凝土之间有着很好的黏结力和相近的热膨胀系数，混凝土又能对钢筋起到了很好的保护作用，从而使混凝土结构物更好地工作，提高了混凝土的耐久性。所以钢筋混凝土已成为现代建筑中材料的重要组成部分。

（四）混凝土的抗化学侵蚀性能

混凝土的抗化学侵蚀性是指混凝土在含有侵蚀介质环境中遭受到化学侵蚀而不破坏的能力。通常有软水溶蚀、硫酸盐侵蚀、镁盐侵蚀、碳酸侵蚀、一般酸侵蚀与强碱腐蚀等。

1. 混凝土硫酸盐侵蚀

1）化学反应

某些地下水常含有硫酸盐，如硫酸钠、硫酸钙、硫酸镁等。硫酸盐溶液和水泥石中的氢氧化钙及水化铝酸钙发生化学反应，生成石膏和硫铝酸钙，产生体积膨胀，使混凝土瓦解。

2）硫酸盐腐蚀机理

混凝土硫酸盐腐蚀机理经典解释为，硫酸盐存在条件下在混凝土硬化体中形成钙矾石，膨胀导致混凝土开裂。近年的研究表明：硫酸盐对混凝土的侵蚀机理除生成钙矾石造成膨胀开裂外，盐在混凝土孔隙中结晶导致的膨胀也是导致混凝土开裂的重要原因之一，现代混凝土硫酸盐侵蚀多表现为此形式。

3）硫酸盐侵蚀的速度

硫酸盐侵蚀的速度随其溶液的浓度增加而加快。硫酸盐的浓度以 SO_3 的含量表示，达到千分之一时，侵蚀作用被认为是中等严重，千分之二时，则为非常严重。当混凝土的一侧受到硫酸盐水的压力作用而发生渗流时，水泥石中硫酸盐将不断得到补充，侵蚀速度更大。如果存在干湿循环，配合以干缩湿胀，则会导致混凝土迅速崩解。可见混凝土的渗透性也是影响侵蚀速度的一个重要因素。水泥用量少的混凝土将更快地被侵蚀。

4）混凝土遭受硫酸盐侵蚀的特征

混凝土遭受硫酸盐侵蚀的特征是表面发白，损害通常从棱角处开始，接着裂缝开展并剥落，使混凝土成为一种易碎的，甚至松散的状态。

5）配制抗硫酸盐侵蚀的混凝土注意事项

配制抗硫酸盐侵蚀的混凝土必须采用含 C_3A 低的水泥，如抗硫酸盐水泥。实际上已经发现，5.5%~7% 的 C_3A 含量，是水泥抗硫酸盐侵蚀性能好与差的一个界限。

2. 混凝土软水及酸性水的侵蚀

淡水能把 $Ca(OH)_2$ 溶解，甚至导致水化产物发生分解，直至形成一些没有黏结能力

的 $SiO_2 \cdot nH_2O$ 及 $Al(OH)_3$，使混凝土强度降低。但是这种作用，除非水可以不断地渗透过混凝土，否则进行得十分缓慢，几乎可以忽略不计。

当水中含有一些酸性物质时，水泥石除了受到上述的浸析作用外，还会发生化学溶解作用，使混凝土的侵蚀明显加速。1%的硫酸或硝酸溶液在数月内对混凝土的侵蚀能达到很深的程度，这是因为它们和水泥石中的 $Ca(OH)_2$ 作用，生成水和可溶性钙盐，同时能直接与硅酸盐、铝酸盐作用使之分解，使混凝土结构遭到严重的破坏。

3. 海水侵蚀

海水对混凝土的侵蚀作用可由以下一些原因引起：海水的化学作用；反复干湿的物理作用；盐分在混凝土内的结晶与聚集；海浪及悬浮物的机械磨损和冲击作用；混凝土内钢筋的腐蚀；在寒冷地区冻融循环的作用等。任何一种作用的发生，都会加剧其余种类的破坏作用。

4. 碱类侵蚀

固体碱如碱块、碱粉等对混凝土无明显的作用，而熔融状碱或碱的浓溶液对水泥有侵蚀作用。但当碱的浓度不大（15%以下），温度不高（低于50℃）时，影响很小。碱（NaOH）对混凝土的侵蚀作用主要包括化学侵蚀和结晶侵蚀两个因素。

5. 提高混凝土抗化学侵蚀的主要措施

对酸性侵蚀，特别是中等浓度的酸液破坏，必须用耐酸水泥代替普通水泥制造耐酸混凝土或聚合物混凝土，或使用水玻璃提高混凝土耐酸性能，或采用涂层、衬砌等保护混凝土表面。必要时还要使用耐酸地面和采用其他措施。

对镁盐侵蚀，也要合理选用水泥，提高混凝土密实性。在受强侵蚀作用时，对混凝土进行保护性处理，如涂料、特种砂浆保护层等，以防止混凝土表面与侵蚀介质直接接触。

对硫酸盐侵蚀，首先也是提高混凝土密实性，适当减少水泥熟料比例。例如降低水胶比，掺加硅灰和粉煤灰、矿渣粉。其中，在低水胶比条件下使用掺量粉煤灰混凝土技术是被证明最经济有效的措施。同时，在局部或周期性干湿交替使混凝土发生盐类侵蚀时，可以考虑采用提高混凝土表面憎水性的办法或采用聚合物涂层或聚合物混凝土的方法。对部分浸泡在侵蚀性溶液中的钢筋混凝土结构，在盐溶液可能向混凝土移动的通路上设置防水层是有效的。当有压力水对混凝土作用时，采用可靠的防水层能使其提高对盐类侵蚀的抗蚀性。以上技术措施也适用于抵抗混凝土软水溶蚀。

（五）混凝土的抗碱－集料病害

碱－集料反应是指硬化混凝土中所含的碱（Na_2O 和 K_2O）与集料中的活性成分发生反应，生成具有吸水膨胀性的产物，导致混凝土开裂的现象。吸水后将产生3倍以上的体积膨胀，从而导致混凝土膨胀开裂而破坏。

1. 碱－集料破坏的特征

（1）开裂破坏一般发生在混凝土浇筑后两三年或者更长时间。

（2）常呈现顺筋开裂和网状龟裂。

(3) 裂缝边缘出现凹凸不平现象。

(4) 越潮湿的部位反应越强烈，膨胀和开裂破坏越明显。

(5) 常有透明、淡黄色、褐色凝胶从裂缝处析出。

2. 碱－集料病害的预防措施

(1) 优先使用非碱活性的集料。

(2) 在不得不采用具有碱活性的集料时，应严格控制混凝土中总的碱量，一般不大于 3.0 kg/m^3。

(3) 掺用活性掺合料，如硅灰、矿渣、粉煤灰（高钙高碱粉煤灰除外）等，对碱－集料反应有明显的抑制效果。粉煤灰掺量至少占胶凝材料 30% 以上，磨细矿渣掺量至少占胶凝材料 40% 以上。活性掺合料与混凝土中的碱起反应，反应产物均匀分散在混凝土中，而不是集中在集料表面，不会发生有害的膨胀，从而降低了混凝土的含碱量，起到抑制碱－集料反应的作用。

(4) 掺用引气剂。在混凝土中加入引气剂，使其内部含有大量均匀分布的微小气泡，以减轻碱－集料反应产生的膨胀压和渗透压，也能减轻碱－集料反应造成的破坏。

(5) 控制进入混凝土的水分。碱－集料反应要有水分，如果没有水分，反应就会大为减少乃至完全停止。因此，要防止外界水分渗入混凝土以减轻碱－集料反应的危害。

(六) 混凝土的耐火性

通常称能经受短期高温加热的性能为耐火性。一般认为，混凝土具有良好的耐火性。

1. 长期高温对混凝土的损害

如果混凝土长期处于高温状态，其性能就会受到相当大的损害。

(1) 水泥浆体失水致水化产物失水、分解，使结构破坏。

(2) 骨料膨胀引起结构破坏。

(3) 水泥浆体和骨料热膨胀的不协调性导致结构破坏。

(4) 热梯度的存在导致结构破坏。

2. 影响混凝土耐火性的因素

影响混凝土耐火性的因素主要有骨料的性质、混凝土基体温度、混凝土基体空隙率、组成材料热性质、升温速率、水泥品种和保护层厚度等。

3. 提高混凝土结构耐火性的措施

为提高混凝土结构的耐火性，可考虑采取以下措施：

(1) 合理选择骨料种类，采用耐火性强的骨料。

(2) 合理选择水泥品种，采用耐火性强的水泥。

(3) 在混凝土受热之前，尽量将其干燥，防止爆裂。

(4) 在条件允许的情况下，可采用轻质混凝土。

(5) 在混凝土中使用低熔点纤维。

(6) 加厚保护层，以利于保护耐火性差的钢筋。

(7) 在混凝土表面加耐火涂层。
(8) 为了防止保护层混凝土脱落，埋入金属网并放置绝热材料保护表面。
(9) 在混凝土构件表面覆盖一层牺牲层，以确保耐火性。

任务四　混凝土的质量控制与强度

【任务目标】
(1) 描述混凝土质量控制的指标。
(2) 描述混凝土强度的评定方法。

【任务知识】

一、混凝土的质量控制

混凝土质量一般指三个方面：一是混凝土拌合物和易性要满足施工使用要求；二是混凝土抗压强度应符合结构设计强度等级要求；三是混凝土耐久性应符合结构设计的耐久性要求。

为了保证生产的混凝土按规定的保证率满足设计要求，应加强混凝土的质量控制。混凝土拌合物的质量控制一般包括初步控制、生产控制和合格控制。

(一) 初步控制

初步控制包括混凝土生产前对设备的调试、原材料的检验与控制，以及混凝土配合比的确定与调整。

1. 设备选型

混凝土搅拌设备的选型应根据对拟生产的产品（严格讲应为中间性产品）的技术要求去确认和选择。现搅拌设备均为强制式搅拌机，对于塑性或干硬性的混凝土和掺加纤维的混凝土生产宜使用立轴强制式；而对于大流动性的混凝土拌合物的生产，卧轴或是无轴螺旋式搅拌具有明显的优势；虽然行星式搅拌更具有对拌合物分散性好的特点，但是由于损耗率较大，一般应用较少。所以设备选型一定要以生产的对象特点和技术要求进行选择，以保证拌合物均匀为准。

2. 原材料质量的检验与控制

原材料质量满足生产各种混凝土性能的要求，是保证混凝土质量最基本的技术要求。由于这些原材料受区域性、自然环境、生产工艺影响，都具有不稳定性和独立性（主要指水泥之外的材料），所以原材料的选定、进站目测验收、取样复试，都是过程控制的重要环节。各种原材料的检测验收都有行业的技术要求，严格控制材料主要项目检测性能，有效掌握原材料的基本性能，是配合比设计的基本条件，也是首要条件。

3. 配合比的确定与调整

混凝土配合比的确定一般是根据所选用的原材料质量，经过设计计算（严格讲是估算值），再通过计量试拌，当各方面指标都能满足设计要求后（主要为拌合物和易性、养护条件，龄期强度、耐久性等）才可以正式发出试验室配合比。

（二）生产控制

混凝土生产是供方的重要环节。生产是人们创造财富的过程，也是将已知的输入变成可知的输出。如何能准确执行配合比，混凝土组成材料的精确计量至关重要。

1. 除尘对胶凝材料计量的影响

在胶凝材料计量下料过程中，除尘是重要的环节，但是现在的除尘设施有时不能有效地进行自动除尘，料口的积料受潮往往造成计量的不准确。

2. 投料顺序对胶凝材料计量的影响

不同胶凝材料（主要指水泥之外的掺合料）的性能在混凝土中有着不同的作用（强度和耐久性的贡献），一般掺合料采用累计计量的方式比较多，也就是先投料的材料计量优先，而材料计量冲量又是一个客观存在的现象，所以设计好投料顺序就显得十分重要（影响和易性和强度）。

3. 材料的含水量对胶凝材料计量的影响

由于材料的含水使得细骨料的颗粒不能很好地分散，很容易造成下料计量的冲量（尤其是弧形斗式开门）计量偏差或超出允许范围。

4. 投料顺序对混凝土拌合物质量的影响

从保证混凝土拌合物质量的技术角度要求，各种材料的投料顺序应该对拌合物乃至力学性能都会有一定的影响，理想的投料顺序应该是先是骨料（砂或石）完全润湿（非全部水），再将胶凝材料投入搅拌机之中，最后投入剩余骨料（砂或石），这就是一般意义上的裹砂或是造壳混凝土两种计量搅拌工艺。

5. 混凝土拌合物的搅拌和运输工序控制的影响

混凝土拌合物的搅拌、运输等工序的控制有时不被人们所重视，现在大掺量使用矿物掺合料已成为一种普遍的应用技术。

（三）混凝土结构件的强度检验

由于种种原因需要直接对结构件的强度进行检测时，我国使用的最多的方法就是"回弹法"检测混凝土抗压强度。除回弹法测定强度外，还可使用回弹超声综合法、钻芯法等测定混凝土结构的强度。

二、混凝土耐久性评定

依据使用环境和结构设计的要求，对混凝土的耐久性应进行相关的评定，具体性能及指标要求，《混凝土质量控制标准》（GB 50164—2011）中做出了规定。

任务五 混凝土的配合比设计

【任务目标】
(1) 阐述混凝土配合比设计的参数。
(2) 描述混凝土配合比设计的步骤。
(3) 计算混凝土配合比设计。

【任务知识】

一、配合比设计基本知识

混凝土配合比设计的基本要求是：
(1) 满足结构设计的强度等级要求。
(2) 满足混凝土施工所要求的和易性。
(3) 满足工程所处环境对混凝土耐久性的要求。
(4) 符合经济性原则。
(5) 符合低碳和可持续发展的生态要求。

二、混凝土配合比设计的技术理念与参数

我国工程院资深院士清华大学陈肇元教授认为："能满足质量控制标准的混凝土，可以有不同的配合比设计方法"。清华大学廉慧珍教授针对当代混凝土的特点，提出了"当代混凝土配合比要素的选择和配合比计算方法的建议"。现代混凝土配合比选择的内容实际上是水胶比、浆骨比、砂石比和矿物掺合料在胶凝材料中的比例等四要素的确定，进而提出了据以饱和面干骨料的混凝土配合比设计方法。

1. 水胶比

众所周知，水胶比是混凝土配合比设计中重要的参数，混凝土的强度在很大程度上取决于水胶比。水胶比是每立方米混凝土用水量（质量）与所有胶凝材料用量（质量）的比值。规范设计方法水胶比依据改进后的保罗米公式计算而得；饱和面干骨料的混凝土配合比设计方法则依据工程要求、《混凝土结构耐久性设计规范》（GB/T 50476—2019）和《混凝土结构设计规范》（GB 50010—2010）的规定选择。

2. 用水量及外加剂掺量

用水量指每立方米混凝土拌合物中所使用的水的质量。饮用水、地下水、地表水和经过处理达到要求的工业废水均可用作混凝土拌合水。为了提高混凝土的耐久性，在进行混凝土配合比设计时应严格遵守"最小单位体积用水量定则"，只要混凝土拌合物能满足施工工艺对工作性的要求，用水量应尽量降低。用水量过大，会导致混凝土内部游离水过多，造成混凝土强度降低，体积稳定性和耐久性下降，进而产生工程质量问题。

▶ 建 筑 材 料

【例 4-1】 用水量大导致出现干缩裂缝

北京某小区 9 号楼工程一段一层顶板、梁、楼梯及剪力墙混凝土设计强度等级为 C30，其标准养护 28 d 混凝土抗压强度为 27.2 MPa，达到设计强度等级的 90%，且表面多处出现开裂，不满足设计要求。

分析： 水是混凝土的生命线，直接影响着混凝土的强度和耐久性。施工过程中，忽略了对水的计量，造成用水量过大，水泥完全水化后，多余的游离水在混凝土内部形成大量的空隙，降低混凝土强度，且多余的游离水逐步蒸发后造成混凝土体积收缩，产生裂缝。

正确使用化学外加剂，当然主要成分是减水剂，不仅可以大幅度提高混凝土的流变性及可塑性，使混凝土可以泵送、自流平等方式进行施工，提高施工速度，降低施工能耗，还可以保证混凝土强度，提高混凝土耐久性。但如果掺量过少，减水率低，影响拌合物流动性；掺量过多则不够经济，且容易影响拌合物浆体稳定性，发生泌水。有时还会影响正常凝结硬化，导致混凝土长时间不凝结硬化。

3. 胶凝材料、矿物掺合料和水泥用量

混凝土的胶凝材料组成成分主要为水泥，并且许多规范、标准限定混凝土中粉煤灰的掺量应在 25% 以下，尤其是预应力混凝土构件中的掺量。粉煤灰、粒化高炉矿渣粉等工业废料越来越多的被应用到混凝土的拌合物中，成为混凝土胶凝材料的重要组成成分。其优良的长龄期强度和耐久性也得到了工程中的认可。

矿物掺合料的掺量应视工程性质、环境和施工条件而选择。

4. 砂率

砂子占砂石总质量的百分率称为砂率。在水胶比和浆骨比一定的条件下，砂率的变动主要影响混凝土的施工性和变形性质，对硬化后的强度也会有所影响（在一定范围内，砂率小的，强度稍低，弹性模量稍大，开裂敏感性较低，拌合物黏聚性稍差，反之则相反）。

5. 浆骨比

在水胶比一定的情况下，用水量和胶凝材料体积总用量与骨料的体积总用量之比即为浆骨比。行业标准《混凝土配合比设计规程》（JGJ 55—2011）没有把浆骨比作为混凝土配合比设计的参数，说明规范目前仍然是维持水胶比——强度的混凝土配合比设计路线。浆骨比是现代混凝土配合比设计的重要参数，是保证硬化前后混凝土性能的核心因素，尤其对于混凝土体积稳定性更为重要。

6. 砂石比

砂石比为单位体积下骨料总质量中砂与石的质量比。一般此概念多用于饱和面干骨料的混凝土配合比设计方法中。通常在配合比中的砂石比，以一定浆骨比（骨料总量）下的砂率表示。对级配良好的石子，砂石的选择以石子松堆空隙率与砂的松堆空隙率乘积为 0.16~0.2 为宜。

三、普通混凝土的配合比设计规范与方法

《普通混凝土配合比设计规程》(JGJ 55—2011)规定,混凝土配合比设计应满足混凝土配制强度及其他力学性能、拌合物性能、长期性能和耐久性能的设计要求。混凝土拌合物性能、力学性能、长期性能和耐久性能的试验方法应分别符合现行国家标准《普通混凝土拌合物性能试验方法标准》(GB/T 50080—2016)、《混凝土物理力学性能试验方法标准》(GB/T 50081—2019)和《普通混凝土长期性能和耐久性能试验方法标准》(GB/T 50082—2009)的规定。

规程还规定,混凝土配合比设计应采用工程实际使用的原材料;配合比设计所采用的细骨料含水率应小于0.5%,粗骨料含水率应小于0.2%。

四、基准配合比、实验配合比和施工配合比的确定

(一) 配合比的试配、调整与确定

1. 混凝土的试配

(1) 混凝土试配应采用强制式搅拌机进行搅拌,并应符合现行行业标准《混凝土试验用搅拌机》(JG 244—2009)的规定,搅拌方法宜与施工采用的方法相同。试验室成型条件应符合现行国家标准《普通混凝土拌合物性能试验方法标准》(GB/T 50080—2016)的规定。

(2) 在计算配合比的基础上应进行试拌。计算水胶比宜保持不变,并应通过调整配合比或减水剂用量使混凝土拌合物性能符合设计和施工要求,然后修正计算配合比,提出试拌配合比。

在试拌配合比的基础上应进行混凝土强度试验,并应符合以下规定:

(1) 应采用3个不同的配合比,其中一个应为上述确定的试拌配合比,另外两个配合比的水胶比宜较试拌配合比分别增加和减少0.05,用水量应与试拌配合比相同,砂率可分别增加和减少1%。

(2) 进行混凝土强度试验时,拌合物性能应符合设计和施工要求。

(3) 进行混凝土强度试验时,每个配合比应至少制作一组试件,并应标准养护到28 d或设计规定龄期时试压。

2. 配合比的调整与确定

配合比调整应符合下列规定:

(1) 根据混凝土强度试验结果,宜绘制强度和胶水比的线性关系图或插值法确定略大于配制强度的对应胶水比。

(2) 在试拌配合比的基础上,用水量(m_{wo})和外加剂用量(m_{ao})应根据确定的水胶比做调整。

(3) 胶凝材料用量(m_{bo})应以用水量乘以确定的胶水比计算得出。

(4) 粗骨料和细骨料用量（m_{go}和m_{so}）应根据用水量和胶凝材料用量进行调整。

（二）普通混凝土配合比设计的实例

【例 4-2】 某教学楼现浇钢筋混凝土柱，混凝土柱截面最小尺寸为 300 mm，钢筋间距最小尺寸为 60 mm。该柱在露天受雨雪影响。混凝土设计等级为 C30，采用 42.5 级普通硅酸盐水泥，无实测强度，密度为 3.1 g/m³；粉煤灰为 Ⅱ 级灰，密度为 2.21 g/m³；砂子为中砂，密度为 2.60 g/m³，堆积密度为 1500 kg/m³；石子为碎石，表观密度为 2.69 g/m³，堆积密度为 1550 kg/m³。混凝土要求坍落度 35~50 mm，施工采用机械搅拌，机械振捣，施工单位无混凝土强度标准差的历史统计资料。试设计混凝土配合比。

解

1. 初步配合比的确定

根据《混凝土配合比设计规程》（JGJ 55—2011）中规定，粉煤灰掺量宜取 30%。

1）配制强度的确定

$$f_{cu,0} \geq f_{cu,k} + 1.645\sigma \qquad (4-1)$$

由于施工单位没有 σ 的统计资料，查表 4-3 可得，$\sigma = 5.0$，同时 $f_{cu,k} = 30$ MPa，代入式（4-1）得

$$f_{cu,0} \geq 30 + 1.645 \times 5 = 38.2 \text{ MPa}$$

表 4-3 标准差 σ 值　　　　　　　　　MPa

混凝土强度标准值	<C20	C25~C45	C50~C55
σ	4.0	5.0	6.0

2）确定水胶比

$$\frac{W}{B} = \frac{\alpha_a f_b}{f_{cu,0} + \alpha_a \alpha_b f_b} \qquad (4-2)$$

采用碎石：$\alpha_a = 0.53$，$\alpha_b = 0.20$

$f_b = \gamma_f \gamma_s f_{ce} = \gamma_f \gamma_s \gamma_c f_{ce,g} = 0.75 \times 1 \times 1.16 \times 42.5 = 37.0$，得

$$\frac{W}{B} = \frac{0.53 \times 37.0}{38.2 + 0.53 \times 0.20 \times 37.0} = 0.47$$

由于所处环境为干湿交替环境，根据《混凝土结构设计规范》（GB/T 50010—2010）和《混凝土结构耐久性设计规范》（GB/T 50476—2019）规定，处于该条件下的混凝土水胶比不得超过 0.50。故该计算符合要求，取 $W/B = 0.47$。

3）确定单位用水量（m_{wo}）

首先确定粗骨料最大粒径，由混凝土柱截面最小尺寸为 300 mm，钢筋间距最小尺寸为 60 mm。可知：

$$D_{max} \leq \frac{1}{4} \times 300 = 75 \text{ mm}$$

同时
$$D_{\max} \leq \frac{3}{4} \times 60 = 45 \text{ mm}$$

因此，粗骨料最大粒径按公称粒径可选用 $D_{\max} = 31.5$ mm（也就是说采用 5~31.5 mm 的碎石）。

单位用水量选取 185 kg/m³。

4）计算胶凝材料用量

$$m_{bo} = \frac{m_{wo}}{W/B} = \frac{185}{0.47} = 394 \text{ kg/m}^3 \qquad (4-3)$$

由《混凝土结构耐久性设计规范》（GB/T 50476—2019）中可知，C30 混凝土最小胶凝材料用量为 280 kg/m³，故取胶凝材料用量为 394 kg/m³。

由于粉煤灰掺量为 30%，故

$$m_{fo} = m_{bo} \times 30\% = 394 \times 0.3 = 118 \text{ kg/m}^3$$
$$m_{c0} = m_{bo} - m_{fo} = 394 - 118 = 276 \text{ kg/m}^3$$

5）确定砂率

按线性插值法计算后可知，该工程砂率宜选 30%~35%，最终确定砂率选取 35%。

6）计算砂石用量

体积法：

$$1 = \frac{m_{co}}{\rho_c} + \frac{m_{fo}}{\rho_f} + \frac{m_{go}}{\rho_g} + \frac{m_{so}}{\rho_s} + \frac{m_{wo}}{\rho_w} + 0.01\alpha = \frac{376}{3100} + \frac{118}{2200} + \frac{m_{go}}{2690} + \frac{m_{so}}{2600} + \frac{185}{1000} + 0.01$$

$$(4-4)$$

$$\beta_s = \frac{m_{so}}{m_{so} + m_{go}} \times 100\% = 35\% \qquad (4-5)$$

解方程组式（4-4）、式（4-5）得

$$m_{so} = 616 \text{ kg/m}^3, \quad m_{go} = 1144 \text{ kg/m}^3$$

经初步计算，每立方米混凝土材料用量为

$$m_{co} : m_{fo} : m_{wo} : m_{so} : m_{go} = 276 : 118 : 185 : 616 : 1144$$

2. 配合比的调整

1）和易性的调整

按初步配合比，称取 15 L 混凝土的材料用量，水泥为 4.14 kg/m³，粉煤灰为 1.77 kg/m³，水为 2.78 kg/m³，砂为 9.24 kg/m³，石为 17.16 kg/m³，按照规定方法拌和，测得坍落度为 38 mm，符合工程要求，混凝土黏聚性、保水性均良好。

2）强度校核

采用水胶比为 0.42、0.47 和 0.52 三个不同的配合比，配制三组混凝土试件，并检验和易性，测得混凝土拌合物表观密度，分别制作混凝土试块，标准养护 28 d，然后测强度。

根据结果，选取水胶比为 0.47 的基准配合比为试验室配合比。按实测表观密度校核。

3) 表观密度的校正

$$\delta = \frac{2350}{4.14+1.77+9.24+17.16+2.78} = 67.0$$

$$m_c = 4.14 \times 67.0 = 277 \text{ kg/m}^3$$
$$m_f = 1.77 \times 67.0 = 119 \text{ kg/m}^3$$
$$m_w = 2.78 \times 67.0 = 186 \text{ kg/m}^3$$
$$m_s = 6.16 \times 67.0 = 619 \text{ kg/m}^3$$
$$m_g = 17.16 \times 67.0 = 1150 \text{ kg/m}^3$$

即确定的混凝土配合比为：$m_c : m_f : m_w : m_s : m_g = 277 : 119 : 186 : 619 : 1150$。

4) 施工配合比

在进行大量搅拌时，测得砂含水率为3%，石子含水率1%，调整为施工配合比步骤如下：

$$m'_c = m_c = 277 \text{ kg/m}^3$$
$$m'_f = m_f = 119 \text{ kg/m}^3$$
$$m'_s = m_s(1+a\%) = 619 \times (1+0.03) = 638 \text{ kg/m}^3$$
$$m'_g = m_g(1+b\%) = 1150 \times (1+0.01) = 1162 \text{ kg/m}^3$$
$$m'_w = m_w - m_s \times a\% - m_g \times b\% = 186 - 619 \times 0.03 - 1150 \times 0.01 = 156 \text{ kg/m}^3$$

故施工配合比为：$m'_c : m'_f : m'_w : m'_s : m'_g = 277 : 119 : 638 : 1162 : 156$。

任务六　其他混凝土

【任务目标】

(1) 列举其他几种混凝土（泵送混凝土、抗渗混凝土、高性能混凝土、纤维增强混凝土）。

(2) 描述其他几种混凝土（泵送混凝土、抗渗混凝土、高性能混凝土、纤维增强混凝土）的性能。

【任务知识】

一、泵送混凝土

1. 定义

泵送混凝土是指混凝土拌合物的坍落度不低于100 mm并用泵送施工的混凝土。

2. 泵送混凝土的可泵性

为提高施工效率和减少施工现场组织的复杂性，商品预拌混凝土和混凝土泵送机械使用逐渐推广，对泵送混凝土的需求也迅速增加。泵送混凝土是在混凝土泵的推动下沿管道传输和浇筑的，因此它不但要满足强度和耐久性的要求，更要满足管道输送对混拌合物提出的可泵性要求。

所谓可泵性是指混凝土拌合物应具有顺利通过管道、与管的摩擦阻力小、不离析、不泌水、不阻塞的性能。

3. 泵送混凝土的泵送剂

为保持良好的可泵性，泵送混凝土应在混凝土拌合物中掺加泵送剂。

泵送剂包括减水剂或高效减水剂、适量的引气剂（含气量不宜超过4%，以防在泵送过程中众多的气泡降低泵送效率，以致引起堵泵）和其他化学外掺剂。

二、抗渗混凝土

1. 定义

抗渗混凝土是指抗渗等级等于或大于P6级的混凝土。主要用于水利工程、地下基础工程、层面防水工程、抗渗漏的高水压容器或储蓄罐等工程。

普通混凝土由于主要是根据强度和工作性要求配制的，因此水灰比较高，硬化后的混凝土中含有较多的泌水通道，造成了抗渗透性较低的缺点（一般不超过P4）。如果能够采取技术措施，硬化混凝土中的孔隙尤其是将连通孔隙减少或堵塞，就能明显提高其抗渗性，这就是抗渗混凝土的设计出发点。

2. 混凝土中形成泌水连通孔隙的主要原因

（1）为考虑一定的施工流动性，水灰比较高水泥水化后剩余的水分挥发形成孔隙。

（2）水泥浆较少，仅够满足骨料黏结和填充骨料空隙的要求而不足以进一步增大混凝土的密实性。

（3）骨料中所含泥和泥块抗渗性折扣。

（4）粗集料的最大粒径，颗粒级配的情况及砂率的选择也都会影响混凝土的密实性。

3. 合理选择混凝土配合比和骨料级配

抗渗混凝土一般是通过混凝土组成材料质量的改善，合理选择混凝土配合比和骨料级配，以及掺加适量外加剂，达到混凝土内部密实或堵塞混凝土内部毛细管通路，使混凝土具有较高的抗渗性。故抗渗混凝土的设计标准《普通混凝土配合比设计规程》（JGJ 55—2011）提出了以下规定：

（1）水泥强度不应低于42.5 MPa，其品种应按设计要求选用。每立方米混凝土中的水泥用量不宜过小，含掺合料应不小于320 kg。

（2）粗集料宜采用连续级配，其最大粒径不宜大于37.5 mm，含泥量不得大于1.0%，泥块含量不得大于0.5%。细集料的含泥量不得大于3.0%，泥块含量不得大于1.0%，砂率35%~45%为宜。

（3）外加剂宜采用防水剂、膨胀剂、引气剂、减水剂或引气减水剂。外加剂的掺入已成为抗渗混凝土设计不可缺少的技术措施。其中，防水剂（氢氧化铁或氢氧化镁溶液）通过生成不溶于消失胶体可有效堵塞泌水孔隙，引气剂通过稳定存有的气阻断了水渗入的通道，掺用引气剂的抗渗混凝土含气量宜控制在3%~5%。而膨胀剂和减水剂分别通过水泥硬化过程中生成膨胀性物质和有效减少拌和水量来增加混凝土的密实性，成为提高混凝土抗渗性的主要技术措施。

（4）宜掺用矿物掺合物。矿物掺合料由颗粒大小介于水泥和砂之间的矿物颗粒组成，如粉煤灰、天然石粉等，可改善骨料与水泥颗粒间的逐级填充，同时产生水化反应，进一步加大混凝土的密实度。

三、高性能混凝土

（一）定义

高性能混凝土（HPC）是20世纪80年代末90年代初，一些发达国家基于混凝土结构耐久性设计提出的一种全新概念的高技术混凝土。按其孔结构类型，高性能混凝土可以进一步划分为超密实高性能混凝土、中密实高性能混凝土和引气型高性能混凝土三类。

（二）高性能混凝土用原材料及其选用

高性能混凝土所用的原材料包括水泥、细集料、粗集料、外加剂、矿物掺合料和混凝土用水。

1. 水泥

水泥应选用硅酸盐水泥或普通硅酸盐水泥（普通水泥），混合材宜为矿渣或粉煤灰。

2. 细集料

细集料应选用处于级配区的中粗河砂（用于预制梁时，砂的细度模数要求为2.6~3.0）。当河砂料源确有困难时，经监理和业主同意也可采用质量符合要求的人工砂。

3. 粗集料

粗集料应选用二级配或多级配的碎石，亦可采用分级破碎的碎卵石（预应力混凝土除外），掺配比例应通过试验确定，且其目测不得有明显的水锈现象。

4. 外加剂

外加剂宜采用聚羧酸系产品。混凝土中不得掺加诸如防腐剂、抗裂剂等无标准不规范的产品。

第一代：木钙，减水率8%；

第二代：萘系、蜜胺系、脂肪族系、氨基磺酸盐系列，减水率15%以上（坍落度损失大，泌水性、饱水性差）；

第三代：聚羧酸高效减水剂，减水率30%，适当引气，坍落度损失小，保水性好。

5. 矿物掺合料

用于改善混凝土耐久性能而加入的、磨细的各种矿物掺合料。主要有粉煤灰、磨细矿渣粉、硅灰、稻壳灰、沸石粉。

6. 混凝土用水及环境水

拌合用水可采用饮用水，当采用其他来源的水时，水的品质应符合要求。

(三) 高性能混凝土的性能

与普通混凝土相比，高性能混凝土具有以下独特的性能。

1. 耐久性

高性能混凝土的重要特点是具有高耐久性。由于高性能混凝土掺加了高效减水剂，其水胶比很低，水泥全部水化后，混凝土没有多余的毛细水，孔隙细化，孔径很小，总孔隙率低；再者高性能混凝土中掺加矿物质超细粉后，混凝土中集料与水泥石之间的界面过渡区孔隙能得到明显的降低，而且矿物质超细粉的掺加还能改善水泥石的孔结构，使大于100 μm 的孔含量得到明显减少，矿物质超细粉的掺加也使得混凝土的早期抗裂性能得到了大大的提高。

2. 工作性

坍落度是评价混凝土工作性的主要指标，高性能混凝土的坍落度控制功能好，在振捣的过程中，高性能混凝土黏性大，粗骨料的下沉速度慢，在相同振动时间内，下沉距离短，稳定性和均匀性好。同时，由于高性能混凝土的水胶比低，自由水少，且掺入超细粉，基本上无泌水，其水泥浆的黏性大，很少产生离析的现象，能在正常施工条件下保证混凝土结构的密实性和均匀性。对于某些结构的特殊部位（如梁挂接头等钢筋密集处）还可采用自流密实成型混凝土，从而保证该部位的密实性，这样就可以减轻施工劳动强度，节约施工能耗。

3. 力学性能

由于混凝土是一种非均质材料，强度受诸多因素的影响。水胶比影响混凝土强度的主要因素，对于普通混凝土，随着水胶比的降低，混凝土的抗压强度增大。高性能混凝土中的高效减水剂对水泥的分散能力强、减水率高，可大幅度降低混凝土单方用水量。在高性能混凝土中掺入矿物超细粉可以填充水泥颗粒之间的空隙，改善界面结构，提高混凝土的密实度，提高强度。

4. 体积稳定性

高性能混凝土具有较高的体积稳定性，即混凝土在硬化早期应具有较低的水化热、硬化后期具有较小的收缩变形。

高性能混凝土的体积稳定性表现在其优良的抗初期开裂性，低的温度变形、低徐变及低的自收缩变形。虽然高性能混凝土的水胶比比较低，但是如果将新型高效减水剂和增黏剂一起使用，尽可能地降低单方用水量，防止离析，浇筑振实后立即用湿布或湿草帘加以覆盖养护，避免太阳光照射和风吹，防止混凝土的水分蒸发，这样高性能混凝土早期开裂就会得到有效的抑制。掺加了粉煤灰的高性能混凝土的早期开裂显著降低，这对于大体积混凝土的温控和防裂十分有利。国内已有研究表明，对于外掺加40% 粉煤灰的高性能混凝土，不管是在标准养护还是在蒸压养护条件下，其360 d 龄期的徐变度（单位徐变应力的徐变值）均小于同强度等级的普通混凝土，高性能混凝土徐变度仅为普通混凝土的50%左右。高性能混凝土长期的力学稳定性要求其在长期的荷载作用及恶劣环境侵蚀下抗压强度、抗拉强度及弹性模量等力学性能保持稳定。

5. 韧性

高性能混凝土具有较高的韧性。高性能混凝土的高韧性要求其具有能较好地抗地震荷载、疲劳荷载及冲击荷载的能力。混凝土的韧性可通过在混凝土中掺加引气剂或采用高性能纤维等措施得到提高。

6. 经济性

高性能混凝土较高的强度、良好的耐久性和工艺性都能使其具有良好的经济性。高性能混凝土良好的耐久性可以减少结构的维修费用，延长结构的使用寿命，收到良好的经济效益；高性能混凝土的高强度可以减少构件尺寸，减小自重，增加使用空间；高性能混凝土良好的工作性可以减少工人工作强度，加快施工速度，减少成本。苏联学者研究发现，用 C110~C137 的高性能混凝土替代 C40~C60 的混凝土，可以节约 15%~25% 的钢材和 30%~70% 的水泥。虽然高性能混凝土本身的价格偏高，但是其优异的性能使其具有了良好的经济性。概括起来说，高性能混凝土就是能更好地满足结构功能要求和施工工艺要求的混凝土，能最大限度地延长混凝土结构的使用年限、降低工程造价。

(四) 超密实高性能混凝土在施工中需注意的问题

超密实高性能混凝土的特点是低水胶比、高矿物掺合料、复掺外加剂，这与普通混凝土是不同的，这使得高性能混凝土在施工的质量控制、养护措施都与普通混凝土不同。低水胶比决定了混凝土的黏性变大，在混凝土的运输、浇注、振捣工艺上必须严格控制。有的施工人员为方便施工而掺水，结果强度、耐久性大幅度下降。高矿物掺合料要求混凝土的养护必须到位，普通混凝土早期强度高水化快，对养护不是很敏感，但高性能混凝土则不同，高性能混凝土用水量低，易发生自身收缩而产生裂缝，所以浇筑捣实后，盖上湿布或草帘进行早期养护。保证水化的正常进行是保证高性能混凝土高性能的重要工艺措施，在混凝土浇筑完毕后 12 h 以内，通过湿润养护，使混凝土在良好的条件下进行水化反应。因为掺合料的活性比水泥小得多，对硅粉混凝土，要求潮湿养护 14 d，而粉煤灰混凝土则要养护 21 d 才能达到预期效果，否则会发生表面掉面、耐磨性差等。复掺外加剂要求混凝土的拌合时间必须要长，外加剂的用量很小，若不保证拌合时间，根本分散不开，均匀性变差，致使外加剂不仅起不到作用，反而使混凝土表面质量下降。

四、纤维增强混凝土

目前发展起来的纤维增强混凝土，应用最广的是钢纤维增强混凝土、玻璃纤维增强混凝土和聚丙烯类纤维增强混凝土。前者在国内已经制成高强纤维混凝土，抗压强度 100~110 MPa，抗弯强度也接近 15 MPa，抗冲击强度为普通混凝土的 3.6~6.3 倍。

纤维增强混凝土与普通混凝土相比，虽有许多优点，但毕竟代替不了钢筋混凝土。人们开始在配有钢筋的混凝土中掺加纤维，使其成为钢筋—纤维复合混凝土，这又为纤维混凝土的应用开发了一条新途径。

【项目习题】

一、填空题

1. 普通混凝土是由粗、细集料作为_____，水泥净浆作为胶凝材料构成的。
2. 水泥混合材料的酸性越强，吸附水分的能力也随之_____。
3. 根据掺合料的活性程度，将其分为_____与惰性掺合料。
4. 立方体抗压强度标准值系指按标准方法制作和养护的边长为_____的立方体试件，在28 d龄期用标准试验方法测得的具有_____保证率的抗压强度。
5. 作为混凝土抗渗透性的表征，国内外有3种，即_____、透气性和抗氯离子渗透性。
6. 混凝土拌合物的质量控制一般包括初步控制、生产控制和_____。
7. 混凝土的质量是由其_____来评定的。
8. 现代混凝土配合比选择的内容实际上是_____、浆骨比、砂石比和矿物掺合料在胶凝材料中的比例等四要素的确定。
9. 所谓可泵性是指混凝土拌合物应具有顺利通过管道、与管道摩擦阻力小、_____、不泌水、不阻塞的性能。
10. 按气孔结构类型，高性能混凝土可以进一步划分为_____、中密实高性能混凝土和引气型高性能混凝土三类。

二、名词解释

混凝土外加剂

三、简答题

1. 简述混凝土外加剂的作用。
2. 简述新拌混凝土拌合物工作性（和易性）。
3. 简述提高混凝土强度的措施。
4. 混凝土拌合物生产控制的主要指标有哪些？
5. 简述混凝土配合比设计的基本要求。

四、计算题

某工程钢筋使用混凝土梁，混凝土设计强度为C20级，据统计，混凝土强度的标准差 $\sigma = 3$ MPa，要求用42.5级的普通硅酸盐水泥配制混凝土，水泥的实际强度 $f_{ce} = 45$ MPa，碎石的密度 $\rho_g = 2.68 \times 10^3$ kg/m³，水泥密度 $\rho_c = 3.1 \times 10^3$ kg/m³，水的密度 $\rho_w = 1.0 \times 10^3$ kg/m³，砂的密度 $\rho_s = 2.65 \times 10^3$ kg/m³，混凝土的砂率取33%，每立方米混凝土的用水量取180 kg，假定每立方米混凝土的重量是2400 kg（注：水灰比的计算公式为 $\dfrac{W}{C} = \dfrac{0.48 \times f_{ce}}{f_{cu} + 0.158 f_{ce}}$，混凝土配制强度 $f_{cu} \geq f_{cu,0} + 1.645\sigma$，其中 $f_{cu,0}$ 是混凝土的设计强度等级，f_{ce} 是水泥的实际抗压强度），试计按重量法和体积法分别计算混凝土的配合比。

项目五　建筑钢材及其他金属材料

任务一　钢材概述

【任务目标】
（1）描述钢材的分类和钢材的特点。
（2）阐述化学元素对钢材性能的影响。

【任务知识】
在建筑工程领域，钢材的使用量是十分巨大的。不论是钢筋混凝土结构的建筑上使用钢网架等作为主要受力的结构材料，或者地下、地上使用的各类钢材管线，以及近年来快速发展的钢结构建筑，都大量使用了钢材。因为钢材良好的力学性能及物理性能，使得钢材对建筑工程尤为重要。

17世纪70年代，人类开始大量应用生铁作建筑材料，到19世纪初发展到用熟铁建造桥梁、房屋等。这些材料因强度低、综合性能差，在使用上受到限制，但已是人们采用钢铁结构的开始。19世纪中期以后，钢材的规格品种日益增多，强度不断提高，相应地连接等工艺技术也得到发展，为建筑结构向大跨重载方向发展奠定了基础，带来了土木工程的一次飞跃。

19世纪50年代出现了新型的复合建筑材料——钢筋混凝土。至20世纪30年代，高强钢材的出现又推动了预应力混凝土的发展，开创了钢筋混凝土和预应力混凝土占统治地位的新的历史时期，使土木工程发生了新的飞跃。

与此同时，各国先后推广具有低碳、低合金（加入质量分数5%以下的合金元素）、高强度、良好的韧性和可焊性，以及耐腐蚀性等综合性能的低合金钢。随着桥梁大型化，建筑物和构筑物向大跨、高层、高耸发展，以及能源和海洋平台的开发，低合金钢的产量在近30年来已大幅度增长，其在主要产钢国的产量已占钢材总产量的7%~10%，个别国家达20%以上，其中35%~50%用于房屋建筑和土木工程，主要为钢筋、钢结构用型材、板材，而且土木工程钢结构用低合金钢的比例已从10%提高到30%以上。近年来，各国大力发展不同于普通钢材品种的各种高效钢材，其中包括低合金钢材、热强化钢材、冷加工钢材、经济断面钢材，以及镀层、涂层、复合、表面处理钢材等，经在建筑业中使用，已取得明显的经济效益。

一、钢材的特点

钢作为材料是铁合金的一种。从成分及结构上讲，钢以铁原子为基体，碳、氮、锰、铬、镍、钛、钨、钼等原子代替铁原子或者处于铁原子之间的间隙形成固溶体或化合物，而且对碳元素的含量有 0.0218%～4.3% 的严格规定。含碳量小于 0.0218% 的叫作工业纯铁，含碳量大于 4.3% 的铁合金被叫作铸铁（生铁）。

钢内部有不同的晶体结构（主要为体心立方、面心立方、密排六方或复杂正方结构等），也有不同的相组成。在显微镜下可以看到钢材一般为多个晶粒拼接在一起的多晶体。每个晶粒内有不同的相和因相的不同种类、形状分部等形成的不同组织，这决定了钢材的种类及性能不同。

钢的熔点一般在 1148 ℃以上，所以其可以在较高温度的条件下使用。如 Q235 钢的屈服强度为 235 MPa，抗拉强度达 375 MPa 以上，弹性模量在 200 GPa 左右，这意味着钢材在工农业生产和生活中能够在强度、刚度等力学性能上能普遍的满足需求。

钢材强度高，塑性及韧性好，耐冲击，性能可靠，易于加工成板材、型材和线材，良好的焊接和铆接性能。但钢材易锈蚀、维护费用高、耐火性差、生产能耗大。

二、钢材的分类

按照不同的分类标准，可以对钢材做不同的分类。生产生活中常见的有型材、板材、管材、金属制品、结构钢、工具钢、模具钢、弹簧钢、轴承钢、冷镦钢、硬线、不锈钢等。对建筑工程使用钢材可分为带肋钢筋、光圆钢筋、钢管、工字钢、钢绞线等。

钢材是一种材料，从材料学的角度分类是常见的分类。可以根据钢材的成分、脱氧程度、组织、品质、用途、冶炼方法等进行分类。具体分类见表 5-1。

表 5-1 钢 材 的 分 类

分类标准	种类		特　点	应　用
化学成分	碳素钢	低碳钢	含碳量小于 0.25%	钢结构和钢筋混凝土结构用钢
		中碳钢	含碳量为 0.25%～0.60%	
		高碳钢	含碳量大于 0.60%	
	合金钢	低合金钢	合金元素总含量小于 5%	常用于机械，建筑较少使用
		中合金钢	合金元素总含量为 5%～10%	
		高合金钢	合金元素总含量为大于 10%	
脱氧程度	沸腾钢		脱氧不完全，硫、磷等杂质偏析较严重，代号为"F"	只用于次要结构
	镇静钢		脱氧完全，同时去硫，代号为"Z"	机械性能较好，多用于重要结构以及承受冲击载荷和焊接的结构，如桥梁、高压容器、水电站压力钢管及高压闸门等
	半镇静钢		脱氧成分介于沸腾钢和镇静钢之间，代号为"B"	
	特殊镇静钢		比镇静钢脱氧程度还要充分、彻底，代号为"TZ"	

表 5-1（续）

分类标准	种类		特 点	应 用
内部组织	退火状态	亚共析钢	含碳量低于共析点 0.77% 的钢，组织为铁素体+珠光体	根据不同的组织获得不同的性能
		共析钢	含碳量为 0.77%，组织为珠光体	
		过共析钢	含碳量大于 0.77%，但小于 4.3%，组织为渗碳体+珠光体	
		莱氏体钢	组织为珠光体+渗碳体	
	正火状态	珠光体钢	组织为珠光体	
		贝氏体钢	组织为贝氏体	
		马氏体钢	组织为马氏体	
		奥氏体钢	组织为奥氏体	
品质	普通钢		含硫量不大于 0.055%～0.065%，含磷量不大于 0.045%～0.085%	建筑用钢多属此种钢
	优质钢		含硫量不大于 0.03%～0.045%，含磷量不大于 0.035%～0.045%	多用作工具和机器零件
	高级优质钢		含硫量不大于 0.002%～0.03%，含磷量不大于 0.027%～0.035%	
用途	结构钢		工程结构件用钢、机械制造用钢	如混凝土结构用钢筋、钢板等
	工具钢		各种刀具、量具及模具用钢	如游标卡尺、机床刀具等
	特殊钢		具有特殊的物理、化学或机械性能的钢，如不锈钢、耐热钢、耐酸钢、耐磨钢、磁性钢	如桥梁用钢、铆螺用钢等

按化学成分的不同，钢材可以分为碳素钢与合金钢。钢是铁元素和碳、氮及其他合金元素组成的材料，含有极少量的硫、磷等杂质元素。除了铁元素，碳元素含量在 0.25%～4.3% 的钢称作碳素钢（或碳钢）。而合金元素如锰、铬、镍、钛等含量较高的，因性能循着合金元素的种类及含量的不同发生了明显的改善，所以专门分类为合金钢。一般而言，合金元素含量小于 5% 的叫作低合金钢，合金元素含量在 5%～10% 以内的叫作中合金钢，合金元素含量大于 10% 的叫作高合金钢。随着合金元素的加入，钢材的强度、塑性、耐蚀性等性能发生改变，能够满足在各种特种条件下对钢材使用性能的需要。

三、钢的冶炼

需要将钢的冶炼同生铁的冶炼区分开。生铁的冶炼是将铁矿石、冶金溶剂（石灰石、生石灰、萤石等)、燃料(焦炭)等放入高炉中,在1750 ℃高温下,碳将铁从其氧化物或者化合物中还原出来形成液态铁水,石灰石与铁矿石中的硅、锰、硫、磷等元素发生化学反应形成铁渣,铁渣浮于铁水表面,通过分离铁渣、凝固得到生铁。生铁含有碳(石墨)、硫、磷等杂质,硬而脆,无塑性和韧性,不能焊接、锻造和轧制。

钢的冶炼是将生铁进行精炼,继续降低碳含量至小于4.3%,同时把其他杂质含量也控制在允许的范围内。常用的炼钢方法有转炉炼钢法、平炉炼钢法、电炉炼钢法、电渣重熔炼钢法、真空感应熔炼法、真空电子束熔炼法等。

1. 转炉炼钢法

不从外部引入热源,而是利用对已有一定温度的铁水(必须与化铁设备或炼铁设备联用)吸入氧气和高压热空气,利用氧气与铁水中的各种元素(碳、硅、锰、磷等)发生化学反应放出少量热量维持冶炼必需的温度。根据氧化剂来源不同分为空气转炉炼钢和纯氧转炉炼钢。转炉主要生产的是低碳结构钢、普通碳素钢和少量的合金钢等要求不严格的钢种。氧气转炉炼钢成本相对较高,但除杂效果较好,可炼制优质碳素钢和合金钢。

2. 平炉炼钢法

以生铁、铁矿石或废钢为原料,用煤气、油料等为燃料进行冶炼。由于熔炼时间长,化学成分可以精确控制,杂质含量少,成品质量高。其缺点是能耗大、成本高、冶炼周期长,可以生产低合金钢和优质碳素钢。

3. 电炉炼钢法

电炉炼钢法主要以电能为热源,通过放电电弧产生瞬间高温,迅速加热进行高温冶炼。电炉炼钢温度可调节,易于除杂,得到的钢质量好,但成本较高,可以炼制优质合金钢和特殊钢等。

4. 电渣重熔炼钢法

将初步冶炼得到的粗钢作为电极,在电渣重熔炉中利用电流通过熔池渣层产生电阻热,使插在熔池内的金属电极从端部开始熔化,熔化的金属液经过渣液的强烈洗涤,在结晶器内自下而上地凝固成质地优良、组织均匀致密的钢,主要是高级优质合金钢,特别是高温合金以及有色金属等要求很高的金属材料。电渣重熔由于常常是在真空中进行以保障冶炼金属纯洁度,所以生产条件要求相对苛刻,成本较高。

5. 真空感应熔炼法

在真空条件下,利用电磁感应作用在金属炉料中产生交变感应电流,依靠炉料自身的电阻热达到熔炼金属或合金的要求,并浇铸成锭。真空感应熔炼法主要用于冶炼纯净度要求很高的钢材。

6. 真空电子束熔炼法

在真空炉壳内部,对高熔点金属丝或金属片通以高压直流电并加热到高温时,阴极将发射高速电子流,这种电子流被金属炉料吸收时可将炉料熔化,其熔滴落入水冷结晶器内凝固成锭。真空电子束熔炼法主要用于炼制成分要求均匀,纯洁度高、显微组织良好的高熔点金属。

以上冶炼方法各有优缺点，往往基础原料层次较高，冶炼周期较长、条件较为苛刻、成本价较高的冶炼方法得到的钢材性能最好。

钢液在炼钢炉中冶炼完成之后，必须经盛钢桶（钢包）注入铸模，凝固成一定形状的钢锭或钢坯才能进行再加工。

四、化学元素对钢材性能的影响

钢材中除了铁元素，主要含有碳、氮、锰、铬、镍、钛、钒、铌、硅、氧、硫、磷等元素。其中铝、锰、铬、镍、钛、钒、铌等金属元素主要为合金钢的合金元素，深刻地影响着合金钢的性能。而磷、硫等无机元素往往会成为杂质元素使得钢材性能变差。

1. 碳元素（C）

碳元素是钢材中重要的元素。在含碳量低于0.8%时，随着含碳量的增加，钢的抗拉强度和硬度提高，而塑性及韧性降低。同时还使得钢的冷弯、焊接及抗腐蚀性能降低，并增加钢的冷脆性及时效敏感性。

2. 硅元素（Si）

硅是钢中的有益元素，为了脱氧、去硫而加入的，为钢的主要合金元素，含量常在1%左右，可以提高强度，对塑性和韧性没有明显影响，但含量超过1%时，冷脆性增加，可焊性变差。

3. 锰元素（Mn）

锰元素能够消除钢的热脆性，改善加工性能。当含量为0.85%~1%时，可显著提高钢的强度和硬度，几乎不降低塑性和韧性。因此Mn也是钢中主要的合金元素之一。当其含量大于1%时，在提高强度的同时，塑性及韧性也有所下降，可焊性变差。

4. 磷元素（P）

磷元素是钢中的有害元素，由炼钢原料带入。可显著降低钢材的塑性和韧性，特别是可明显降低低温下的冲击韧性，常把这种现象称为冷脆性。磷还会使得钢的冷弯性降低，可焊性变差。但磷元素可使钢的强度、硬度、耐磨性、耐蚀性提高。

5. 硫元素（S）

硫元素会使钢的冲击韧性、疲劳强度、可焊性及耐蚀性降低，即使微量存在也对钢有害。因此硫的含量要严格控制。

6. 氧元素（O）、氮元素（N）

氧元素和氮元素也是钢中的有害元素，能显著降低钢的塑性和韧性，以及冷弯性能和可焊性。

7. 铝（Al）、钛（Ti）、钒（V）、铌（Nb）

铝、钛、钒、铌均是炼钢时的强脱氧剂，也是合金钢中常用的元素。适量加入到钢内，可改善钢的组织，细化晶粒，显著提高钢的强度和韧性。

任务二　钢材的技术性质

【任务目标】

(1) 描述钢材典型的力学性能、工艺性能、耐久性。
(2) 判断建筑上使用的钢材主要应用的力学性能、工艺性能、耐久性能。

【任务知识】

有什么样的性能就有什么样的应用。钢材在使用中主要是受力部件，所以其力学性能为我们主要关注的技术性能，包括拉伸性能、塑性、冲击韧性、耐疲劳性能和硬度。同时，我们还要关注其工艺性能，包括冷弯性能和焊接性能。

一、力学性质

1. 拉伸性能

拉伸是建筑钢材主要的受力形式，所以拉伸性能是表征钢材性能和选用钢材的重要指标。就钢材整体来讲，其处于受拉或者受压，或者钢材内部，一部分处于拉应力状态，另一部分处于压应力状态，而这样的应力状态就决定着材料及部件是否会破坏，也就决定其能否继续使用。

拉伸性能的表征是使用与部件同样材料的试样进行试验得到拉伸性能。将低碳钢制成一定规格的试件，放在材料拉伸试验机上进行试验，通过计算机绘制应力-应变曲线，如图5-1所示。从图中可以看出，低碳钢受拉至拉断，经历了4个阶段：弹性阶段（Oa）、屈服阶段（$b'c$）、强化阶段（ce）和颈缩阶段（ef）。

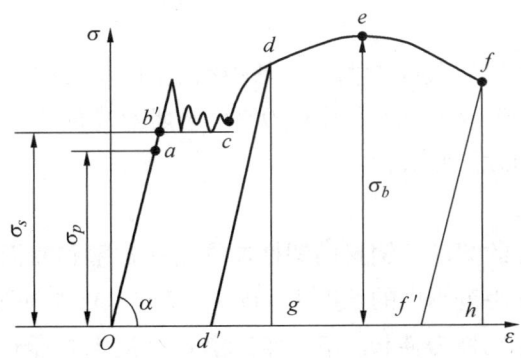

图5-1　低碳钢拉伸的应力-应变曲线

1）弹性阶段

曲线中 Oa 段是一条直线，应力与应变成正比。如卸去外力，试件能恢复原来的形状，这种性质即为弹性，此阶段的变形为弹性变形。与 a 点对应的应力称为弹性极限，以 σ_p 表示。应力与应变的比值为常数，即弹性模量 E（$E = \sigma/\varepsilon$）。弹性模量反映钢材抵抗弹性变形的能力，是计算钢材在受力条件下结构变形的重要指标。

2) 屈服阶段

应力超过 a 点后，应力与应变不再成正比关系，而是开始出现塑性变形。应力的增长滞后于应变的增长，当应力达到 b' 点（上屈服点）后，瞬时下降至 c 点（下屈服点），变形迅速增加，而此时外力则大致在恒定的位置上波动，直到 c 点，这就是所谓的"屈服现象"，似乎钢材不能承受外力而屈服，所以 $b'c$ 段称为屈服阶段。与 c 点（此点较稳定、易测定）对应的应力称为屈服点（屈服强度），用 σ_s 表示。钢材受力大于屈服点后，会出现较大的塑性变形，已不能满足使用要求，此屈服强度是设计上钢材强度取值的依据，也是工程结构计算中非常重要的一个数据。

3) 强化阶段

当应力超过屈服强度后，因为钢材内部组织中的晶格发生了畸变，阻止了晶格的进一步滑移，钢材得到强化，所以钢材抵抗塑性变形的能力又重新提高，ce 呈上升曲线，称为强化阶段。对应于最高点 e 的应力值（σ_b）称为极限抗拉强度，简称抗拉强度。显然，σ_b 是钢材受拉时所能承受的最大应力值。屈服强度和抗拉强度之比（即屈强比，σ_s/σ_b）能反映钢材的利用率和结构的安全可靠程度，屈强比越小，其结构的安全可靠程度越高，但屈强比过小，又说明钢材强度的利用率偏低，易造成钢材浪费。建筑结构钢材合理的屈强比一般为 0.60~0.75。

4) 颈缩阶段

试件受力达到最高点 e 点后，其抵抗变形的能力明显降低，变形迅速发展，应力逐渐下降，试件被拉长，在有杂质或缺陷处，断面急剧缩小，直到断裂，故 ef 段称为颈缩阶段。

中碳钢与高碳钢（硬钢）的拉伸曲线与低碳钢不同，屈服现象不明显，难以测定屈服点，因此规定产生残余变形为原标距长度的 0.2% 时所对应的应力值，作为硬钢的屈服强度，也称条件屈服点，用 $\sigma_{0.2}$ 表示。

2. 塑性

建筑钢材应具有很好的塑性。钢材的塑性通常用伸长率和断面收缩率表示。将拉断后的试件拼合起来，测出标距范围内的长度 L(mm)，其与试件原标距 L_0(mm)之差为塑性变形值，塑性变形值与 L 之比称为伸长率 δ。伸长率是衡量钢材塑性的一个重要指标，δ 越大，说明钢材的塑性越好。而一定的塑性变形能力可保证应力重新分布，避免应力集中，从而使钢材用于结构的安全性越大。

塑性变形在试件标距内的分布是不均匀的，颈缩处的变形最大，离颈缩部位越远，其变形越小。所以，原标距与直径之比越小，则颈缩处伸长值在整个伸长值中的比例越大，计算出来的 δ 值就越大。通常以 δ_5 和 δ_{10} 分别表示 $L_0 = 5\,d_0$ 和 $L_0 = 10\,d_0$（d_0 为钢筋的直径）时的伸长率。对于同一种钢材，$\delta_5 > \delta_{10}$。

3. 冲击韧性

冲击韧性是指钢材抵抗冲击荷载而不被破坏的能力。钢材的冲击韧性是用有刻槽的标准试件，在冲击试验机的一次摆锤冲击下，以破坏后缺口处单位面积上所消耗的功（J/cm^2）来表示，其符号为α_k。试验时将试件放置在固定支座上，然后以摆锤冲击试件刻槽的背面，使试件承受冲击弯曲而断裂。α_k值越大，说明冲击韧性越好。对于经常受较大冲击荷载作用的结构，要选用α_k值较大的钢材。影响钢材冲击韧性的因素很多，如化学成分、冶炼质量、冷作及时效、环境温度等。

4. 耐疲劳性能

钢材在交变荷载的反复作用下，往往在最大应力远小于其抗拉强度时就发生破坏，这种现象称为钢材的疲劳性。疲劳破坏的危险应力用疲劳强度（疲劳极限）表示。它是指疲劳试验时试件在交变荷载作用下，于规定的周期基数内不发生断裂时所能承受的最大应力。一般把钢材承受交变荷载$10^6 \sim 10^7$次时不发生破坏的最大应力作为疲劳强度。设计承受反复荷载且需进行疲劳验算的结构时，应了解所用钢材的疲劳极限。

研究证明，钢材的疲劳破坏是由拉应力引起的，首先在局部开始形成微细裂纹，其后由于裂纹尖端处产生应力集中而使裂纹迅速扩展直至钢材断裂。因此，钢材内部成分的偏析、夹杂物的多少以及最大应力处的表面光洁程度、加工损伤等，都是影响钢材疲劳强度的因素。疲劳破坏经常是突然发生的，因而具有很大的危险性，往往会造成严重事故。

5. 硬度

硬度是指金属材料在表面局部体积内，抵抗硬物压入表面的能力，即材料表面抵抗塑性变形的能力。测定钢材硬度采用压入法，即以一定的静荷载（压力），把一定的压头压在金属表面，然后通过测定压痕的面积或深度来确定硬度。压入法按压头或压力不同，有布氏法、洛氏法等，相应的硬度试验指标试件称为布氏硬度（HBW）和洛氏硬度（HRC）。较常用的方法是布氏法，其硬度指标为HBW值。

各类钢材的HBW值与抗拉强度之间有一定的关系。材料的强度越高，塑性变形抵抗力越强，硬度值也就越大。

二、工艺性能

钢材的加工需要钢材具有良好的工艺性能，并且得到的钢材质量不受影响。冷弯、冷拉、冷拔及焊接性能均是建筑钢材的重要工艺性能。

1. 冷弯性能

冷弯性能是指钢材在常温下承受弯曲变形的能力。钢材的冷弯性能指标是用试件弯曲的角度和弯心直径与试件厚度（或直径）的比值（d/a）来表示的。

钢材的冷弯试验是通过直径（或厚度）为a的试件，采用标准规定的弯心直径$d(d=na)$，弯曲到规定的弯曲角（180°或90°）时，试件的弯曲处不发生裂缝、裂断或起层，即认为冷弯性能合格。钢材弯曲时弯曲角度越大，弯心直径越小，则表示冷弯性能越好。

通过冷弯试验更有助于暴露钢材的某些内在缺陷。相对伸长率而言，冷弯试验是对钢材塑性更严格的检验，它能揭示钢材是否存在内部组织不均匀、内应力和夹杂物等缺陷，对焊接质量也是一种严格的检验，能揭示焊件在受弯表面是否存在未熔合、微裂纹及夹杂物等缺陷。

2. 焊接性能

在建筑工程中，各种型钢、钢板、钢筋及预埋件等需用焊接加工。钢结构有90%以上是焊接结构。焊接的质量取决于焊接工艺、焊接材料及钢的焊接性能。

钢材的可焊性是指钢材是否适应通常的焊接方法与工艺的性能。可焊性好的钢材指易于用一般焊接方法和工艺施焊，焊口处不易形成裂纹、气孔、夹渣等缺陷。焊接后钢材强度不低于原有钢材，硬脆倾向小。钢材可焊性的好坏，主要取决于钢的化学成分。含碳量高将增加焊接接头的硬脆性，含碳量小于0.25%的碳素钢具有良好的可焊性。

钢筋焊接应注意的问题是：冷拉钢筋的焊接应在冷拉之前进行；钢筋焊接之前，焊接部位应清除铁锈、熔渣、油污等；应尽量避免不同国家的进口钢筋之间或进口钢与国产钢筋之间的焊接。

3. 冷加工及时效处理

1）冷加工强化处理

将钢材在常温下进行冷加工（冷拉、冷拔或冷轧），使之产生塑性变形，以提高屈服强度，但钢材的塑性、韧性及弹性模量则会降低，这个过程称为冷加工强化处理。建筑工地或预制构件厂常用的方法是冷拉和冷拔。

冷拉是将热轧钢筋用冷拉设备加力进行张拉，使之伸长。钢材经冷拉后屈服强度可提高20%~30%，节约钢材10%~20%。钢材经冷拉后屈服阶段缩短，伸长率降低，材质变硬。

冷拔是将光面圆钢筋通过硬质合金拔丝模孔强行拉拔，每次拉拔断面缩小应在10%以下。钢筋在冷拔过程中，不仅受拉，同时还受到挤压作用，因而冷拔作用比纯冷拉作用强烈。经过一次或多次冷拔后的钢筋，表面光洁度高，屈服强度提高40%~60%，但塑性大大降低，具有硬钢的性质。

2）时效处理

钢材经冷加工后，在常温下存放15~20 d或加热至100~200 ℃，保持2 h左右，其屈服强度、抗拉强度及硬度进一步提高，而塑性及韧性继续降低，这种现象称为时效。前者称为自然时效，后者称为人工时效。

钢材经冷加工及时效处理后，其性质变化的规律可明显地在应力-应变图反映。

4. 钢材的热处理

钢材的热处理通常有以下几种基本方法。

1）淬火

将钢材加热至 723 ℃ 以上某一温度，并保持一定时间后，迅速置于水中或机油中冷却，这个过程称钢材的淬火。钢材经淬火后，强度和硬度提高，脆性增大，塑性和韧性明显降低。

2）回火

将淬火后的钢材重新加热到 723 ℃ 以下某一温度范围内，保温一定时间后再缓慢地或较快地冷却至室温，这一过程称为回火。回火可消除钢材淬火时产生的内应力，使其硬度降低，塑性和韧性恢复。按回火温度不同，回火又可分为高温回火（500~650 ℃）、中温回火（300~500 ℃）和低温回火（150~300 ℃）3 种。回火温度越高，钢材硬度下降越多，塑性和韧性恢复越好，若钢材淬火后立即进行高温回火处理，则称调质处理，其目的是使钢材的强度、塑性、韧性等性能均得以改善。

3）退火

退火是指将钢材加热至 723 ℃ 以上某一温度，保持相当长时间后，即在退火炉中缓慢冷却。退火能消除钢材中的内应力，细化晶粒、均匀组织，使钢材硬度降低，塑性和韧性提高，从而达到改善性能的目的。

4）正火

正火是将钢材加热到 723 ℃ 以上某一温度，并保持相当长时间，然后在空气中缓慢冷却，则可得到均匀、细小的显微组织。钢材正火后强度和硬度提高，塑性较退火时小。

5）化学热处理

化学热处理是对钢材表面进行的热处理。它是利用某些化学元素向钢表层内进行扩散的性质，以改变钢材表面上的化学成分和性能。常用的方法有渗碳法、氮化法、氰化法等。

三、耐久性

耐久性是材料抵抗自身和自然环境双重因素长期破坏作用的能力，即保证其经久耐用的能力。耐久性越好，材料的使用寿命越长。

1. 钢材的锈蚀

钢材的锈蚀是指其表面与周围介质发生化学反应而遭到的破坏过程。根据锈蚀作用的机理，钢材的锈蚀可分为化学锈蚀和电化学锈蚀两种。

1）化学锈蚀

化学锈蚀是指钢材直接与周围介质发生化学反应而产生的锈蚀。这种锈蚀多数是氧化作用，在钢材表面形成疏松的氧化物。在常温下，钢材表面能形成一层起保护作用的氧化膜 FeO，可以防止钢材进一步锈蚀。因此，在干燥环境下，钢材锈蚀进展缓慢，但在温度和湿度较高的环境中，这种锈蚀发展加快。

2）电化学锈蚀

▶ 建　筑　材　料

电化学锈蚀是建筑钢材在存放和使用中发生锈蚀的主要形式。它是指钢材与电解质溶液接触产生电流，形成微电池而引起的锈蚀。潮湿环境中的钢材表面会被一层电解质水膜所覆盖，而钢材含有铁、碳等多种成分，由于这些成分的电极电位不同，从而使钢的表面层在电解质溶液中构成以铁素体为阳极，以渗碳体为阴极的微电池。在阳极，铁失去电子成为 Fe^{2+} 进入水膜；在阴极，溶于水膜中的氧被还原生成 OH^-，随后两者结合生成不溶于水的 $Fe(OH)_2$，并进一步被氧化形成疏松易剥落的红棕色铁锈 $Fe(OH)_3$。由于铁素体基体的逐渐锈蚀，钢组织中的渗碳体等越来越多地暴露出来，于是形成的微电池数目也越来越多，钢材的锈蚀速度也就越来越大。

影响钢材锈蚀的主要因素是水、氧及介质中所含的酸、碱、盐等。同时，钢材本身的组织成分对锈蚀影响也很大。埋于混凝土中的钢筋，由于普通混凝土的 pH 值为 12 左右，为碱性环境，使之表面形成一层碱性保护模，有较强的阻止锈蚀继续发展的能力，故混凝土中的钢筋一般不易锈蚀。

2. 钢材的防锈

1）保护层法

通常的方法是在表面施加保护层，使钢材与周围介质隔离。保护层可分为金属保护层和非金属保护层两类。

金属保护层是用耐蚀性较好的金属，以电镀或喷镀的方法覆盖在钢材表面，如镀锌、镀锡、镀铬等。薄壁钢材可采用热浸镀锌或镀锌后加涂塑料涂层等方法。

非金属保护层是在钢材表面刷漆。常用底漆有红丹、环氧富锌漆、铁红环氧底漆等，面漆有调和漆、醇酸磁漆、酚醛磁漆等。该方法简单、易行，但不耐久。此外，还可以采用塑料保护层、沥青保护层、搪瓷保护层等。

混凝土配筋的防锈措施，根据结构的性质和所处环境条件等，考虑混凝土的质量要求，主要是保证混凝土的密实度（控制最大水灰比和最小水泥用量、加强振捣）及足够的保护层厚度，限制氯盐外加剂的掺合量和保证混凝土一定的碱度等；还可掺用阻锈剂（亚硝酸钠等）。国外也采用钢筋镀锌、镀镍等方法。对于预应力钢筋，一般含碳量较高，又多是经过变形加工或冷加工，因而对锈蚀破坏较敏感，特别是高强度热处理钢筋，容易产生应力锈蚀现象。对重要的预应力承重结构，除禁止掺用氯盐外，还应对原材料进行严格检验。

2）制成合金钢

钢材的组织及化学成分是引起锈蚀的内因。通过调整钢的基本组织或加入某些合金元素，可有效地提高钢材的抗腐蚀能力。例如，在钢中加入一定量的合金元素（铬、镍、钛等），制成不锈钢，可以提高钢的耐锈蚀能力。

钢材是建筑工程中最重要的金属材料。在工程中采用的钢材主要是碳素结构钢和低合金结构钢。钢材具有强度高，塑性及韧性好，可焊可铆，易于加工、装配等优点，已被广泛地应用于各工业领域中。在建筑工程中，钢材用来制作钢结构构件及做混凝土结构中的增强材料,且已成为常用的、重要的结构材料。尤其在当代迅速发展的大跨度、大荷载、高层建筑中,钢材已是不可或缺的材料。

近年迅速发展的低合金高强度结构钢,是在碳素结构钢的基本成分中加入5%以下的合金元素的新型材料。其强度得到显著提高,同时具有良好的塑性、冲击韧性、耐腐蚀性、耐低温冲击等优良性能,所以在预应力钢筋混凝土结构的应用中取得了良好的技术经济效果,是大力推广的钢种。

钢材也是工程中耗量较大而价格昂贵的建筑材料,所以如何经济、合理地利用钢材,以及设法用其他较廉价的材料来代替钢材,以节约金属材料资源,降低成本,也是非常重要的课题。

任务三 建筑结构用钢

【任务目标】
(1) 描述建筑结构用钢、钢筋混凝土用钢、预应力混凝土用钢的牌号与性能特点。
(2) 判断建筑结构用钢、钢筋混凝土用钢、预应力混凝土用钢的种类。

【任务知识】
建筑工程用钢有钢结构用钢和钢筋混凝土结构用钢两类。前者主要采用型钢和钢板,后者主要采用钢筋和钢丝。

一、钢结构用钢

钢结构用钢主要有碳素结构钢和低合金结构钢两种。

1. 碳素结构钢

1) 碳素结构钢的牌号及其表示方法

碳素结构钢的牌号由4个部分组成:代表屈服强度的字母(Q),屈服强度数值(N/mm^2),质量等级符号(A、B、C、D),脱氧程度符号(F、Z、TZ)。碳素结构钢的质量等级是按钢中硫、磷含量由多至少划分的,按A、B、C、D的顺序,质量等级逐级提高。当为镇静钢或特殊镇静钢时,则牌号表示"Z"与"TZ"的符号可予以省略。

按标准规定,我国碳素结构钢分4个牌号,即Q195、Q215、Q235和Q275。例如,Q235AF表示屈服强度为235 N/mm^2的用平炉或氧气转炉冶炼的A级沸腾碳素结构钢。

2) 碳素结构钢的技术要求

根据《碳素结构钢》(GB/T 700—2006)的规定,碳素结构钢的技术要求包括化学成分、力学性能、冶炼方法、交货状态、表面质量5个方面。

3) 碳素结构钢各类牌号的特性与用途

建筑工程中常用的碳素结构钢牌号为Q235。由于该牌号钢既具有较高的强度,又具有较好的塑性和韧性,可焊性也好,故能较好地满足一般钢结构和钢筋混凝土结构的用钢要求。相反，Q195 和 Q215 号钢，塑性虽很好，但强度太低；而 Q275 号钢，强度很高，但塑性较差，可焊性也差，所以均不适用。

Q235 号钢冶炼方便，成本较低，故在建筑中应用广泛。由于其塑性好，在结构中能保证在超载、冲击、焊接、温度应力等不利条件下的安全性，并适于各种加工，故大量被用作轧制各种型钢、钢板及钢筋。其力学性能稳定，对轧制、加热、急剧冷却时的敏感性较小。其中 Q235A 号钢，一般仅适用于承受静荷载作用的结构，Q235C 和 Q235D 号钢可用于重要焊接的结构。另外，由于 Q235D 号钢含有足以形成细晶粒结构的元素，同时对硫、磷有害元素严格控制，故其冲击韧性很好，具有较强的抗冲击、振动荷载的能力，尤其适宜在较低温度下使用。

Q195 和 Q215 号钢常用作生产一般使用的钢钉、铆钉、螺栓及铁丝等；Q275 号钢多用于生产机械零件和工具等。

2. 低合金结构钢

低合金结构钢是在碳素结构钢的基础上，添加少量的一种或多种合金元素（总含量低于 5%）的一种结构钢。其目的是提高钢的屈服强度、抗拉强度、耐磨性、耐腐蚀性与耐低温性等。因此，它是综合性较为理想的建筑钢材，在大跨度、承受动荷载和冲击荷载的结构中更适用。此外，与使用碳素结构钢相比，其可节约钢材 20%～30%，而成本并不是很高。

1）低合金结构钢的牌号及其表示方法

根据《低合金高强度结构钢》（GB/T 1591—2008）的规定，我国低合金结构钢有 Q345、Q390、Q420、Q460、Q500、Q550、Q620、Q690 八个牌号，所加元素主要有锰、硅、钒、钛、钒、铬、镍及稀土元素。其牌号由屈服强度字母 Q、屈服强度数值、质量等级（A、B、C、D、E 五级）3 部分组成。

2）低合金结构钢的应用

低合金结构钢主要用于轧制各种型钢（角钢、槽钢、工字钢）、钢板、钢管及钢筋，广泛用于钢结构和钢筋混凝土结构中，特别适用于各种重型结构、大跨度结构、高层结构及桥梁工程等，特别是对用于大跨度和大柱网的结构，其技术经济效果更为显著。

二、钢筋混凝土结构用钢

1. 热轧钢筋

钢筋混凝土用热轧钢筋，根据表面状态特征、工艺与供应方式可分为热轧光圆钢筋、热轧带肋钢筋和热轧热处理钢筋等。热扎带肋钢筋通常为圆形横截面，且表面通常带有两条纵肋和沿长度方向均匀分布的横肋。带肋钢筋需符合《钢筋混凝土用钢　第 2 部分：热轧带肋钢筋》（GB 1499.2—2007），按肋纹的形状分为月牙肋和等高肋。热轧钢筋按力学性能分为Ⅰ级、Ⅱ级、Ⅲ级、Ⅳ级。其中，Ⅰ级钢筋由碳素结构钢轧制而成，其余均由低合金钢轧制而成。Ⅰ级钢筋的强度较低，但塑性及焊接性能很好，便于各种冷加工，故广泛用于普通钢筋混凝土构件的受力钢筋及各种钢筋混凝土结构的构造筋。Ⅱ级和Ⅲ级钢筋的强度较高，塑性和焊接性能也较好，广泛用作大、中型钢筋混凝土结构的受力钢筋。Ⅳ级钢筋强度高，但塑性和可焊性较差，可用作预应力钢筋。Ⅱ级、Ⅲ级、Ⅳ级钢筋牌号由HRB和规定屈服强度最小值构成，分别为HRB335、HRB400、HRB500。H、R、B分别为热轧（hot rolling）、带肋（ribbed）、钢筋（bars）三个词的英文首位字母大写。热轧带肋钢筋表面轧有通长的纵肋（平行于钢筋轴线的均匀连续肋）和均匀分布的横肋（与纵肋不平行的其他肋），从而加强了钢筋与混凝土之间的黏结力，可有效防止混凝土与配筋之间发生相对位移。钢筋的屈服强度、抗拉强度、断后伸长率、最大力总伸长率等力学性能特征值应符合规定。

2. 冷轧带肋钢筋

热轧圆盘条经冷轧后，在其表面带有沿长度方向均匀分布的三面或两面横肋，即为冷轧带肋钢筋。冷轧带肋钢筋按抗拉强度分为 5 个牌号，分别为 CRB550、CRB650、CRB800、CRB970、CRB1170。C、R、B 分别为冷轧（cold rolling）、带肋（ribbed）、钢筋（bars）三个词的英文首位字母大写，数值为抗拉强度的最小值。与冷拔低碳钢丝相比，冷轧带肋钢筋具有强度高、塑性好、与钢筋黏结牢固、节约钢材、质量稳定等优点。

三、预应力混凝土用热处理钢筋

预应力混凝土用热处理钢筋是用热轧带肋钢筋经淬火和回火调质处理后的钢筋。有直径为 6 mm、8.2 mm、10 mm 三种规格。热处理钢筋成盘供应，每盘长 100～120 m，开盘后钢筋自然伸直，按要求的长度切断。

预应力混凝土用热处理钢筋的优点是：强度高，可代替高强钢丝使用；配筋根数少，节约钢材；锚固性好，不易打滑，预应力值稳定；施工简便，开盘后钢筋自然伸直，不需调直，不能焊接。其主要用作预应力钢筋混凝土轨枕，也可用于预应力梁、板结构及吊车梁等。

1. 预应力混凝土用钢丝

预应力混凝土用钢丝是高碳钢盘条经淬火、酸洗、冷拉加工而制成的高强度钢丝。

（1）分类及代号。预应力钢丝按外形分为光圆钢丝（代号为 P）、刻痕钢丝（代号为 I）、螺旋肋钢丝（代号为 H）；按加工状态分为冷拉钢丝（WCD）、低松弛级钢丝（代号为 WLR）。

（2）技术性能。预应力混凝土用钢丝具有强度高、柔性好、松弛率低、耐腐蚀等特点，适用于各种特殊要求的预应力结构，主要用于大跨度屋架及薄腹梁、大跨度吊车梁、桥梁、电杆、轨枕等的预应力钢筋。其技术性能应该符合《预应力混凝土用钢丝》（GB/T 5223—2002）的要求。

2. 预应力混凝土用钢绞线

预应力混凝土用钢绞线是由 2 根、3 根或 7 根直径为 2.5～5.0 mm 的高强度钢丝，绞捻后经一定热处理清除内应力而制成。一般以1根钢丝为中心，其余6根钢丝围绕着进行螺旋状左捻绞合，再经低温回火制成。钢绞线直径有9.0 mm、12.0 mm和15.0 mm。预应力混凝土用钢绞线按应力松弛性能分为Ⅰ级松弛（代号Ⅰ）和Ⅱ级松弛（代号Ⅱ）。

钢绞线具有强度高，与混凝土黏结性好，断面面积大，使用根数少，在结构中布置方便，易于锚固等优点。其主要用于大跨度、大负荷的后张法预应力屋架、桥梁和薄腹梁等结构。

任务四　钢材的运输、验收和储存

【任务目标】

判断钢材运输、验收、储存的方法。

【任务知识】

钢材的运输要注意防止钢材生锈、变形、损伤等，需采取遮盖、衬垫、保护等措施。在建筑用钢材到达现场后要进行进场验收，第三方抽样监测等验收措施，验收合格后方可在现场使用。

因为建筑工地上钢材用量较大，基于对钢材使用完善的储存管理需要，应做好以下几点：

1. 选择适宜的场地和库房

（1）保管钢材的场地或仓库，应选择在清洁干净、排水通畅的地方，远离产生有害气体或粉尘的厂矿。在场地上要清除杂草及一切杂物，保持钢材的干净。

（2）在仓库里不得与酸、碱、盐、水泥等对钢材有侵蚀性的材料堆放在一起。不同品种的钢材应分别堆放，防止混淆，防止接触腐蚀。

（3）大型型钢、钢轨、钢板、大口径钢管、锻件等可以露天堆放。

（4）中小型型钢、盘条、钢筋、中口径钢管、钢丝及钢丝绳等，可在通风良好的料棚内存放，但必须上苫下垫。

（5）一些小型钢材、薄钢板、钢带、硅钢片、小口径或薄壁钢管、各种冷轧、冷拔钢材，以及价格高、易腐蚀的金属制品，可存放入库。

（6）库房应根据地理条件选定，一般采用普通封闭式库房，即有房顶有围墙、门窗严密，设有通风装置的库房。

（7）库房要求晴天注意通风，雨天注意关闭防潮，经常保持适宜的储存环境。

2. 合理堆码、先进先放

（1）堆码的原则要求是在码垛稳固、确保安全的条件下，做到按品种、规格码垛，不同品种的材料要分别码垛，防止混淆和相互腐蚀。

（2）禁止在垛位附近存放对钢材有腐蚀作用的物品。

（3）垛底应垫高、坚固、平整，防止材料受潮或变形。

（4）同种材料按入库先后分别堆码，便于执行先进先发的原则。

（5）露天堆放的型钢，下面必须有木垫或条石，垛面略有倾斜，以利排水，并注意材料安放平直，防止造成弯曲变形。

（6）堆垛高度。人工作业的不超过 1.2 m，机械作业的不超过 1.5 m，垛宽不超过 2.5 m。

（7）垛与垛之间应留有一定的通道，检查道一般为 0.5 m，出入通道视材料大小和运输机械而定，一般为 1.5~2.0 m。

（8）垛底垫高，若仓库为朝阳的水泥地面，垫高 0.1 m 即可；若为泥地，须垫高 0.2~0.5 m。若为露天场地，水泥地面须垫高 0.3~0.5 m，沙泥面须垫高 0.5~0.7 m。

（9）露天堆放的角钢和槽钢应俯放，即口朝下，工字钢应立放，钢材的槽面不能朝上，以免积水生锈。

3. 保护材料的包装和保护层

钢材出厂前涂的防腐剂或其他镀层及包装，是防止材料锈蚀的重要措施，在运输装卸过程中须注意保护，不能损坏，可延长材料的保管期限。

4. 保持仓库的清洁、加强材料的养护

（1）材料在入库前要注意防止雨淋或混入杂质，对已经淋雨或弄污的材料要按其性质采用不同的方法擦净，如硬度高的可用钢丝刷，硬度低的用布、棉等物。

（2）材料入库后要经常检查，如有锈蚀，应清除锈蚀层。

（3）一般钢材表面清除干净后，不必涂油，但对优质钢、合金薄钢板、薄壁管、合金钢管等，除锈后其内外表面均需涂防锈油后再存放。

（4）对锈蚀较严重的钢材，除锈后不宜长期保管，应尽快使用。

任务五　其他金属材料

【任务目标】

（1）描述建筑用铝合金、铜合金的性能特点。

（2）判断建筑使用的有色金属零部件的种类和主要利用的性能。

【任务知识】

一、纯铝及铝合金

纯铝在建筑上的应用主要为铝导线及电器元件。

纯铝是一种银白色的轻金属，具有密度低、导电性和导热性良好以及塑性高、耐腐蚀性的特点。铝化学性质活泼，在空气中易于和氧结合，在表面形成一层坚固致密的氧化铝薄膜，可以保护内层金属不再继续氧化，故铝在大气中具有极好的稳定性。

纯铝塑性极好，但强度低，如纯度为 99.99% 的纯铝的延伸率为 50%，抗拉强度只有

45 MPa，通常采用冷变形加工的方法使之强化。纯铝低温性能良好，在 0～253 ℃ 之间保持良好的塑性和冲击韧性，易于铸造和切削，可以通过冷、热压力加工制成不同规格的半成品。此外，纯铝具有良好的焊接性能，可采用气焊、氩弧焊、钎焊、电子束焊等方法进行焊接。

工业纯铝中含有少量杂质，主要为 Fe 和 Si。它们在铝中的溶解度极小，易形成富 Fe、Si 的脆性化合物。这些杂质虽能提高铝的强度，但却严重损害铝的塑性、抗蚀性和导电性。除杂质元素外，纯铝的机械性能还与加工状态有关。

铝合金在建筑上主要用于铝合金门窗、合页、各类铝合金锚固件等。

根据合金的成分和生产工艺特点，通常将铝合金分为变形铝合金和铸造铝合金。变形铝合首先经熔炼形成铸锭，而后经过热变形或冷变形加工再使用。这类合金一般经过锻造、轧制、挤压等压力加工制成板材、带材、棒材、管材、丝材以及其他型材，因此要求具有较高的塑性和良好的成型性能。铸造铝合金则是将液态铝合金直接浇铸在砂型或金属型内，制成各种形状复杂的甚至薄壁的零件或毛坯，此类合金要求具有良好的铸造性能，流动性好，收缩小，抗热裂性高。

工业上根据铝合金的性能和工艺特点将变形铝合金分为防锈铝合金、硬铝合金、超硬铝合金。

二、纯铜及铜合金

纯铜在建筑上的应用主要为各类铜导线及电器元件。

纯铜呈紫红色，因此又称紫铜，是人类最早使用的金属之一。铜是元素周期表中的第一副族元素，原子序数为 29，常见化合价为 +2 和 +1，晶体结构为面心立方。密度 8.96 g/cm(20 ℃)，熔点 1083.4 ℃，比热容 386.0 J/(kg·K)(0～100 ℃)，溶化热 13.02 kJ/mol，热导率 397 W/(m·K)(0～100 ℃)，20 ℃ 时的电阻率 1.694 μΩ·cm。

铜无同素异构转变、无磁性。纯铜最显著的特点是导电、导热性好，仅次于银，其电导率为银的 94%，热导率为银的 73.2%。纯铜具有很高的化学稳定性，在大气、淡水中具有良好的抗蚀性，但在海水中的抗蚀性较差，同时在氨盐、氯盐、碳酸盐及氧化性硝酸和浓硫酸溶液中易受腐蚀。

工业用纯铜含有微量的脱氧剂和其他杂质元素，其牌号以铜的汉语拼音字母"T"加数字表示，数字越大，杂质的含量越高，依纯度将工业纯铜分为四种牌号：T1[$\omega(Cu)$>99.95%]、T2[$\omega(Cu)$>99.90%]、T3[$\omega(Cu)$>99.70%]、T4[$\omega(Cu)$>99.50%]。纯铜的机械性能不高，抗拉强度为 240 MPa，延伸率为 50%，布氏硬度为 40～50 HB，通常采用冷变形使之强化。冷变形后，抗拉强度可达 400～500 MPa，布氏硬度提高到 100～120 HBW，但延伸率降至 5% 以下。采用退火处理可消除铜的加工硬化，退火温度与铜的纯度有关，高纯铜的退火温度为 400～450 ℃，而一般纯铜的退火温度为 500～700 ℃。纯铜具有优良的加工成型性能和焊接性能，可进行各种冷、热变形加工和焊接。除配制铜合金和其他合金外，纯铜主要用于制作导电、导热及兼具抗蚀性的器材，如电线、电缆、电刷、铜管、散热器和冷凝器零件等。

铜合金在建筑上主要用于各类阀体、管线等。

根据化学成分的特点，铜合金分为黄铜、青铜和白铜三大类。黄铜是以锌为主要合金元素的铜合金，白铜则是以镍为主要合金元素的铜合金，而除锌和镍以外的其他元素为主要合金元素的铜合金称为青铜。按成型方法可将铜合金分为变形铜合金和铸造铜合金，除高锡、高铅和高锰的专用铸造铜合金外，大部分铜合金既可作变形合金，也可作铸造合金。目前我国的铜合金系列产品中，包括百余种牌号的变形合金和30多种的铸造合金。

铜合金一般采用工频感应炉熔炼，某些合金利用中频或高频感应炉熔炼。生产中采用半连铸、连铸或水平连铸技术制备铸坯。铜合金可用轧制、挤压、拉拔、锻造、冲压、旋压等多种方法进行塑性变形加工。铜合金进行退火处理的温度一般为400～700℃，成品消除应力退火的温度则为160～400℃，为防止氧化或变色，退火通常在保护气氛中进行。

【项目习题】

一、选择题

1. 钢中有害的化学元素有（　　）。
A. Si　　　　　　B. S　　　　　　C. P　　　　　　D. C

2. 冷拔的钢丝，提高了其（　　）。
A. 强度　　　　　B. 韧性　　　　　C. 耐腐蚀性　　　D. 脆性

3. 钢材抵抗冲击载荷的能力称为（　　）。
A. 冲击韧性　　　B. 塑性　　　　　C. 弹性　　　　　D. 硬度

4. 在低碳钢的拉伸曲线中，应力和应变成线性关系的是哪个阶段（　　）。
A. 屈服阶段　　　B. 弹性阶段　　　C. 强化阶段　　　D. 颈缩阶段

5. CRB550是（　　）的牌号。
A. 热轧光圆钢筋　B. 冷轧带肋钢筋　C. 碳素结构钢　　D. 低合金结构钢

二、填空题

1. 低碳钢其塑性、韧性_____（较好/较差）。

2. 牌号为Q235的钢，其中Q是指_____，235是指_____。

3. 钢中磷的主要危害是_____，硫的主要危害是_____。

4. 钢材的力学性能包括_____，钢材的工艺性能包括_____。

5. 按冶炼时脱氧程度分类，钢可分为_____、_____、_____和特殊镇静钢。

6. 钢材伸长率是衡量其塑性的指标，其数值越小，表示钢材塑性越_____。

三、简答题

▶ 建 筑 材 料

1. 简述钢材的化学成分对钢材性能的影响。
2. 钢材的冷加工强化有何作用?
3. 建筑工程中主要使用哪些钢材?
4. 什么是钢材的强屈比?它在建筑结构设计中的实际意义有哪些?
5. 钢筋混凝土用热轧钢筋有哪几个牌号?其表示的含义是什么?
6. 钢材腐蚀的原因有哪些?如何防止钢材的腐蚀?

项目六　墙　体　材　料

任务一　砌　墙　砖

【任务目标】

（1）阐述砌墙砖的性能指标。

（2）阐述砌墙砖的类型。

（3）分辨过火砖和欠火砖。

【任务知识】

砌墙砖按孔洞率的大小分为实心砖、多孔砖和空心砖。实心砖又称普通砖，孔洞率小于25%；多孔砖孔洞率大于等于25%，孔的尺寸小而数量多；空心砖孔洞率大于等于40%，孔的尺寸数量少。

按制造工艺分为烧结砖、蒸养（压）砖和免烧（蒸）砖。

按原料分有黏土砖、页岩砖、粉煤灰砖、煤矸石砖、建筑渣土、淤泥、污泥等。

凡经焙烧而制成的砖称为烧结砖。烧结砖根据其孔洞率大小分为烧结普通砖、烧结多孔砖和烧结空心砖3种。

一、烧结普通砖

（一）烧结普通砖的种类

黏土、页岩、煤矸石、粉煤灰等原料的化学组成相近，都可用做烧结砖的主要原料。因此，烧结砖有黏土砖（N）、页岩砖（Y）、煤矸石砖（M）、粉煤灰砖（F）、建筑渣土砖（Z）、淤泥砖（U）、污泥砖（W）、固体废物砖（G）等多种。

一般来说，若采用两种原材料，掺配比质量大于50%以上的为主要原材料；若采用三种或三种以上原材料，掺配比质量最大者为主要原材料。污泥掺量达到30%以上的可称为污泥砖。

烧结黏土砖以黏土原料为主，并加入少量添加料，经配料、混合匀化、制坯、干燥、预热、焙烧而成。

砖坯在氧化气氛中焙烧，黏土中的铁被氧化成呈红色的高价铁（Fe_2O_3），此时砖呈红色，称为红砖。若砖坯开始在氧化气氛中焙烧，当达到烧结温度后又处于还原气氛（如通入水蒸气）中继续焙烧，此时高价铁被还原成呈青灰色的低价铁，此时砖呈青灰色，称为青砖。

砖在焙烧过程中若火候不足,会成欠火砖。若焙烧火候过度,则会成过火砖。欠火砖声音哑、强度低、耐久性差。过火砖强度虽高,但经常有弯曲等变形,不便于砌筑。

烧结页岩砖是以泥质及碳质页岩,经粉碎、成形、焙烧而成。页岩是一类以黏土矿物为主要成分的泥质沉积岩。页岩的化学性能和物理性能均优于黏土。页岩砖性能优良,烧制能耗低,故也是目前我国大力推广的墙体材料。

烧结煤矸石砖指以开采煤时剔除的废石(煤矸石)为主要原料,经选择、粉碎,再根据其含炭量和可塑性,进行适当配料,经成形、干燥、焙烧而成。煤矸石的化学成分与黏土近似。焙烧过程中,煤矸石发热作为内燃料,可节约用煤量50%~60%。

烧结粉煤灰砖呈淡红或深红色,抗压强度一般为10~15 MPa,抗折强度为3~4 MPa,表观密度为1480 kg/m^3。烧结粉煤灰砖可代替烧结普通黏土砖用于建筑工程中。

建筑渣土是建设工程开挖的适于制砖的废弃物;淤泥是沉积在江、河、湖底或岸(周)边的黏土质沉积物;污泥是在水处理过程中产生的半固态或固态物质。以上由建筑工程或自然界形成的废弃物可以代替黏土制作烧结普通砖,既可以减少对环境的污染,又能够实现废弃物资源化循环利用。

(二) 烧结普通砖的技术性能指标

国家标准《烧结普通砖》(GB 5101—2017)中对烧结普通砖的尺寸偏差、外观质量、强度等级和抗风化性质等主要技术性能指标均作了具体规定。产品质量分为"合格"与"不合格"。

1. 规格

烧结普通砖的外形为直角六面体,其公称尺寸为240 mm×115 mm×53 mm,若加上砌筑灰缝厚约10 mm,则4块砖长、8块砖宽和16块砖厚约1 m,因此,每立方米砖砌体需砖4×8×16=512块。砖的尺寸允许有一定偏差,见表6-1。砖的外观质量包括两条面高度差、弯曲程度、缺棱掉角、裂缝等,见表6-2。

表6-1 烧结普通砖尺寸允许偏差

公称尺寸	指 标	
	样品平均偏差	样本级差
240	±2.0	≤6
115	±1.5	≤5
53	±1.5	≤4

表6-2 烧结普通砖外观质量要求

项　　目		指　标
两条面高度差		≤2
弯曲		≤2
杂质凸出高度		≤2
缺棱掉角的三个破坏尺寸		不得同时大于5
裂纹长度	a. 大面上宽度方向及其延伸至条面的长度	≤30
	b. 大面上长度方向及其延伸至顶面的长度或条顶面上水平裂纹的长度	≤50
完整面		不得少于一条面和一顶面

注：为砌筑挂浆面施加的凹凸纹、槽、压花等不算作缺陷；大面是砖的长度与宽度所形成的面；条面是垂直于砖大面较长的面；顶面是垂直于砖大面较短的面。

凡有下列缺陷之一者，不得称为完整面：
(1) 缺损在条面或顶面上造成的破坏面尺寸同时大于 10 mm × 10 mm。
(2) 条面或顶面上裂纹宽度大于 1 mm，其长度超过 30 mm。
(3) 压陷、粘底、焦花在条面或顶面上的凹陷或凸出超过 2 mm，区域尺寸同时大于 10 mm × 10 mm。

2. 强度等级

烧结普通砖分为 MU30、MU25、MU20、MU15、MU10 五个强度等级，见表6-3。

表6-3 烧结普通砖强度等级规定　　　　　　　　　　　MPa

强度等级	抗压强度半均值 $\bar{f}$	强度标准值 f_k
MU30	≥30.0	≥22.0
MU25	≥25.0	≥18.0
MU20	≥20.0	≥14.0
MU15	≥15.0	≥10.0
MU10	≥10.0	≥6.5

3. 抗风化性能

砖的抗风化性能与砖的使用寿命密切相关，抗风化性能好的砖其使用寿命长，砖的抗风化性能除与砖本身性质有关外，还与所处的环境风化指数有关。

▶ 建 筑 材 料

国家标准《烧结普通砖》(GB 5101—2017)中规定，严重风化区中的前五个地区（黑龙江省、吉林省、辽宁省、内蒙古自治区、新疆维吾尔自治区）用砖应做冻融试验，淤泥砖、污泥砖、固体废弃物砖应进行冻融试验。烧结普通砖抗风化性指标应符合表6-4规定。

表6-4 抗风化性能

砖种类	严重风化区				非严重风化区			
	5h沸煮吸水率/%		饱和系数		5h沸煮吸水率/%		饱和系数	
	平均值	单块最大值	平均值	单块最大值	平均值	单块最大值	平均值	单块最大值
黏土砖、建筑渣土砖	≤18	≤20	≤0.85	≤0.87	≤19	≤20	≤0.88	≤0.90
粉煤灰砖	≤21	≤23			≤23	≤25	≤0.87	≤0.80
页岩砖	≤16	≤18	≤0.74	≤0.77	≤18	≤20	≤0.78	≤0.80
煤矸石砖								
风化区划分	黑龙江省、吉林省、辽宁省、内蒙古自治区、新疆维吾尔自治区、宁夏回族自治区、甘肃省、青海省、陕西省、河北省、北京市、天津市、西藏自治区				山东省、河南省、安徽省、江苏省、湖北省、江西省、浙江省、四川省、贵州省、湖南省、福建省、广东省、广西壮族自治区、海南省、云南省、上海市、重庆市			

4. 泛霜

泛霜系砖的原料中含有的可溶性盐类，在砖使用过程中，随水分蒸发在砖表面产生盐析，常为白色粉末。严重者会导致粉化剥落。规范规定每块砖不准许出现严重泛霜。

5. 石灰爆裂

石灰爆裂指砖内存在生石灰时，待砖砌筑后，生石灰吸水消解体积膨胀而使砖开裂的现象。每组砖样中爆裂点数、强度损失等均有规定。

6. 欠火砖、酥砖和螺旋纹砖

欠火砖指在焙烧温度低于烧结范围，得到的色浅、敲击时音哑、孔隙率大、强度低、吸水率大、耐久性差的砖。

酥砖指砖坯被雨水淋、受潮、受冻或在焙烧过程中受热不均等原因，从而产生大量的网状裂纹的砖，这种现象会使砖的强度和抗冻性严重降低。

螺旋纹砖指从挤泥机挤出的砖坯上存在螺旋纹的砖。它在烧结时不易消除，导致砖受力时易产生应力集中，使砖的强度下降。

产品中不允许有欠火砖、酥砖和螺旋纹砖。

7. 放射性核素限量

建筑主体材料中天然放射性核素有镭-226、钍-232、钾-40，放射性比活度是指材料中某种核素放射性活度与该物质的质量之比。烧结普通砖中天然放射性核素镭-226、钍-232、钾-40 的放射性比活度应同时满足 I_{Ra}（内照射指数）≤1.0 和 I_r（外照射指数）≤1.0。

（三）烧结普通砖的应用

烧结普通砖具有一定的强度，较好的耐久性，可用于砌筑承重或非承重的内外墙、柱、拱、沟道及基础等。优等品砖可用于清水墙建筑，合格品砖可用于混水墙建筑。中等泛霜的砖不能用于潮湿部位。

二、烧结多孔砖

烧结多孔砖是以黏土、页岩、煤矸石等为主要原料经焙烧而成，生产过程与烧结普通砖基本相同，但塑性要求较高。

1. 规格

烧结多孔砖为直角六面体，孔多而小，孔洞垂直于受压面。砖的形状如图 6-1 所示，烧结多孔砖长度为 290 mm、240 mm、190 mm，宽度为 240 mm、190 mm、180 mm、175 mm、140 mm、115 mm，高度为 90 mm。主要规格有 240 mm×115 mm×90 mm；砌筑时可配合使用半砖 120 mm×115 mm×90 mm、七分砖 180 mm×115 mm×90 mm 或与主规格尺寸相同的实心砖等。其他规格尺寸由供需双方协商确定。

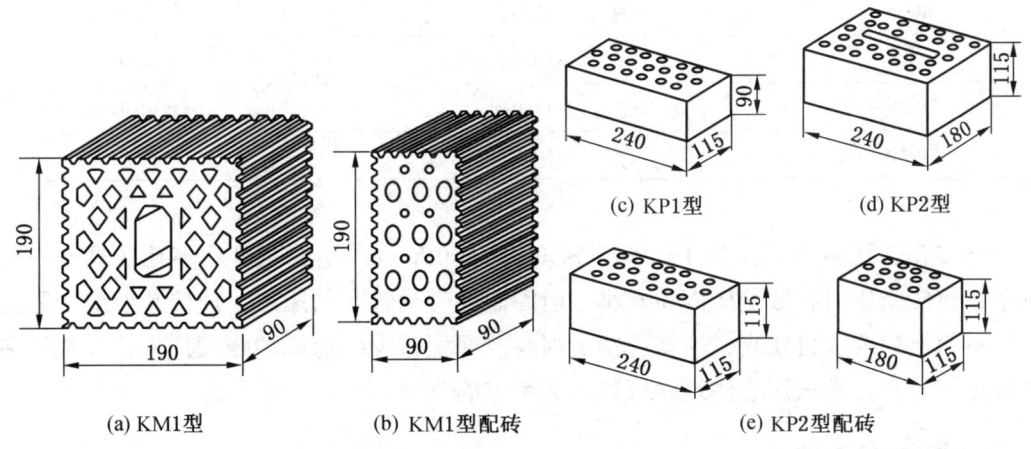

图 6-1 几种多孔砖的规格和孔洞形式

烧结多孔砖的孔形、孔结构及孔洞率应符合表 6-5 的规定。

表6-5 孔形、孔结构及孔洞率

孔形	孔洞尺寸/mm		最小外壁厚/mm	最小肋厚/mm	孔洞率/%		孔洞排列
	孔宽度尺寸 b	孔长度尺寸 L			砖	砌块	
矩形条孔或矩形孔	≤13	≤40	≥12	≥5	≥28	≥33	1. 所有孔宽应相等。孔采用单向或双向交错排列 2. 孔洞排列上下、左右应对称，分布均匀，手抓孔的长度方向尺寸必须平行于砖的条面

注：1. 矩形孔的孔长 L、孔宽 b 满足式 $L≥3b$ 时，为矩形条孔。
2. 孔四个角应做成过渡圆角，不得做成直尖角。
3. 如设有砌筑砂浆槽，则砌筑砂浆槽不计算在孔洞率内。
4. 规格大的砖和砌块应设置手抓孔，手抓孔尺寸为（30~40）mm×（75~85）mm。

2. 强度

按国家标准《烧结多孔砖》（GB 13544—2011）的规定，分为 MU30、MU25、MU20、MU15、MU10 五个强度等级（表6-6）。烧结多孔砖的泛霜及石灰爆裂、抗风化性能、放射性核素限量也有具体要求，也不允许有欠火砖、酥砖。

表6-6 烧结多孔砖的强度等级 MPa

强度等级	抗压强度平均值 $\bar{f}$	强度标准值 f_k
MU30	≥30.0	≥22.0
MU25	≥25.0	≥18.0
MU20	≥20.0	≥14.0
MU15	≥15.0	≥10.0
MU10	≥10.0	≥6.5

烧结多孔砖孔洞率28%以上，表观密度为1200 kg/m³左右。虽然多孔砖具有一定的孔洞率，使砖受压时有效受压面积减小，但因制坯时受较大的压力，使砖孔壁致密程度提高，且对原材料要求也较高，这就补偿了因有效面积减少而造成的强度损失，故烧结多孔砖的强度仍较高，常被用于砌筑六层以下的承重墙。

三、烧结空心砖

烧结空心砖是以黏土、页岩、煤矸石、粉煤灰、淤泥、建筑渣土等为主要原料经焙烧而成。烧结空心砖为直角六面体，孔大而少，孔洞为矩形条孔或其他孔形，平行于大面和条面，如图6-2所示。

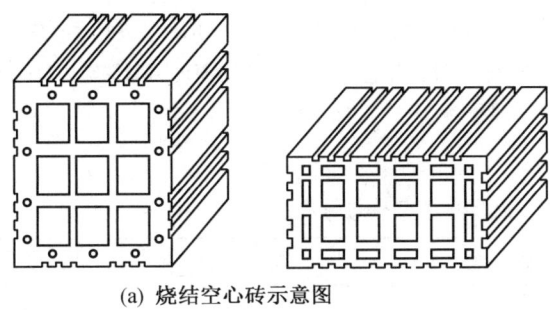 

(a) 烧结空心砖示意图　　　　　(b) 烧结空心砖

图 6-2　烧结空心砖

根据国家标准《烧结空心砖和空心砌块》(GB 13545—2014) 规定，砖的长、宽、高尺寸度应符合下列要求：

(1) 长度规格尺寸：390 mm，290 mm，240 mm，190 mm，180(175) mm，140 mm。
(2) 宽度规格尺寸：190 mm，180(175) mm，140 mm，115 mm。
(3) 高度规格尺寸：180(175) mm，140 mm，115 mm，90 mm。
(4) 其他规格尺寸由供需双方协商确定。

按砖的表观密度分成 800 级、900 级、1000 级、1100 级四个密度等级；根据抗压强度分为 MU10.0、MU7.5、MU5.0、MU3.5 四个强度等级（表 6-7）。烧结多孔砖的泛霜及石灰爆裂等性能也有具体要求，不允许有欠火砖和酥砖。

表 6-7　烧结空心砖和空心砌块的强度等级

强度等级	抗压强度/MPa		
	抗压强度平均值 $\bar{f}$	变异系数 $\beta \geqslant 0.21$ 强度标准值 f_k	变异系数 $\beta \geqslant 0.21$ 单块最小抗压强度值 f_{min}
MU10.0	≥10.0	≥7.0	≥8.0
MU7.5	≥7.5	≥5.0	≥5.8
MU5.0	≥5.0	≥3.5	≥4.0
MU3.5	≥3.5	≥2.5	≥2.8

烧结空心砖孔洞率一般在 40% 以上，表现密度为 800~1100 kg/m³，自重较轻，强度不高，因而多用于非承重墙，如多层建筑内隔墙或框架结构的填充墙等。

四、蒸压粉煤灰砖

蒸压粉煤灰砖是以粉煤灰、石灰为主要原料，掺加适量石膏和骨料经坯料制备、压制成型、高压蒸汽养护而成,产品代号为 AFB。

蒸压粉煤灰砖的规格尺寸与烧结普通砖相同。按建材行业标准(蒸压粉煤灰砖)(JC/T 239—2014)的规定,根据砖的抗压强度和抗折强度分为 MU30、MU25、MU20、MU15、MU10 五个强度等级(表6-8)。

表6-8 蒸压粉煤灰砖的强度指标　　　　　　　　　　　MPa

强度等级	抗压强度		抗折强度	
	平均值	单块最小值	平均值	单块最小值
MU10	≥10.0	≥8.0	≥2.5	≥2.0
MU15	≥15.0	≥12.0	≥3.7	≥3.0
MU20	≥20.0	≥16.0	≥4.0	≥3.2
MU25	≥25.0	≥20.0	≥4.5	≥3.6
MU30	≥30.0	≥24.0	≥4.8	≥3.8

蒸压粉煤灰砖为深灰色,表观密度约为 1550 kg/m³。蒸压粉煤灰砖可用于工业与民用建筑的墙体和基础,基础或易受冻融和干湿交替作用的建筑部位必须使用 MU15 及以上强度等级的砖。蒸压粉煤灰砖不得用于长期受热(200 ℃以上)、受急冷急热和有酸性介质侵蚀的建筑部位。用蒸压粉煤灰砖砌筑的建筑物,应适当增设圈梁及伸缩缝,或采取其他措施,以避免或减少收缩裂缝的产生。

五、炉渣砖

炉渣砖,旧称煤渣砖,是以炉渣为主要原料,加入适量石灰、石膏(或是电石渣、水泥)和水搅拌均匀,并经陈伏、轮碾、成型、蒸汽养护而成。

炉渣砖呈黑灰色,表观密度一般为 1500~1800 kg/m³,吸水率为 6%~18%。按建材行业标准《炉渣砖》(JC/T 525—2007)规定,炉渣砖按抗压强度分为 MU25、MU20、MU15 三个强度等级(表6-9)。

表6-9 煤渣砖的强度指标　　　　　　　　　　　MPa

强度等级	抗压强度平均值 $\bar{f}$	变异系数 $\delta \leq 0.21$	变异系数 $\delta > 0.21$
		强度标准值 f_k	单块最小抗压强度 f_{min}
MU25	≥25.0	≥19.0	≥20.0
MU20	≥20.0	≥14.0	≥16.0
MU15	≥15.0	≥10.0	≥12.0

注:强度等级以蒸汽养护后 24~36 h 的强度为准。

炉渣砖主要用于一般建筑物的墙体和基础部位。其他使用要点与灰砂砖、粉煤灰砖相似。炉渣砖不得用于长期受热（200℃以上）、受急冷、急热和有酸性介质侵蚀的建筑部位。由于蒸养炉渣砖的初期吸水速度较慢，故与砂浆的黏结性能差，在施工时应根据气候条件和砖的不同湿度，及时调整砂浆的稠度。对经常受干湿交替及冻融作用的建筑部位（勒脚、窗台、落水管等），最好使用高强度的炉渣砖，或采取用水泥砂浆抹面等措施。防潮层以下的建筑部位，应采用MU15级以上的炉渣砖；MU10级的炉渣砖最好用在防潮层以上。

任务二 墙 用 砌 块

【任务目标】
（1）阐述墙用砌块类型。
（2）根据需要选择适当强度和密度等级的砌块。

【任务知识】
砌块是用于砌筑的人造块材，外形多为直角六面体，也有各种异形的。砌块系列中主规格的长度、宽度或高度有一项或一项以上分别大于365 mm、240 mm或115 mm。砌块不仅尺寸大，制作工艺简单，施工效率高。可改善墙体的热工性能，而且其生产所采用的原材料可以是炉渣、粉煤灰、煤矸石等，从而充分地利用地方材料和工业废料，因此砌块应用广泛，是目前常用的墙体材料。

根据主规格尺寸，砌块分为小型砌块、中型砌块和大型砌块。其中，砌块系列中主规格的高度大于115 mm而又小于380 mm的砌块为小型砌块，也简称为小砌块；砌块系列中主规格的高度为380~980 mm的砌块为中型砌块，可简称为中砌块；砌块系列中主规格的高座大于980 mm的砌块为大型砌块，可简称为大砌块。目前，我国以中小型砌块使用较多。

砌块按其空心率大小分为空心砌块和实心砌块两种。实心砌块空心率小于25%或无孔洞，空心砌块空心率等于或大于25%。

砌块按其所用主要原料及生产工艺分为水泥混凝土砌块、粉煤灰硅酸盐砌块、石膏砌块、烧结砌块等。

一、普通混凝土小型空心砌块

普通混凝土小型砌块是以水泥、矿物掺合料、砂、石、水等为原材料，经搅拌、振动成型、养护等工艺制成的小型砌块，包括空心砌块（图6-3）和实心砌块。空心砌块空心率应不小于25%，实心砌块空心率应小于25%。

（一）分类

砌块按空心率分为空心砌块（空心率不小于25%，代号为H）和实心砌块（空心率小于25%，代号为S）。

图 6-3 混凝土小型空心砌块

按砌筑墙体的受力情况，分为承重结构用砌块（代号 L，简称承重砌块），非承重结构用砌块（代号 N，简称非承重砌块）。承重砌块和非承重砌块的抗压强度分级见表 6-10。

表 6-10 承重砌块和非承重砌块的强度分级

砌块种类	承重砌块（L）	非承重砌块（N）
空心砌块（H）	7.5、10.0、15.0、20.0、25.0	5.0、7.5、10.0
实心砌块（S）	15.0、20.0、25.0、30.0、35.0、40.0	10.0、15.0、20.0

按施工工艺需要分为主块型砌块、辅助砌块和免浆砌块。主块型砌块外形为直角六面体，长度尺寸为 400 mm，减去砌筑时竖灰缝厚度，砌块高度尺寸为 20 mm，减去翻筑时水平灰缝厚度，条面是封闭完好的砌块。辅助砌块与主块型砌块配套使用，是特殊形状与尺寸的异形砌块，分为空心和实心两种，如圈梁砌块、一端开口砌块、七分头块、半块等（代号分别为：半块-50，七分头块-70，圈梁块-U，清扫孔块-W）。砌块砌筑（垒砌）成墙片过程中，无须使用砌筑砂浆，块与块之间主要靠榫槽结构相连的砌块称为免浆砌块。

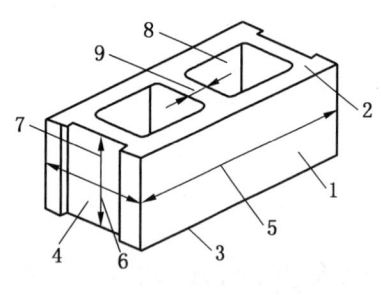

1—条面；2—坐浆面（肋厚较小的面）；
3—铺浆面（肋厚较大的面）；4—顶面；
5—长座；6—宽度；7—高度；
8—壁；9—肋

图 6-4 砌块各部位的名称

（二）规格

砌块的外形宜为直角六面体。主块型砌块各部位的名称如图 6-4 所示。

常用块型的规格尺寸见表 6-11，其他规格尺寸可由供需双方协商确定。采用薄灰缝砌筑的块型相关尺寸可作相应调整。

表6-11 砌块的规格尺寸　　　　　　　　　　　　　　　　　　　　　　mm

长度	宽度	高度
390	90、120、140、190、240、290	90、140、190

注：其他规格尺才可由供需双方协商决定。采用薄灰缝砌筑的块型，相关尺寸可作相应调整。

（三）强度等级

砌块的强度等级应符合表6-12的规定。

表6-12 强度等级的规定　　　　　　　　　　　　　　　　　　　　　MPa

强度等级	抗压强度	
	平均值	单块最小值
MU5.0	≥5.0	≥4.0
MU7.5	≥7.5	≥6.0
MU10	≥10.0	≥8.0
MU15	≥15.0	≥12.0
MU20	≥20.0	≥16.0
MU25	≥25.0	≥20.0
MU30	≥30.0	≥24.0
MU35	≥35.0	≥28.0
MU40	≥40.0	≥32.0

混凝土砌块的导热系数随混凝土材料及孔型和空心率的不同而有差异。普通水泥混凝土小型空心砌块，空心率为50%时，其导热系数约为0.26 W/(m·K)。

混凝土小型空心砌块可用于低层和中层建筑的内墙和外墙。

这种砌块在砌筑时一般不宜浇水，但在气候特别干燥炎热时，可在砌筑前稍喷水湿润。砌筑时尽量采用主规格砌块，并应先清除砌块表面污物和砌块孔洞的底部毛边，采用反砌（即砌块底面朝上），砌块之间应对孔错缝砌筑。

二、混凝土中型空心砌块

混凝土中型空心砌块是由水泥或无熟料水泥，配以一定比例的骨料制成的，如图6-5所示，其空心率大于或等于25%。

图6-5 混凝土中型空心砌块

▶ 建 筑 材 料

混凝土中型空心砌块的主体长度 500 mm、600 mm、800 mm、1000 mm，宽度 200 mm、240 mm，高度 400 mm、450 mm、800 mm、900 mm。其壁、肋厚度不应小于 30 mm。

按抗压强度砌块分 15.0、10.0、7.5、5.0、3.5 五个等级，其物理性能、外观尺寸偏差、缺棱掉角、裂缝均不应超过规定范围。

混凝土中型空心砌块表观密度小，强度高，施工效率高，主要用于民用及一般工业建筑的墙体。

三、轻骨料混凝土小型空心砌块

轻骨料混凝土小型空心砌块是由水泥、普通砂或轻砂、轻粗骨料加水搅拌，经装模、振动（或加压振动或冲压）成型，并经养护而成。轻骨料有陶粒、煤渣、煤矸石、浮石等。根据《轻集料混凝土小型空心砌块》（GB 15229—2011）的规定，轻骨料混凝土小型空心砌块主规格尺寸为 390 mm × 190 mm × 190 mm，根据表观密度变动范围的上限将砌块分为 700、800、900、1000、1100、1200、1300、1400 八个密度等级，MU2.5、MU3.5、MU5、MU7.5、MU10 五个强度等级（表 6-13）。

表 6-13　轻骨料混凝土小型空心砌块的强度等级

强度等级	抗压强度/MPa		密度等级范围/($kg \cdot m^{-3}$)
	平均值	最小值	
MU2.5	≥2.5	≥2.0	≤800
MU3.5	≥3.5	≥2.8	≤1000
MU5.0	≥5.0	≥4.0	≤1200
MU7.5	≥7.5	≥6.0	≤1200[a]　≤1300[b]
MU10.0	≥10.0	≥8.0	≤1200[a]　≤1400[b]

注：当砌块的抗压强度同时满足 2 个强度等级或 2 个以上强度等级要求时，应以满足要求的最高强度等级为准。
a. 除自燃煤矸石掺量不小于砌块质量 35% 以外的其他砌块。
b. 自燃煤矸石掺量不小于砌块质量 35% 的砌块。

轻骨料混凝土小型空心砌块可用于工业及民用的建筑承重和非承重墙体，特别适合于高层建筑的填充墙和内隔墙。

四、蒸压加气混凝土砌块

蒸压加气混凝土砌块是以钙质材料和硅质材料及加气剂、少量调节剂，经配料、搅拌、浇注成型、切割和蒸压养护而成的多孔轻质块体材料。原料中的钙质材料和硅质材料可分别采用石灰、水泥、矿渣、粉煤灰和砂等。根据所采用的主要原料不同，加气混凝土砌块也相应有水泥—矿渣—砂、水泥—石灰—砂、水泥—石灰—粉煤灰 3 种。蒸压加气混凝土砌块外观如图 6-6 所示。

按《蒸压加气混凝土砌块》(GB 11968—2006) 的规定，砌块的规格尺寸见表 6-14。砌块按尺寸偏差与外观质量、干密度、抗压强度和抗冻性分为优等品 (A)、合格品 (B) 两个等级。

图 6-6 蒸压加气混凝土砌块

表 6-14 蒸压加气混凝土砌块的规格尺寸　　　　　　　　　　mm

长度 L	宽度 B	高度 H
600	100、120、125、150、180、200、240、250、300	200、240、250、300

注：如需要其他规格，可由供需双方协商解决。

按砌块抗压强度分 A1.0、A2.0、A2.5、A3.5、A5.0、A7.5、A10.0 七个强度级别（表 6-15）。按表观密度分 B03、B04、B05、B06、B07、B08 六个密度级别（表 6-16）。

表 6-15 蒸压加气混凝土砌块的抗压强度　　　　　　　　　　MPa

强度等级	立方体抗压强度	
	平均值不小于	单块最小值不小于
A1.0	1.0	0.8
A2.0	2.0	1.6
A2.5	2.5	2.0
A3.5	3.5	2.8
A5.0	5.0	4.0
A7.5	7.5	6.0
A10.0	10.0	8.0

表 6-16 蒸压加气混凝土砌块的干密度　　　　　　　　　　kg/m³

干密度级别		B03	B04	B05	B06	B07	B08
干密度	优等品(A)	≤300	≤400	≤500	≤600	≤700	≤800
	合格品(B)	≤325	≤425	≤525	≤625	≤725	≤825

▶ 建 筑 材 料

砌块具有轻质、保温隔热、隔声、耐火、可加工性能好等特点。加气混凝土砌块的表观密度小，一般仅为黏土砖的1/3，作为墙体材料，可使建筑物自重减轻2/5~1/2，从而降低造价；其导热系数为0.14~0.28 W/(m·K)，仅为黏土砖导热系数的1/5，普通混凝土的1/9，用于墙体可降低建筑物的采暖、制冷等使用能耗。

蒸压加气混凝土砌块可用于一般建筑物的墙体，可作为多层建筑的承重墙和非承重外墙及内隔墙，也可用于屋面保温。加气混凝土砌块不得用于建筑物基础和处于浸水、高湿和有化学侵蚀的环境（强酸、强碱或高浓度二氧化碳）中，也不能用于承重制品表面温度高于80 ℃的建筑部位。加气混凝土砌块是应用广泛的墙体材料。

五、石膏空心砌块

石膏空心砌块是以建筑石膏为主要原料，经加水搅拌、浇注成型和干燥而制成的。在生产中根据性能要求可加入轻骨料、纤维增强材料、发泡剂等辅助材料，有时也可用部分高强石膏代替建筑石膏。

按《石膏砌块》(JC/T 698—2010) 的规定，石膏空心砌块现有规格为 (600、666) mm × 500 mm × (80、100、120、150) mm，结构如图6-7所示，孔洞率不小于43%，其实物如图6-8所示。

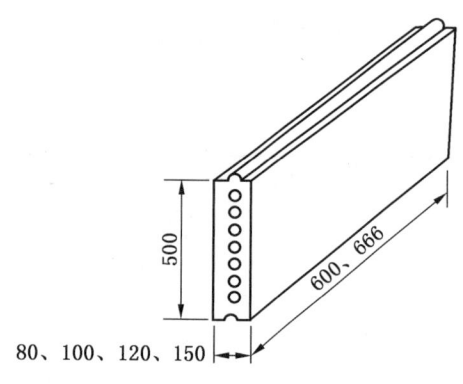

图6-7 石膏空心砌块结构示意图

图6-8 石膏空心砌块实物图

石膏空心砌块轻质、吸声、绝热，具有一定的耐火性，并可钉可锯，用于高层建筑、框架轻板结构、室内分隔等。

任务三 墙 用 板 材

【任务目标】

（1）描述不同种类墙用板材的基本结构。

(2) 分析不同种类墙用板材的优缺点。

【任务知识】

与砖和砌块相比,墙用板材的明显优势是便于工业化生产,自重轻、安装快、施工效率高,同时可提高建筑物的抗震性能,增加建筑物的使用面积,节省生产和使用能耗。因此,是近几十年发展起来的一种很有前途的墙体材料。

一、石膏板

石膏板在我国轻质墙板的使用中占有很大比重,石膏板有纸面石膏板、无纸面纤维石膏板、石膏空心条板、装饰石膏板等多种。

(一) 纸面石膏板

纸面石膏板有普通纸面石膏板(P)、耐水纸面石膏板(S)、耐火纸面石膏板(H)三种。普通纸面石膏板是以建筑石膏为主要原料,加入适量纤维类增强材料以及少量外加剂。经加水搅拌成料浆,浇注在行进中的纸面上,成型后再覆以上层面纸,再经固化、切割、烘干切边而成。

纸面石膏板一般长度为 1800 mm、2100 mm、2400 mm、2700 mm、3000 mm、3300 mm、3600 mm;宽度为 900 mm、1200 mm;厚度为 9.5 mm、12.0 mm、15.0 mm、18.0 mm、21.0 mm、25.0 mm。

按《纸面石膏板》(GB/T 9775—2008)规定,纸面石膏板的性能指标应满足表 6 - 17 的要求。

表 6 - 17 纸面石膏板性能要求

板材厚度/mm	单位面积质量/(kg·m^{-2})	纸向断裂荷载不低于/N		吸水率	表面吸水量	遇火稳定性
		纵向	横向			
9.5	9.5	360	140	不大于 10%（仅适用于耐水纸面石膏板）	不大于 160 g/m^2（仅适用于耐水纸面石膏板）	不小于 20 min（仅适用于耐火纸面石膏板）
12.0	12.0	500	180			
15.0	15.0	650	220			
18.0	18.0	800	270			
21.0	21.0	980	320			
25.0	25.0	1100	370			

纸面石膏板与其他石膏制品一样具有质轻(表观密度为 800 ~ 1000 kg/m^3)、表面平整、易加工装配、施工简便等特点。此外,还具有调湿、隔声(12 mm 厚的板,隔声量为 28 dB,若与矿棉等组成复合板,隔声量可达 48 dB)、隔热[导热系数低,一般为 0.19 ~

0.209 W/(m·K)]、防火等多种功能。

普通纸面石膏板可用于一般工程的内隔墙、墙体复面板、天花板和预制石膏板复合隔墙板。在厨房、厕所及空气相对湿度经常大于70%的潮湿环境中使用时，必须采取相应的防潮措施。

耐水纸面石膏板可用于相对湿度大于75%的浴室、厕所、盥洗室等潮湿环境下的吊顶和隔墙，如表面再做防水处理，效果更好。

耐火纸面石膏板主要用于对防火有较高要求的房屋建筑。

纸面石膏板可与石膏龙骨或轻钢龙骨共同组成隔墙。这类墙体可大幅度减少建筑物自重，增加建筑的使用面积，提高建筑物中房间布局的灵活性，提高抗震性，缩短施工周期等。

（二）纤维石膏板

纤维石膏板是以石膏为主要原料，以木质刨花、玻璃纤维或纸筋等为增强材料，经铺装、脱水、成形、烘干等加工而成。按板材结构分，有单层纤维石膏板（均质板）和三层纤维石膏板；按用途分，有复合板、轻质板（表观密度为450~700 kg/m³）和结构板（表观密度为1100~1200 kg/m³）等不同类型。其长度为1200~3000 mm，宽度为600~1220 mm，厚度为10 mm、12 mm。导热系数为0.18~0.19 W/(m·K)，隔声指数为36~40 dB。

与纸面石膏板相比，纤维石膏板具有以下优点：纤维石膏板强度高；易于安装，板体密实，不易损坏，可开槽、可锯、可钉性好，螺钉拔出力强；密度高，隔声效果较好；无纸面，耐火性能好，表面不会燃烧；充分利用废纸资源。纤维石膏板也存在表观密度较大，板上画线较难，表面不够光滑，价格较高，投资较大等不足。

纤维石膏板一般用于非承重内隔墙、天棚吊顶、内墙贴面等。

二、纤维水泥板

纤维水泥板是以温石棉、短切中碱玻璃纤维或抗碱玻璃纤维为增强材料，低碱度硫铝酸盐水泥为胶结材料，经制浆、抄取或流浆法成坯、制坯、蒸汽养护等工序制成的。其中掺石棉纤维的称为TK板，不掺石棉纤维的称为NTK板。常见规格：长度为1200~2800 mm，宽度为800~1200 mm，厚度为4 mm、5 mm和6 mm。

纤维水泥板具有强度高（加压板抗折强度为15 MPa，抗冲击强度大于等于0.25 J/cm²）、防火（6 mm板双面复合墙耐火极限为47 min）、防潮、不易变形和可锯、可钻、可钉、可表面装饰等优点。

纤维水泥板适用于各类建筑物，特别是有防火、防潮要求的高层建筑隔墙，也可用作吊顶板和墙裙板。表观密度不低于1700 kg/m³，吸水率不大于20%且表面经涂覆处理的纤维水泥加压板可用做建筑物非承重外墙外侧与内侧的面板。

三、装配化墙用板材

1. 承重混凝土岩棉复合外墙板

承重混凝土岩棉复合外墙板是由钢筋混凝土结构承重层、岩棉保温层和饰面层复合而成。总厚度为 250 mm，其中钢筋混凝土结构承重层厚度 150 mm、岩棉保温层厚度 50 mm、饰面层厚度 50 mm。

该种外墙板具有适应承重要求的力学性能，但面密度较大，安装效率较低。

2. 薄壁混凝土岩棉复合外墙板

由钢筋混凝土结构层（里层）、岩棉保温层（中层）和混凝土饰面层（外层）复合而成的非承重型复合外墙板，墙板厚度为 150 mm。

用作框架结构的非承重外墙，具有优良的保温、隔热性能，而且比传统材料的外墙板重量轻得多。但制作工艺较复杂，不利于推广应用。

3. 混凝土聚苯乙烯复合外墙板

混凝土聚苯乙烯复合外墙板由 70 mm 厚钢筋混凝土承重层（里层）、60 mm 或 80 mm 厚聚苯乙烯板保温层（中层）和 70 mm 厚钢筋混凝土饰面层（外层）复合而成。

这种复合外墙板可用作框架结构的围护外墙，也可应用于其他需要围护外墙的结构。它的平均传热系数仅为 0.58 W/(m² · K)，具有极好的保温效果。但面密度较大，需要专用吊机安装，不利于当前建筑工业化的推广应用。

4. 混凝土膨胀珍珠岩复合外墙板

混凝土膨胀珍珠岩复合外墙板由钢筋混凝土结构承重层、膨胀珍珠岩保温层和饰面层复合而成。厚度为 300 mm，其中承重层厚度 150 mm，保温层厚度 100 mm，饰面层厚度 50 mm。

该种墙板具有适应承重要求的力学性能，还能满足民用建筑节能设计标准的要求，其冬季保温效果相当于厚度为 490 mm 的砖墙。但面密度大，需要专用吊机安装，不利于当前建筑工业化的推广应用。

5. 钢丝网保温材料夹芯板

钢丝网保温材料夹芯板是以钢丝制成的三维空间结构承受荷载，用发泡聚苯乙烯，半硬质岩棉板或玻纤板为保温芯材，制成的一类轻型复合板材，如泰柏板、万力板等。结构如图 6-9 所示。在施工现场再在夹芯板的两侧喷抹水泥砂浆或直接在工厂内全部预制完成。

该种夹芯板具有重量轻、保温隔热、隔声性能好、运输方便、损耗极少、施工方便经济等优点。但制作工艺复杂，质量参差不齐，不利于工业化推广应用。

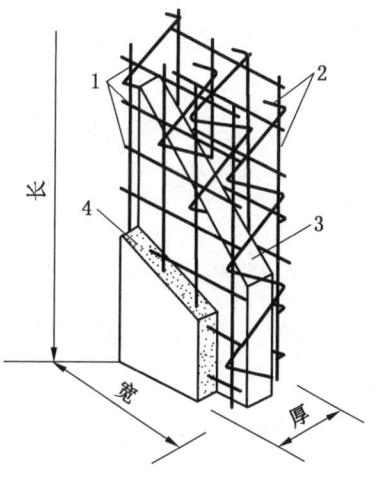

1—横丝；2—之字条；
3—聚苯乙烯泡沫塑料；4—水泥砂浆
图 6-9 钢丝网聚苯乙烯夹芯板

6. SP预应力空心板

SP预应力空心板是采用美国 SP ANCRETE 公司技术与设备生产的一种新型预应力混凝土构件。该板采用高强低松弛钢绞线为预应力主筋，用特殊挤压成型机，在长线台座上将特殊配合比的干硬性混凝土进行冲压和挤压一次成型制得。

该产品具有表面平整光滑、尺寸灵活、跨度大、强度高、耐火极限高、抗震性能好、生产率高、节省模板等优点，但价格较高。

7. 加气混凝土外墙板

加气混凝土外墙板是以水泥、石灰、硅砂等为主要原料，再根据结构要求配置添加不同数量经防腐处理的钢筋网片制得的一种轻质多孔新型外墙板。

目前具有技术工艺较成熟、轻质、高强、节能、防火、隔声、便于加工安装等优点。能够满足节能、装饰一体化，充分实现标准化设计、工厂化制造、机械化施工，是目前应用较多的墙板材料。

【知识拓展】

各种墙用砖、砌块、板材类别、尺寸规格、强度等级、密度等级、质量等级见表6-18。

表6-18 各种墙用砖、砌块、板材类别、尺寸规格、强度等级、密度等级、质量等级

名称	种类	尺寸规格/mm	强度等级	密度等级
烧结普通砖	黏土砖（N）、粉煤灰砖（F）、煤矸石砖（M）、页岩砖（Y）、建筑清土砖（Z）、淤泥砖（U）、污泥砖（W）、固体废弃物砖（G）	240×115×53	MU30 MU25 MU20 MU15 MU10	
烧结多孔砖	孔洞率≥25%	长、宽、高应符合：290、240、190、180、140、115、90	MU30 MU25 MU20 MU15 MU10	1000级 1100级 1200级 1300级
烧结空心砖	孔洞率≥40%	长度：390、290、240、190、180（175）、140 宽度：190、180、175、140、115 高度：180（175）、140、115、90	MU10.0 MU7.5 MU5.0 MU3.0 MU2.5	800级 900级 1000级 1100级
蒸压粉煤灰砖	产品代号 AFB	240×115×53	MU30 MU25 MU20 MU15 MU10	

表 6-18（续）

名称	种类	尺寸规格/mm	强度等级	密度等级
墙用砌块	加气混凝土砌块	长：600 高：200、240、250、300 宽：100、120、125、150、180、200、240、250、300	A1.0 A2.0 A2.5 A3.5 A5.0 A7.5 A10	B03 B04 B05 B06 B07 B08
	混凝土小型空心砌块［承重砌块（L）和非承重砌块（N）］	长度：390 宽度：90、120、140、190、240、290 高度：90、140、190	MU5.0 MU7.5 MU10 MU15 MU20 MU25 MU30 MU35 MU40	
	轻骨料混凝土砌块、轻骨料混凝土小型砌块	390×190×190	MU2.5 MU3.5 MU5.0 MU7.5 MU10	700 级 800 级 900 级 1000 级 1100 级 1200 级 1300 级 1400 级
墙体板材	水泥类墙用板材	可用做公共建筑及居住建筑的内隔墙和外墙，可用做单层或多层工业厂房的外墙		
	石膏类墙用板材	可用做公共与民用建筑中的隔墙、吊顶、地板、防火门等。还可用来代替木材制作家具		
	装配化墙板	有钢丝网架水泥夹芯板、金属夹芯板、加气混凝土外墙板等。常用的复合板墙主要由结构层、保温层及面层组成。主要用于装配式建筑的内隔墙及外墙		

【项目习题】

1. 墙体材料的发展趋势如何？

2. 烧结普通砖、烧结多孔砖和烧结空心砖各自的强度等级、质量等级是如何划分的？各自的规格尺寸是多少？主要适用范围如何？

3. 什么是蒸压粉煤灰砖？它们的主要用途是什么？

▶ 建 筑 材 料

4. 加气混凝土砌块的规格、等级各有哪些？用途有哪些？

5. 什么是普通混凝土小型空心砌块？什么是轻骨料混凝土小型空心砌块？它们各有什么用途？

6. 墙用板材的种类有哪些？各自的特点如何？

项目七 建筑塑料

任务一 建筑塑料的组成

【任务目标】
(1) 简述建筑塑料的组成。
(2) 陈述常用的填料。

【任务知识】
在建筑塑料的组成材料中，合成树脂是主要成分。此外，为了改进建筑塑料的性能，还要添加各种辅助材料，如填料、增塑剂、稳定剂、着色剂等。

一、合成树脂

合成树脂是由低分子化合物通过缩聚或加聚反应合成的高分子化合物，是塑料的基本组成材料（含量为30%~60%），在塑料中起胶结作用，能将其他的材料牢固地胶结在一起。按生产时化学反应的不同，合成树脂分为聚合树脂（聚乙烯、聚氯乙烯等）和缩聚树脂（酚醛、环氧树脂等）。树脂是决定塑料性质的最主要因素。

二、填料

填料又叫填充剂，是为了改善塑料制品某些性质（提高塑料制品的强度、硬度和耐热性以及降低成本等）而在塑料制品中加入的一些材料。填料在塑料组成材料中占40%~70%，常用的填料有木粉、滑石粉、硅藻土、石灰石粉、铝粉、炭黑、云母、二硫化钼、石棉、玻璃纤维等。其中纤维填料可提高塑料的结构强度；石棉填料可改善塑料的耐热性；云母填料能增强塑料的电绝缘性；石墨、二硫化钼填料可改善塑料的摩擦和耐磨性能。此外，由于填料一般都比合成树脂便宜，故填料的加入能降低塑料的成本。

三、固化剂

固化剂又称硬化剂，其作用是在聚合物中生成横跨键，使分子交联，由受热可塑的线型结构变成体型的热稳定结构，可使树脂成为较坚硬和稳定的塑料制品。

四、增塑剂

为了提高塑料在加工时的可塑性和制品的柔韧性、弹性等，在塑料制品的生产、加工时要加入少量的增塑剂。增塑剂通常是具有低蒸汽压、不易挥发的分子量较低的固体或液体有机化合物。

五、稳定剂

许多塑料制品在成形加工和使用过程中，由于受热、光、氧的作用，过早地发生降解、氧化断链、交联等现象，使材料性能变坏。为了稳定塑料制品的质量，延长使用寿命，通常要加入各种稳定剂，如抗氧剂（酚类化合物等）、光屏蔽剂（炭黑等）、紫外线吸收剂（2-羟基二苯甲酮、水杨酸、苯酯等）、热稳定剂（硬脂酸铝、三盐基亚磷酸铅）等。

此外，根据建筑塑料使用及成形加工中的需要，有时还加入润滑剂、抗静电剂、发泡剂、阻燃剂及防霉剂等。

六、着色剂

为使塑料制品具有特定的色彩和光泽，可加入着色剂。着色剂按其在着色介质中的溶解性分为染料和颜料，染料皆为有机化合物，可溶于被着色的树脂中；颜料一般为无机化合物，不溶于被着色介质，其着色性是通过本身的高分散性颗粒分散于被染介质，其折射率与基体差别大，吸收一部分光线，而又反射另一部分光线，给人以颜色的视觉。颜料不仅对塑料具有着色性，同时兼有填料和稳定剂的作用。

任务二　建筑塑料制品的生产工艺

【任务目标】
（1）简述建筑塑料制品的生产工艺过程。
（2）阐述边料及废物回收过程。

【任务知识】

建筑塑料制品加工工艺系统主要由材料预处理、成型加工、机械加工、修饰、装配、边料及废料回收6个完整工序组成，如图7-1所示。

材料预处理对于建筑塑料来说是比较重要的，如在成形之前常常需要预压、预热、表面处理（如玻璃纤维增强塑料对玻璃纤维的表面处理）、干燥等。机械加工是指在成形后的制品上进行钻孔、冲切、铣削、攻螺纹等。修饰是为了进一步使制品表面美观等所做的一些工作。装配是指将制品按照设计要求装配成一个整体部件（把型材、小五金等装配成门、窗，将塑料扶手件装配于基础架上等）。边料及废料的回收在建筑塑料领域也是一个

项目七 建 筑 塑 料

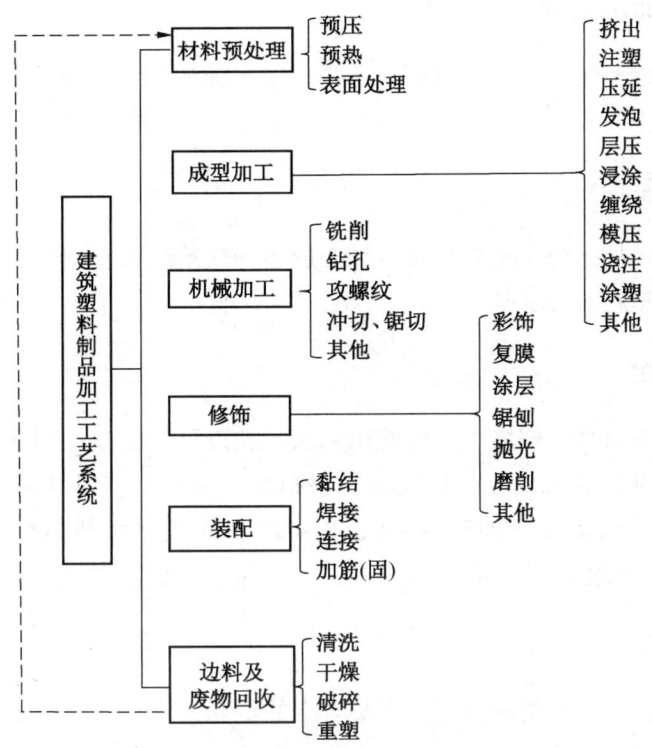

图 7-1 建筑塑料制品加工工艺系统

不可忽视的工艺步骤。因为建筑塑料用量大，生产及使用过程中，都有大量的回收料（生产时的边角料、装饰时的切割断料以及日后的废弃料），取之回收、清洗、破碎、重塑、掺混等都是必不可少的工艺环节。

任务三 建筑塑料的特性

【任务目标】

简述建筑塑料的特性。

【任务知识】

建筑塑料之所以得到广泛的应用，在于其具有许多优良的特性。

一、具有较高的比强度

比强度是强度与表观密度之比。塑料的密度为 0.8~2.2 g/cm，为钢材的 1/8~1/4，是混凝土的 1/3~2/3。但塑料的强度较高，其比强度可超过钢材，是混凝土的 5~15 倍，是一种优质的轻质高强材料。

— 141 —

二、优良的加工性能

塑料可按需要调节制品硬度、密度、色泽,用多种加工工艺制成不同形状的产品,适应建筑上不同用途的需要。

三、良好的装饰性

现代先进的塑料加工技术可以把塑料加工成各种建筑装饰材料,如塑料墙纸、塑料地板、塑料地毯以及塑料装饰板等。

四、多功能性

同样一种塑料原材料,根据不同的使用要求,加以不同的添加剂配料,用不同的加工方法和工艺条件,可以加工成各种建筑用塑料制品。最典型、用得最多的塑料如PVC树脂,既可以制作成软质制品(如密封条),也可以制作成硬质制品(如塑料门窗用异形材),还可以发泡做成地板或壁纸。

五、可燃性

塑料大多可燃,且在燃烧时会产生大量有毒的烟雾,这是它作为土木工程材料的一个弱点。但通过改进配方,如加入阻燃剂、无机填料等,也可制成自熄、难燃的甚至不燃的产品,不过其防火性能仍比无机材料差,在使用中应予以注意。

六、耐热性

塑料的耐热性比传统材料要差得多,但各种塑料的差异很大。热塑性塑料的耐热性较差,热固性塑料的耐热性较好。塑料的热变形温度范围为 60~150 ℃。耐热性最好的是工程塑料——聚酰亚胺,可以耐温 400 ℃,且变形小。

七、老化

塑料制品的老化是指制品在阳光、空气、热及环境介质中如酸、碱、盐等作用下,分子结构产生递变,增塑剂等组分挥发,化合键产生断裂,从而带来机械性能变坏,甚至发生硬脆、破坏等现象。通过配方和加工技术等的改进,塑料制品的使用寿命可以大大延长,例如塑料管至少可使用 20~30 年,最高可达 50 年,比铸铁管使用寿命还长。

任务四 建筑塑料的分类

【任务目标】

(1) 简述建筑塑料不同种类。

(2)解释什么是热固性树脂。

【任务知识】

建筑塑料种类繁多，分类的依据不同，分成的类别也不同。

一、按物理化学性能分类

按物理化学性能分为热塑性塑料和热固性塑料。

1. 热塑性塑料

在特定温度范围内能反复加热软化和冷却硬化的塑料称为热塑性塑料。热塑性塑料一般能溶于有机溶剂，热塑性塑料的分子为线型结构。热塑性塑料主要有聚乙烯塑料（PE）、聚氯乙烯塑料（PVC）、聚苯乙烯（PS）、ABS塑料等。

（1）聚乙烯。聚乙烯由乙烯分子在高、中、低压下聚合而成。高压下聚合的称低密度聚乙烯，分子量较低，质地柔软；低压下聚合的称高密度聚乙烯，分子量较高，质地坚硬。聚乙烯无毒、化学性好、强度高，主要用于冷水管材、水箱和卫生洁具等。

（2）聚氯乙烯（PVC）。据添加增塑剂多少不同，可分为硬质聚氯乙烯和软质聚氯乙烯两种。软质聚氯乙烯抗拉强度、抗弯强度及冲击韧性比硬质聚氯乙烯低，但延伸率较高。聚氯乙烯耐老化、化学稳定性好、阻燃性好。硬质聚氯乙烯常用于天沟、水落管、外墙覆面板、门窗、排水管等；软质聚氯乙烯常用于卷材地板、块状地板、壁纸、防水卷材、止水带等。

（3）聚苯乙烯（PS）。聚苯乙烯耐水、耐光、耐腐蚀、透明；但性脆、易燃、耐热性差，主要用于泡沫塑料、灯罩、发光平顶板。

（4）ABS塑料。ABS塑料由丙烯腈（A）、丁二烯（B）、苯乙烯（S）共聚而成。具有较高的冲击韧性，耐热性较好。常用于塑料装饰板和管材。

2. 热固性塑料

因受热或其他条件能固化成不溶性物料的塑料称为热固性塑料。热固性塑料不溶于有机溶剂，分子结构为三维网状结构。热固性塑料种类很多，主要有酚醛塑料（PF）、环氧树脂（EP）、密胺树脂（MF）、不饱和聚酯树脂（OP）、有机硅树脂（SI）等

（1）酚醛塑料（PF）。酚醛塑料由酚醛树脂与填料组成。酚醛树脂具有较高的强度，化学稳定性好、耐热、自熄。常用在层压板、玻璃纤维增强塑料中。

（2）环氧树脂（EP）。环氧树脂黏结力强、强度高、稳定性好。常用于玻璃纤维增强塑料、胶黏剂等。

（3）密胺树脂（MF）。密胺树脂具有很好的耐水性、耐热性、耐磨性，表面光亮，但成本高。常用于装饰层压板。

（4）不饱和聚酯树脂（OP）。不饱和聚酯树脂强度高、透光、稳定、耐热、抗老化，但易被酸、碱腐蚀，固化时收缩大。常用于玻璃纤维增强塑料、波形瓦、采光板等。

（5）有机硅树脂（SI)）。有机硅树脂耐热性好（400~500 ℃），耐腐蚀，与硅酸盐材

料结合力好。主要用于层压塑料、防水涂料等。

二、按用途分类

按用途分为通用塑料、工程塑料和特种塑料。

（1）通用塑料。通用塑料是产量大、用途广、成形性好、价廉的塑料，如聚乙烯、聚丙烯、聚氯乙烯等。

（2）工程塑料。工程塑料能承受一定的外力作用，并有良好的机械性能和尺寸稳定性，在高、低温下仍能保持其优良性能，可以作为工程结构件的塑料，如尼龙等。

（3）特种塑料。特种塑料具有特种功能（耐热、自润滑等），应用于特殊要求的塑料。如氟塑料、有机硅等。

三、按成形方法分类

（1）模压塑料。模压塑料是供模压用的树脂混合料，如一般热固性塑料。

（2）层压塑料。层压塑料是指浸有树脂的纤维织物，可经叠合、热压结合而成为整体材料。

（3）注射、挤出和吹塑塑料。一般指能在料筒温度下熔融、流动，在模具中迅速硬化的树脂混合料，如一般热塑性塑料。

（4）浇铸塑料。浇铸塑料是指能在无压或稍加压力的情况下，倾注于模具中能硬化成一定形状制品的液态树脂混合料，如 MC 尼龙。

（5）反应注射模塑料。反应注射模塑料是指液态原材料加压注入模腔内，使其反应固化制得成品，如聚氨酯类。

任务五　塑料门窗

【任务目标】

（1）简述塑料门窗不同种类。
（2）简述塑料门窗的性能优点。

【任务知识】

以聚氯乙烯（PVC）树脂为主要原料，加上一定比例的稳定剂、着色剂、填充剂、紫外线吸收剂等，经挤出成形，然后通过切削、焊接或螺栓连接的方式制成门窗框扇，配装上密封胶条、毛条、五金件等，同时为增强型材的刚性，超过一定长度的型材空腔内需要添加钢衬（加强筋），这样制成的门窗，称之为塑料门窗。

从人类告别洞穴时代，门窗就成为人们居住的房屋中最重要的组成部分。它给予人们自由与安全、空气和阳光。最原始、最悠久、最常用的门窗材料是木材。历经千百年的实践，人们已经掌握用木材制门窗的丰富经验和完善技术。但是，我们赖以生存的地球上的绿色森林资源正在不断减少,无法永远满足人类的需求。用金属材料,如钢、铝合金、不锈钢制造门窗固然不失为理想的材料,但是它们在性能、价格、能耗和资源等方面不无缺憾。生产塑料门窗的能耗只有钢窗的26%,1 t 聚氯乙烯树脂所制成的门窗相当于 10 m³ 原木所制成的木门窗,并且塑料门窗的外观平整,色泽鲜艳,经久不褪,装饰性好。其保温、隔热、隔声、耐潮湿、耐腐蚀等性能均优于木门窗和金属门窗,外表面不需涂装,能在 -40 ~70 ℃ 的环境温度下使用30年以上。所以塑料门窗是理想的代钢、代木材料。

我国的塑料门窗生产和应用起步较晚,20世纪70年代生产的塑料门窗,质量不过关,已基本淘汰。真正的塑料门窗生产是从1983年由引进设备开始的,当时的技术不是很先进,均采用单腔或二腔结构的型材。之后加大了对引进技术的消化吸收,技术水平有了很大的提高,相关的标准和规范也陆续制定完成。近年来被广泛应用的塑钢门窗性能优良、加工方便、用途广泛,其特点是减少摩擦、耐磨、耐疲劳和耐药品性优异,刚性、弹性、尺寸稳定性好,是铜、锌、铝等有色金属的最佳代用品。

一、塑料门窗的性能

塑料门窗有许多优异的性能,主要表现在以下几个方面:

1. 力学性能

塑料门窗的建筑力学性能指标比较多,其中最主要的是抗风压。抗风压主要是指在强风吹袭下,门窗为抵抗风压而产生弯曲变形的能力。由于改性硬聚氯乙烯的弹性模量较低(E = 2500 MPa),仅为木材的1/4。要想达到和木材相同的抗弯强度,只有通过加入钢质加强筋进行补强后才能满足使用要求。

2. 耐候性能

塑料门窗的使用寿命虽然有欧洲已经使用40年的报道资料加以佐证,但聚氯乙烯的老化问题依然是人们所担心的。国外研究资料表明,自然老化20年的聚氯乙烯窗材表面降解层的厚度为 0.1 ~0.2 mm;在外观上出现粉化变色的现象;力学强度有所下降,冲击强度下降20%。国内的研究资料也证明了这一点。但相对而言,降解层的厚度对整个门窗型材的厚度来说微乎其微,并且降解在达到这个厚度时不再继续进行。力学强度虽然有所降低,但其指标仍能满足大多数国家标准中的规定,不影响塑料门窗的正常使用功能。

3. 保温性能

聚氯乙烯的热导率很低,通常有冷暖空调的建筑物中,其室内能源的传导损失经由门窗部位泄露的占37% ~40%。而门窗的框材和玻璃是影响热量传导的重要因素。因此,隔热性的好坏应取决于门窗框材和玻璃的综合隔热效果。相同面积的塑料门窗比金属门窗的保温隔热效果要好,单玻塑料窗比单玻铝合金窗隔热能力高40%,双玻璃窗则超过50%。

4. 密封性能

(1) 空气渗透与雨水渗漏。由于塑料门窗尺寸加工精度高,框扇搭接处设计精巧,缝隙处装有弹性密封条,所以防雨水渗漏、空气渗透都比较理想。

▶ 建 筑 材 料

(2) 隔声与防尘。由于型材的多腔室结构,加上密封性好,其隔声效果有所改善,但效果甚微。要想达到理想的隔声效果,最好采用隔声玻璃或双层玻璃。

5. 腐蚀性能

塑料门窗的材质有极好的化学稳定性和耐腐蚀性,不受任何酸、碱、药品、盐雾和雨水的侵蚀,也不会因潮湿或雨水的浸泡而溶胀变形。

6. 燃烧性能

材料的燃烧性能一般分为易燃、难燃和不燃三种。英国、美国、法国以及我国等国家均将硬聚氯乙烯定为 1 类或 B1 类材料,属难燃材料。硬聚氯乙烯骤燃温度为 400 ℃,自燃温度为 450 ℃,氧指数高达 50。因此,它具有不自燃、不助燃、燃烧后能自熄的性能。防火的安全性比木门窗高得多。有人担心,聚氯乙烯燃烧时释放出氯化氢会致人死亡。试验证明,火灾中能致人死亡的烟雾是高浓度的一氧化碳。氯化氢的浓度仅为一氧化碳浓度的 1%,不会致人死亡。

7. 热性能

聚氯乙烯材料的线膨胀系数较大,为 75×10^{-6} mm/K。其热变形温度较低,维卡软化点只有 80 ℃左右,因此不宜用于长期高温高热的工业环境。

8. 装饰性能

塑料门窗材质细腻,表面光洁,质感舒适;色泽柔和,浓淡相宜,无须油漆。可随意配合建筑物的外观调配颜色。门窗如有污渍,可用任何家用清洁剂清洗。

二、塑料门窗的分类

塑料门窗有多种分类形式,主要从结构和材质两方面进行的分类。

(一) 按结构形式分类

1. 塑料门的品种

塑料门按其结构形式分为镶板门、框板门和折叠门(图 7-2);按其开启方式分为平开门、推拉门和固定门。此外,还分有槛门和无槛门等。平开门与传统木门窗的开启相同;推拉门是固定在导轨内,开关时门在其平面内运动,实现开启或关闭,节约了平开门开启时所占的空间。

2. 塑料窗的品种

塑料窗按其结构形式分为固定窗、平开窗(包括内开窗、外开窗、滑轴平开窗)、推拉窗(包括垂直推拉窗、水平推拉窗等)、上旋窗、中悬窗、下旋窗、垂直滑动窗、垂直旋转窗、百叶窗等,如图 7-3 所示。

(二) 按材料不同分类

按材料不同分为 PVC 塑料门窗、玻璃纤维增强塑料(玻璃钢)门窗、工程塑料门窗和塑钢门窗。

1. PVC 塑料门窗

项目七 建筑塑料

图7-2 塑料折叠门

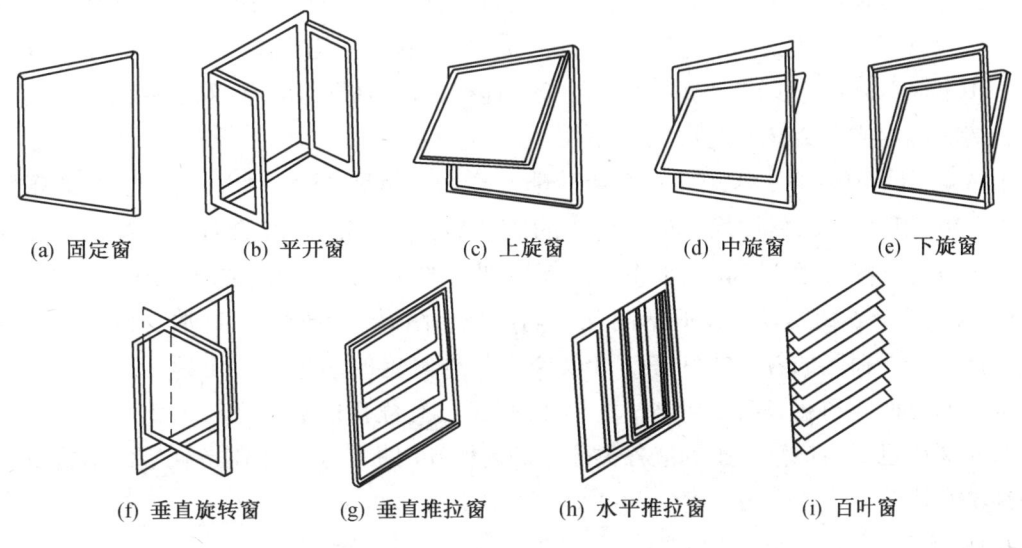

(a) 固定窗　(b) 平开窗　(c) 上旋窗　(d) 中旋窗　(e) 下旋窗

(f) 垂直旋转窗　(g) 垂直推拉窗　(h) 水平推拉窗　(i) 百叶窗

图7-3 典型的几种塑料窗

PVC塑料门窗主要指用未增塑聚氯乙烯（PVC）树脂（一般以缩写PVC-U、UPVC或PVC表示）为主原料，按比例加入光稳定剂、热稳定剂、改性剂、填充剂等多种助剂，通过机械混合塑化、挤出、成形为各种不同断面结构的型材。再通过对型材的切割，穿入增强型钢，焊接后装上五金件密封胶条、毛条、玻璃等成为成品窗，其规格和技术要求详见《塑料门窗及型材功能结构尺寸》（JG/T 176—2005）。在各类建筑窗中，PVC塑料窗在节约生产能耗、回收料重复再利用能耗和使用能耗方面有突出优势，在保温节能方面有优

▶ 建 筑 材 料

良的性能价格比。

2. 玻璃纤维增强塑料（玻璃钢）门窗

玻璃纤维增强塑料（玻璃钢）门窗（通称玻璃钢门窗），一般系采用热固性不饱和树脂为基体材料，加入一定量的矿物填料，以玻璃纤维无捻粗纱和其他织物为增强材料，拉挤时，经模具加热固化成形，作为门窗框杆件，其规格和技术要求详见《玻璃纤维增强塑料（玻璃钢）门》(JG/T 185—2006)、《玻璃纤维增强塑料（玻璃钢）窗》(JG/T 186—2006)。国外以无碱玻璃纤维增强，制品表面光洁度好，不需处理可直接用于制窗。国内自主开发的玻璃钢门窗型材一般用中碱玻璃纤维增强，型材表面经打磨后，可用静电粉木喷涂、表面覆膜等多种技术工艺，获得多种色彩或质感的装饰效果。

3. 工程塑料门窗

很多工程塑料都可以用来生产异型材，但只有那些基本具有 PVC 的优良性能，在某些方面甚至超过 PVC，且能满足更高的要求，同时价格不是特别高的塑料才可能成为可选择的材料。目前门窗使用较多的工程塑料是 ABS 和 ASA。

ABS 树脂是丙烯腈-丁二烯-苯乙烯共聚物，简称 ABS。ABS 是一种综合性能良好的树脂，无毒，微黄色，在比较宽广的温度范围内具有较高的冲击强度，热变形温度比 PA、PVC 高，尺寸稳定性好，收缩率在 0.4%~0.8% 范围内，若经玻纤增强后可以减少到 0.2%~0.4%，而且绝少出现塑后收缩。ABS 具有良好的成形加工性和良好的配混性，可与多种树脂配混成合金（共混物）。

ABA 树脂是丙烯腈-苯乙烯-丙烯酸酯共聚物，简称 ASA。ASA 具有极强的耐紫外线能力，颜色稳定，耐候性优。ASA 树脂的成形品在室外暴露 15 个月后，冲击强度和伸长率几乎没有下降，颜色变化也很小，而 ABS 树脂的成型品在相同情况下的冲击强度则下降 60% 以上。ASA 树脂具有良好的耐化学药品性，耐碱、稀酸、矿物油、植物油及各类盐类溶液。ASA 树脂的着色性良好，可以染成各种鲜艳的颜色。它还具有高强度、高刚性、良好的可回收再生性等。此外，ASA 树脂还具有优良的成形性。因此，在西欧和美国，ASA 树脂已经被广泛用于制造各类住宅的窗框和门板，也用于制造住宅的浴槽及卫生间的冲洗水槽等。

4. 塑钢门窗

塑钢门窗是以聚氯乙烯（PVC）树脂为主原料，加上一定比例的内外润滑剂、光稳定剂（紫外线吸收剂）、改性剂、着色剂、填充剂等辅助剂混合溶化后，经挤出加工成空腔塑料型材，然后通过切割焊接的方式加工成门窗框扇，装配上玻璃、橡胶密封条、毛条、五金件等附件制作成的。型腔内用安装增强型钢的方法，来增强门窗的刚性，故称之为塑钢门窗。

塑钢门窗用异形材断面采用多腔室中空结构，内部隔成数个充满空气的小空间，经热熔焊接后，形成多个密封的空气隔层，从而降低热传导率，因而具有良好的隔声性和隔热性；由于型材内部衬有增强钢材，便于组合安装各种窗形，便于五金件、配件的安装、固定，从而增加塑钢门窗的安全可靠性;此外,由于有内钢衬,抗风压强度可达 1000~3500 Pa,而我国风力最大的东南沿海地区平均风压也不过 800 Pa,其他地区一般在 400 Pa 左右。所以说,塑钢门窗可满足我国任何地区的抗风压要求。需要注意的是,因为塑料框扇型材与增强型钢是两种不同材料,其组合为机械组合,而且最重要的是产品展示的是塑料的优越性能,钢衬只起协同增强作用,没有其他功能,所以在国家标准里,这种门窗统称为塑料门窗。

三、窗用材料的性能比较

表 7-1 列出了作为窗用异型材的 PVC-U、ABS 和 ASA 的性能。由表可见,ASA、ABS 与 PVC-U 的性能相近,有几个方面更加突出。首先,ASA 和 ABS 的密度更小,对单位体积异型材的成本是有利的;其次,ASA 和 ABS 的维卡软化温度更高,这一点对深色的窗来说是非常重要的,因为在夏天,深色窗上的温度可能达到 70 ℃ 以上。另外,ASA 耐候性甚至比 PVC 更好。用 ASA 异形材制造的窗样品,在一栋建筑上从 1991 年使用至今仍然完好如初。

表 7-1 窗用材料的性能比较

性　　能	PVC-U	ABS	ASA
密度/(g/cm^3)	1.4~1.5	1.06	1.07
拉伸强度/MPa	45	50	48
维卡软化温度/℃	79	101	98
拉伸弹性模量/MPa	2500	2500	2600
简支梁缺口冲击强度/(kJ·m^{-2})	35	27	15
热导率/[W·(m·K)$^{-1}$]	0.16	0.17	0.17
线膨胀系数(23~80 ℃),×10^{-5}/℃	8	8	8
吸水率(23 ℃,24 h)/%	<0.1	0.4	0.4
耐候性	需选用光温度的牌号	不能用于室外	需选用光温度的牌号

任务六　管　　材

【任务目标】

(1) 简述管材不同种类。

(2) 简述常用排给水塑料管材的性能优点。

▶ 建 筑 材 料

【任务知识】

一、塑料管材概述

1936年，德国首先应用PVC管输送水、酸及排放污水，使金属管材一统天下的局面受到了严重的挑战。历史证明，塑料管与传统的金属管相比，具有质量轻、能耗低、不生锈、不结垢等优点，已被人们公认为是目前建筑塑料中重要的品种之一，被大量用于建筑工程中。20世纪80年代初期，我国开始系统地研究在市政工程和建筑工程中使用塑料管道，先后开发出聚氯乙烯（PVC）管、玻璃钢夹砂（RPM）管、聚乙烯（PE）管、铝塑复合（PAP）管、交联聚乙烯（PE-X）管、聚丙烯（PP-R）管、氯化聚氯乙烯（CPVC）管、工程塑料（ABS）管、钢塑复合（SP）管等品种。塑料管种类与应用范围见表7-2。

表7-2 塑料管种类与应用范围

用途种类		市政给水	市政排水	建筑给水	建筑排水	室外燃气	热水采暖	雨水管	穿线管	排污管
PVC	PVC-U	√	√	√	√	—	—	√	—	—
	CPVC	√	—	√	—	—	√	—	—	√
	径向加筋管	—	√	—	—	—	—	—	—	—
	螺旋缠绕管	—	√	—	—	—	—	—	—	—
	芯层发泡管	—	—	—	√	—	—	√	—	—
	螺旋消声管	—	—	—	√	—	—	—	—	—
	双壁波纹管	√	√	—	—	—	—	—	—	—
	单壁波纹管	—	—	—	—	—	—	—	√	—
PE	HDPE	√	—	√	—	√	—	—	—	—
	MDPE	—	—	√	—	—	—	—	—	—
	LDPE	—	—	—	—	—	—	—	√	—
	双壁波纹管	√	√	—	—	—	—	—	—	—
	螺旋缠绕管	—	√	—	—	—	—	—	—	—
	PE-X	—	—	—	—	—	√	—	√	√
	PP-R	—	—	√	—	—	√	—	—	—
	PB	—	—	√	—	—	√	—	—	√
	ABS	—	—	√	—	—	—	—	—	—
	RPM	√	√	—	—	—	—	—	—	—
	PAP	—	—	√	—	√	√	—	√	√
	SP	√	√	—	—	√	—	—	—	—

塑料管的优点如下：

（1）质量轻。以0.9 cm壁厚，直径为10 cm的水管为例，铸铁管为20～25 kg/m，塑料管为3.5 kg/m，塑料管的相对密度只有铸铁的1/7，铝的1/2，因此管道运输费用及施工时的劳动强度大大降低。

（2）耐腐蚀性能好。塑料管能耐多种酸碱等腐蚀性介质，不易锈蚀，作为给水管，不易发黄。据国外资料报道，硬聚氯乙烯管材寿命预测可长达50年。

（3）流动阻力小。塑料管内壁光滑，不易结垢或生苔，在同样的水压力下，塑料管内的流量比铸铁管中的高30%，且塑料排水管不易堵塞，疏通较容易。

（4）节能。塑料的加工成形温度较低，据统计，生产硬聚氯乙烯管材节能效果达50%以上；塑料管的保温效果大大高于金属管道，在输送热水管道方面保温效果良好。

（5）有装饰效果。铸铁管易生锈，常涂以黑色沥青涂料保护，与其他材料很不协调。塑料管却可以着色，外表光洁，起一定装饰作用。

（6）安装方便。铸铁管连接虽也可采用承插式，但做接头、密封比较烦琐；白铁管采用螺纹连接，要绞螺纹，密封也较烦琐。而塑料管连接方便灵活，溶剂连接的承插式操作十分简单，橡胶密封圈连接也不必绞螺纹，安装速度快。

基于上述优点，塑料管材在我国建筑业中应用越来越广。"十三五"时期，我国塑料管道行业产量从1436万t增长到1636万t；出口量从58.22万t增长到75.67万t，创造了历史新纪录。从总量来看，"十三五"时期我国塑料管道行业的产量总量稳定增加，但增速一直在下降。

"十三五"时期，我国塑料管道行业的"成绩"总结为7个方面，即产能产量进一步增长，塑料管道大国地位稳固；出口稳定增加，国际市场竞争能力提升；应用领域进一步拓宽，建筑、市政、农业、通信、核电、工业、农业都成为塑料管道的应用领域；行业集中度提升，形成一批骨干企业，产业布局更加合理；科技创新技术进步步伐加快，成果与专利不断增加，产品配套齐全，装备智能化发展趋势明显；标准化和技术服务能力不断提升，国标、行标、团标规范行业发展；产品质量水平和质量意识整体提升，制造水平提高，不断满足高端市场需求。我国正在大力推行的海绵城市、水环境治理、智慧城市建设和全装修、老旧小区改造、非开挖修复技术的应用，以及碳中和、碳达峰等政策、技术和行业发展等方面的新部署、新安排，都将成为塑料管道行业"十四五"时期发展的新机遇。

塑料管也存在一些缺点，使其应用受到一定的限制：

（1）耐热性差。除玻璃钢管材外，大多数塑料管，如聚氯乙烯、聚乙烯、聚丙烯等都是热塑性塑料，使用时应避免高温，否则会造成管道变形、泄漏。

（2）热膨胀系数大。塑料的冷热收缩大，因此在管道系统设计时应考虑安装较多的伸缩接头，留有余地。

（3）抗冲击性能较低。有些塑料管如硬质聚氯乙烯的抗冲击性能不及金属管，受到撞击时容易破裂，使用时应避免冲击。

二、建筑用塑料管材的分类

常见建筑用塑料管材的分类形式，主要有以下三种。

1. 按用途分类

（1）排水管。包括建筑排水管（室内下水管）和埋地排水管（室外排水管）。

（2）给水管（供水管）。包括室外给水管（含城乡供水管）和建筑给水管（室内冷水管和热水管）。

（3）其他。包括输气管（燃气管）、雨落管（建筑雨水管）和电工套管（如穿线管、通信护套管、埋地输电线套管等）。

2. 按材料分类

建筑用塑料管材按材料不同可分为硬聚氯乙烯（PVC-U）管、软聚氯乙烯（PVC-S）管、氯化聚氯乙烯（CPVC）管、增强或复合聚氯乙烯管、高密度聚乙烯（HDPE）管、中密度聚乙烯（MDPE）管、低密度聚乙烯（LDPE）管、交联聚乙烯（PE-X）管、均聚丙烯（PP-H）管、嵌段共聚聚丙烯（PP-B）管、无规共聚聚丙烯（PP-R）管、聚丁烯（PB）管、丙烯腈-丁三烯-苯乙烯（ABS）管、玻璃钢（GRP）管、衬塑或涂塑钢管、衬塑铝管、铝塑复合管、塑复铜管等。

3. 按其形状或结构分类

建筑用塑料管材按形状或结构可分为单层塑料管（包括非圆形管）、多层塑料管（包括芯层发泡管、多层复合管）、波纹管（包括中层、双层、三层管）、缠绕成形管、衬塑、涂塑或复塑金属管、夹泡沫塑料的金属塑料复合管、玻璃钢管、纤维增强塑料软管等。

目前，国外塑料管仍以聚氯乙烯管（PVC）和聚乙烯管（PE）为主导产品。近几年来，PE 管作为城市供水管和燃气管发展很快，增长速度远远超过 PVC。塑料管材的口径可以从几十毫米到几千毫米，多以挤出加工成形法生产。

三、常用塑料排水管材

排水系统为非压力管，对密封的要求不及压力管道高。最常用的就是 PVC-U 管材管件，也有采用 PP、HDPE 的。对可能排放热水的场合，最好采用 PP 或 ABS 管道系统。

（一）硬聚氯乙烯排水管（PVC-U）

聚氯乙烯是由乙炔气体和氯化氢合成氯乙烯，再聚合而成，具有较高的机械强度和较好的耐腐蚀性。聚氯乙烯（PVC）于 20 世纪 40 年代发明，开发初期是以新材料面貌出现。美国开发使用 PVC-U 管材有多年的历史，20 世纪 90 年代已占建筑用塑料管材的 72%，并逐年以约 5% 的速度增长。日本开发使用塑料管始于 1951 年，但发展较快，每年以 3.2% 速度增长。在美国、西欧和日本，PVC-U 管材得到充分发展，目前，它仍是塑料管材的主导产品之一。国内对 PVC-U 管材的推广应用起步较晚，1983 年前只在沿海地区有少量采用。自国家加大推广塑料管材以来，发展迅速，PVC-U 管材占整个塑料用管数的80%以上，是应用最为广泛的建筑塑料之一。国内一些城市 PVC-U 建筑排水管使用率达到90%以上，在城市供水管道中，已铺设 PVC-U 管道超过8000 km，最大管径达630 mm，在城市排水管道中使用率逐年提高，使用的管径不断增大。

1. 硬质聚氯乙烯管材的性质

（1）热性质。硬质聚氯乙烯管的线膨胀系数很大，几乎比钢管大5~7倍，约为 $5.9\times10^{-5}/℃$，随着温度的升高，硬聚氯乙烯管的强度直线下降；温度降低时，硬聚氯乙烯管的耐冲击强度降低。因此，Ⅰ型硬聚氯乙烯管的使用不宜超过60 ℃。如超过60 ℃时，必须采用Ⅲ型硬管。在低温使用时，硬聚氯乙烯管要避免受冲击。

（2）耐化学腐蚀性。硬聚氯乙烯管有良好的耐化学腐蚀性能，如耐酸、碱、盐雾等；在耐油性能方面超过碳素钢，在耐低浓度酸性能方面也超过不锈钢和青铜，且不受土壤和水质的影响。但硬聚氯乙烯管不耐酯和酮类以及含氯芳香族液体的腐蚀。

（3）耐久性。硬 PVC 管材与钢管相比，钢管质硬而坚固，但其易受酸、碱等化学物质的腐蚀，实际使用寿命不长，特别是使用在潮湿地方时一般寿命仅为5~10 a。如果使用硬聚氯乙烯管，只要合理选择配方，可获得良好耐候性的硬聚氯乙烯管，它铺设在地下时，不受潮湿、水分和土壤酸碱度的影响，不导电，对电介质腐蚀不敏感。世界各国的应用实践证明，硬聚氯乙烯管在不同的使用条件下，寿命可达20~50 a。

（4）力学性能。硬聚氯乙烯管具有较好的抗拉和抗压强度，但其柔韧性不如其他塑料管，其强度不如钢管，因此，在要求耐冲击的环境中，一般采用改性耐冲击的硬聚氯乙烯管。

（5）阻燃性。由于聚氯乙烯本身难燃，硬管配方中包含相当数量的无机物填料和增韧聚合物或含氯、磷、溴的增塑剂，它们能起阻燃作用。因此，硬聚氯乙烯管具有自熄性能。

（6）毒性。所谓聚氯乙烯管毒性，是指聚氯乙烯树脂中的残留单体氯乙烯和有毒稳定剂中的铅、镉含量超过规定限量。氯乙烯和铅、镉在水中会从管道中析出，从而危害环境和人类的健康，并有致癌的可能性，因此，使用硬聚氯乙烯管作为饮水管，是不安全和不卫生的，对此曾引起人们的担心。世界各地对此进行了大量的研究工作，解决的方法首先是从树脂中排除氯乙烯残留单体；其次是采用双螺杆挤出机生产硬聚氯乙烯管，以图大幅度减少含铅、镉稳定剂的用量，从而保证管材中铅、镉的析出能在国家规定的指标以下。

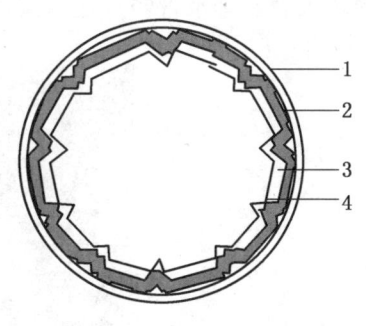

1—外壁；2—发泡芯层；
3—内壁；4—螺旋突起

图7-4 芯层发泡螺旋管截面图

2. 硬聚氯乙烯管材的应用

普通 PVC 排水管的噪声大于铸铁管，对于采用明装管道，这种情况则更为明显。目前解决该问题的途径是改变水流条件或提高管材材质的隔声效果。为此，内壁设有导流螺旋凸起的螺旋管、芯层发泡管和空壁管、芯层发泡螺

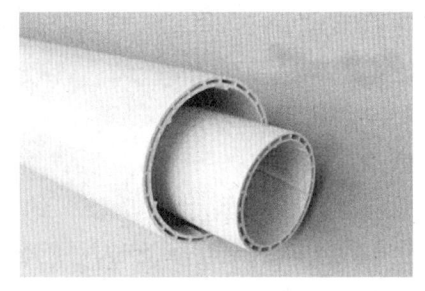

图7-5 空壁螺旋管

旋管（图7-4）、空壁螺旋管（图7-5）等开始抢占市场。

水力学上，塑料管因内壁光滑、阻力小、水流速度大，其立管通水能力大于铸铁管的观点正受到挑战。相反，认为这些"优点"恰为不利因素，水流速度大使管内空气压差、压力波动加大，最终导致通水能力下降的观点已得到更多人的认同，不少理论推证、试验测定甚至于工程实例对此也提供了支持，并提出应采取"消能"措施或增加管内壁的粗糙度等方法来提高通水能力。PVC-U螺旋管的内壁结构在这方面也提供了一定的优势。由于螺旋肋的导流作用，下水沿管内壁螺旋下落，降低了流速，并在管中形成通气柱，从而降低了管内压差及压力波动，提高了排水能力。但上述的水通量包括噪声的测试结果毕竟是在某种特定状态下进行的，实际应用中的水流状态、声波传递等受多种因素的影响，因此现在仍有不少人对此提出疑问。

PVC-U是难燃的，但难燃性的PVC-U管并不意味着可以防火。在目前，国内几种建筑塑料管道的工程设计、施工规程里有关给水管中众多聚烯烃类的可燃材料尚未提出防火要求，但对在高层建筑中应用的PVC排水管却有明确的规定。其中塑料排水管管径较大的，遇热熔融塌落易造成管井或楼板贯穿，使火焰和PVC分解产生的烟气上串导致火灾蔓延。为此设计规定，需在PVC-U管外每一层穿楼板处再加装相当长度的防火套管及阻火圈防火抑烟。但这将使工程投入加大。

（二）聚丙烯排水管

聚丙烯塑料管（图7-6）以聚丙烯树脂为原料，加入适量的稳定剂，经挤出成形加工而成。用于建筑排水管的有普通聚丙烯管、高填充聚丙烯管和改性聚丙烯管。其特点是无毒、耐化学腐蚀、密度小，强度和耐热性比聚乙烯好，可在110℃连续使用。其中聚丙烯超级静音排水管弱点是耐候性差，特别不耐紫外光，因而聚丙烯排水管只能用于室内或

图7-6 聚丙烯塑料静音管

项目七 建筑塑料

地下掩埋,以避免阳光直照。

(三) 玻璃钢管

玻璃纤维增强热固性树脂加砂管,简称玻璃钢管(图7-7),是以不饱和聚酯树脂为胶黏剂,以玻璃纤维制品为增强材料,一般采用手糊成形法而制成。玻璃钢管材根据成形方法不同,分为卷绕法玻璃钢管、缠绕法玻璃钢管、拉拔法玻璃钢管和玻璃钢夹砂管等。该产品具有质量轻、强度高、不生锈、耐腐蚀、耐高低温、色彩鲜艳,以及施工、维修、保养简便等优点,其中,最显著的特点是可以根据管道用途的不同选用不同的内衬树脂,从而适用于各种水质的输送。例如,2004年北京平谷应急水源工程中就首次采用了新型玻璃钢管材作为输送管道。平谷应急水源工程是从平谷王都庄及中桥水源地取水,通过专业输水管道,途经顺义,输送至水源八厂和水源九厂管线,直接向北京市民输送饮用水,设计使用年限为50年。工程管线采用直径为1.6 m的玻璃钢管道,全程约80 km,它将穿越金鸡河、潮白河、小中河等11条河流,总供水规模为日均27.4万 m^3,年供水量约为1亿 m^3。该水源地属潜水含水层,属一类水质,清冽甘甜,径流畅通,主要岩性为单一巨厚的卵石。

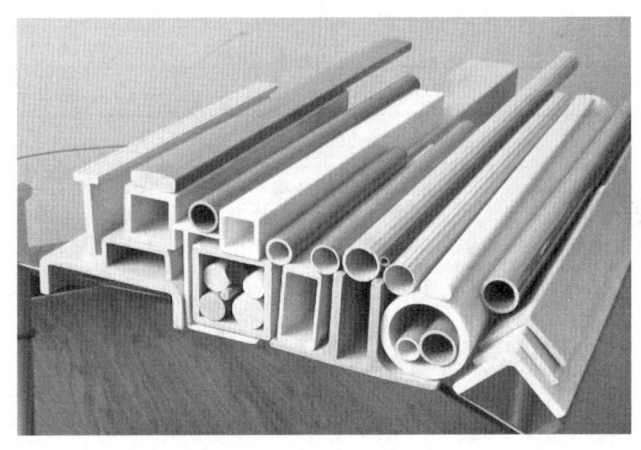

图7-7 玻璃钢管和玻璃钢型材

此外,玻璃钢材由于耐腐蚀及耐候性好,经常作户外用管,尤其是综合物理性能要求极好的大口径市政排污管材。

四、常用塑料给水管材

随着我国有机化学工业发展以及中央和地方对化学建筑材料的推广应用的重视,各种建筑塑料给水管材纷纷在建筑市场登台亮相。至今有硬聚氯乙烯(PVC-U)、高密度聚乙烯(HDPE)、交联聚乙烯(PEX)、聚丁烯(PB)、丙烯腈-丁二烯-苯乙烯(ABS)、氯化聚氯乙烯(CPVC)、铝塑复合管(PE-AI-PE,PEX-AI-PEX)、改性聚丙烯

▶建 筑 材 料

(PP-R，PP-C)、钢塑复合管等管材。各种建筑给水管材的材质不一样，它们的性能也各异，详见表7-3。

表7-3 建筑给水管材性能

品种	优 点	缺 点
PVC-U	抗腐蚀力强，易于黏合，价廉，质地坚硬	有PVC-U单体和添加剂渗出，不适用于热水输送；接头黏合技术要求高，固化时间较长
HDPE	韧性好，较好的疲劳强度，耐温度性能较好；质轻，可挠性和抗冲性能好	熔接需要电力；机械连接，连接件大
PEX	耐温性能好，抗蠕变性能好	能用金属件连接；不能回收重复利用
PB	耐温性能好，良好的抗拉、压强度，耐冲击，低蠕变，高柔韧性	国内还没有PB树脂原料，依赖进口，价高
PP-R	耐温性好	在同等压力和介质温度的条件下，管壁最厚
CPVC	耐温性最好，抗老化性能好	价高，仅适用于热水系统
PEX-AI-PEX	易弯曲成形，完全消除氧渗透，线膨胀系数小	管壁厚薄不均匀
ABS	强度大，耐冲击	耐紫外线差，黏结固化时间较长

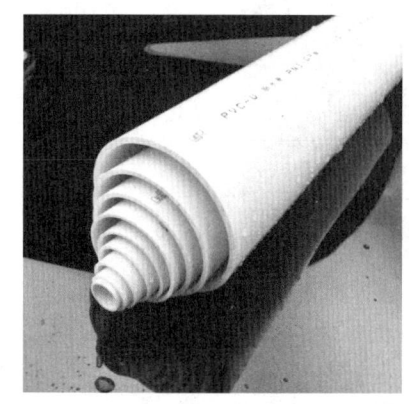

图7-8 PVC-U管

1. 硬聚氯乙烯管（PVC-U）

硬聚氯乙烯管（PVC-U管，图7-8）的使用，不只限于排水管道，还大量用于楼房的给水管道。这种管材质量轻、耐腐蚀、不生锈、不污染水质、使用寿命长，但强度较低、耐热性差。在世界范围内，硬聚氯乙烯管道（PVC-U）是各种塑料管道中消费量最大的品种，亦是目前国内外都在大力发展的新型化学建筑材料。采用这种管材，可对我国钢材紧缺、能源不足的局面起到积极的缓解作用，经济效益显著。

2. 无规共聚聚丙烯管（PP-R）

聚丙烯可分为均聚丙烯和共聚聚丙烯，共聚聚丙烯又分为分嵌段共聚聚丙烯（PPC）和无规共聚聚丙烯（PP-R）。无规共聚聚丙烯，又称三型聚丙烯，是主链上无规则地分布着丙烯及其他共聚单体链段的共聚物。PP-R在原料生产、制品加工、使用及废弃全过程均不会对人体及环境造成不利影响，与交联聚乙烯管材同被称为绿色建筑材料。

无规共聚聚丙烯管（PP-R管，图7-9）除具有一般塑料管材质量轻、强度好、耐腐蚀、使用寿命长等优点外，还具有无毒卫生、耐热保温、连接安装简单可靠、弹性好、防冻裂、环保等特点。

图 7-9 PP-R 管

3. 聚丁烯管（PB 管）

PB 树脂是用 1-丁烯合成得到高分子聚合物，是一种等规度稍低于聚丙烯的等规聚合物。它既有聚乙烯的抗冲击韧性，又有高于聚丙烯的耐应力开裂性和出色的耐蠕变性能，并稍带橡胶的特性，且能长期承受屈服强度 90% 的应力。聚丁烯管（PB 管，图 7-10）具有耐热、抗冻、柔软性好、隔温性好、绝缘性能较好、耐腐蚀环保、经济等优点。

4. 高密度聚乙烯管（HDPE 管）

高密度聚乙烯管（HDPE 管，图 7-11）以它优秀的化学性能、韧性、耐磨性，以及低廉的价格和安装费受到管道界的重视，它是仅次于聚氯乙烯，使用量排第二位的塑料管道材料。

图 7-10 PB 管　　　　　　　　　图 7-11 HDFE 管

HDPE 双壁波纹管是一种用料省、刚性高、弯曲性优良，具有波纹状外壁、光滑内壁的管材。双壁管较同规格同强度的普通管可省料 40%，具有高抗冲、高抗压的特性，发展很快。在欧美国家中，HDPE 双壁波纹管在相当范围内取代了钢管、铸铁管、水泥管、石棉管和普通塑料管，广泛用作排水管、污水管、地下电缆管、农业排灌管。

5. 交联聚乙烯管（PEX管）

交联聚乙烯是通过化学方法或物理方法将聚乙烯分子的平面链状结构改变为三维网状结构，使其具有优良的理化性能。交联聚乙烯管制造通常有化学交联和物理交联两种方法，其中化学交联又分一步法和二步法两种。一步法是聚乙烯原料中加入催化剂（硅烷、过氧化物等）、抗氧剂，在挤出机挤出过程中进行交联，生产出交联聚乙烯管；二步法是先制造出交联聚乙烯A、B料。然后挤出交联聚乙烯管。物理交联方法，通常是用电子射线或钴60-γ射线交联方法，聚乙烯原料通过传统方法生产成管材，然后通过电子加速器发出电子射线或钴60-γ射线照射聚乙烯管，激发聚乙烯分子链发生改变，产生交联反应，生产出交联聚乙烯管。

交联聚乙烯管PEX管的主要特点：使用温度范围宽，可以在-70~95℃下长期使用；质地坚固而且抗内压强度高，20℃时的爆破压力大于5 MPa，95℃时的爆破压力大于2 MPa；不生锈，耐化学品腐蚀性很好；管材内壁的张力低，使表面张力较高的水难以浸润内壁，可以有效地防止水垢的形成；无毒性，不霉变，不滋生细菌；管材内壁光滑，流体流动阻力小，水力学特性优良，在相同的管径下，输送流体的流通量比金属管材大，噪声也较低；管材的热导性远低于金属管材，因此其隔热保温性能优良，用于供热系统时，不需保温，热能损失小；质量轻，搬运方便，安装简便轻松，非专业人员也可以顺利进行安装，安装工作量不到金属管安装量的1/2。

6. 铝塑复合管

铝塑复合管为五层复合结构（塑料-胶黏剂-铝材-胶粘剂-塑料，图7-12），即内外层是聚乙烯塑料，中间层是铝材。铝塑复合管将金属管和塑料管的优点融于一体，克服了普通管的多种缺点，在很多领域能取代金属管并优于金属管，就管材的性能而言，具有任何一种纯塑料管无法比拟的综合性能，是一种最安全、最理想的煤气、天然气、冷热水兼用的给输管道，凭借其高性能、安装方便快捷、综合造价低等其他传统管材无法比拟的特性而得到用户的普遍青睐。

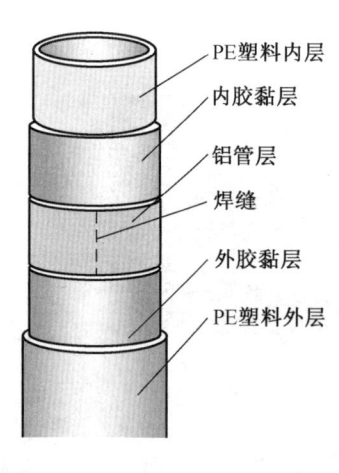

图7-12 聚乙烯铝塑复合管结构示意图

聚乙烯铝塑复合管的多层复合结构决定了这种管材兼有塑料管与金属管的优异特性。化学性能稳定的交联聚乙烯内外层避免了外界介质的腐蚀，而塑性及强度较好的金属放在中间位置，一方面保护其不受外界物质的侵蚀，另一方面增强了管材的强度、阻隔性及塑性。

普通聚乙烯铝塑复合管主要应用于给水系统、饮料和药液输送系统等领域。交联聚乙烯铝塑复合管主要应用于热水输送系统、暖气输送系统、燃气输送系统等领域。铝塑复合管的缺点是连接密封的可靠性、长久性较差，连接件价格较高。

项目七 建 筑 塑 料

任务七 膜结构与建筑膜材

【任务目标】

(1) 简述膜结构的优点。

(2) 简述常用建筑膜材。

【任务知识】

膜结构因其简洁、优美的曲面造型和卓越的光学、力学、保温、耐火、防水、自洁等性能被誉为21世纪的建筑。膜结构工程是集建筑学、结构力学、精细化工、材料科学与计算机科学为一体的高科技工程,在发达国家应用已有50余年的历史,发展势头强劲。

膜结构一改传统建筑材料而使用膜材,其质量只是传统建筑材料的1/30。而且膜结构可以从根本上克服传统结构在大跨度(无支撑)建筑上实现时所遇到的困难,可创造巨大的无遮挡的可视空间。这种结构形式特别适用于大型体育场馆、入口廊道、建筑小品、公众休闲娱乐广场、展览会场、购物中心等建筑。

膜结构从结构方式上大致可分为骨架式(图7-13a)、张拉式(图7-13b)、充气式膜结构(图7-13c)和组合式膜结构(图7-13d)四种形式。按膜材特性又可分为永久性膜结构(膜材使用年限可超过25年)、半永久性膜结构(膜材使用年限为10~15年)及临时性膜结构(膜材使用年限为3~8年)。

(a) 骨架式膜结构

(b) 张拉式膜结构

(c) 充气式膜结构

(d) 组合式膜结构

图7-13 膜结构示意图

▶ 建 筑 材 料

一、膜结构特性

膜结构具有许多优异的性能。

1. 声学性能

一般膜结构对于低于 60 Hz 的低频几乎是透明的，对有特殊吸声要求的结构可以采用具有特殊装置的膜结构，这种组合比玻璃具有更强的吸声效果。

2. 保温性能

单层膜材料的保温性能与砖墙相同，优于玻璃。同其他材料的建筑一样，膜建筑内部也可以采用其他方式调节其内部温度，如内部加挂保温层、运用空调采暖设备等。

3. 防火性能

如今广泛使用的膜材料能很好地满足防火的需求，具有卓越的阻燃和耐高温性能，达到法国、德国、美国、日本等多国标准。

4. 力学性能

中等强度的 PVC 膜其厚度仅 0.61 mm，但它的拉伸强度相当于钢材的一半。中等强度的 PTFE 膜其厚度仅 0.8 mm，但它的拉伸强度已达到钢材的水平。膜材的弹性模量较低，有利于膜材形成复杂的曲面造型。

5. 光学性能

膜材料可滤除大部分紫外线，防止内部物品褪色。其对自然光的透射率可达 25%，透射光在结构内部产生均匀的漫射光，无阴影，无炫光，具有良好的显色性，夜晚在周围环境光和内部照明的共同作用下，膜结构表面发出自然柔和的光辉，令人陶醉。

6. 自洁性能

PTFE 膜材和经过特殊表面处理的 PVC 膜材具有很好的自洁性能，雨水会在其表面聚成水珠流下，使膜材表面得到自然清洗。

二、常用建筑膜材

建筑膜材种类很多，常用的主要聚四氟乙烯（PTFE）膜材、乙烯－四氟乙烯共聚物（ETFE）膜材、聚氯乙烯（PVC）膜材及加面层的 PVC 膜材。

1. PTFE 膜材

PTFE 膜材由聚四氟乙烯（PTFE）涂层和玻璃纤维基层复合而成，品质卓越，价格也较高，如图 7-14 所示。PTFE 膜最大的特性就是耐久性、防火性与防污性高。

（1）耐久性。涂层材的 PTFE 对酸、碱等化学物质及紫外线非常安定，不易发生变色或破裂。玻璃纤维在经长期使用后，不会引起强度劣化或张力减低。膜材颜色一般为白色，透光率高，耐久性在 25 a 以上。

（2）防污性。因涂层材为聚四氟乙烯树脂，表面摩擦系数低，所以不易污染，可由雨水洗净。

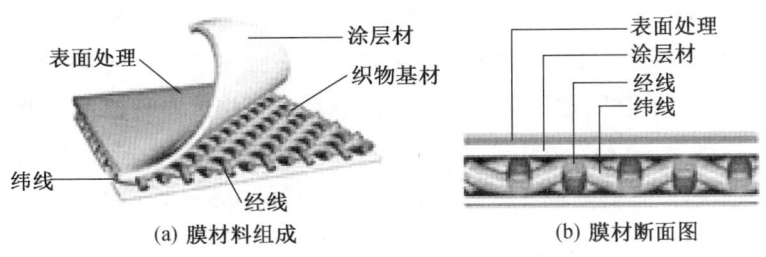

(a) 膜材料组成 (b) 膜材断面图

图 7-14 PTFE 膜示意图

(3) 防火性。PTFE 膜符合近所有国家的防火材料试验合格的特性，可替代其他的屋顶材料做同等的使用用途。

(4) 透光性。透光率为 13%，并且透过膜材料的光线是自然散漫光，不会产生阴影，也不会发生炫光。但 PTFE 膜与 PVC 膜比较，材料费与加工费高，且柔软性低，在施工上为避免玻璃纤维被折断，须有专用工具与施工技术。

2. ETFE 膜材

ETFE 中文名称为乙烯-四氟乙烯共聚物，是由 ETFE 生料加工形成的薄膜，厚度通常为 0.05~0.25 mm，密度约为 1.75 g/cm³。ETFE 膜材抗剪切能力强，耐低温冲击性能高，化学性能稳定，透光性极强，防污，自洁性好，灰尘及污迹会被雨水冲刷除去，外表的人工清洗一般 4 年一次。ETFE 建筑膜材价格在 PTFE 建筑膜材与加面层的 PVC 建筑膜材之间，使用寿命大于 20 年。ETPE 可用于结构薄板材或使其膨胀成"枕"状。中国国家游泳中心（"水立方"，图 7-15）是迄今最大的 ETFE 项目。其墙壁和房顶将覆以 10 万多平方米蓝色乙烯-四氟乙烯聚合物枕，厚度正好为 1 英寸的 8‰。乙烯-四氟乙烯共聚物比传统玻璃渗透更多的光和热，同时，减少 30% 能量成本。

(a) 外景

(b) 内景

图 7-15 奥运场馆"水立方"

3. PVC 膜材

由聚氯乙烯（PVC）涂层和聚酯纤维基层复合而成。PVC 膜材在材料及加工上都比 PTFE 膜便宜，且具有材质柔软，易施工的优点。但在强度、耐用年限、防火性等性能上较 PTFE 膜差。PVC 膜示意图如图 7-16 所示。一般建筑用的膜材，是在 PVC 聚酯纤维基布涂层材的表面处理上涂以亚克力树脂，以改善防污性。但是，经过数年之后就会变色、污损、劣化。一般 PVC 膜的耐用年限根据使用环境不同在 5~8 年之间。

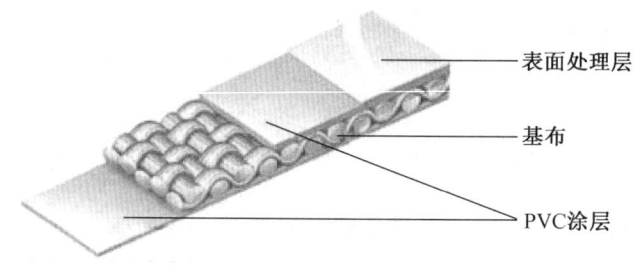

图 7-16　PVC 膜示意图

4. 加面层的 PVC 膜材

由于 PVC 膜材在太阳光下尤其是紫外线照射后，表面老化，增塑剂容易向表层迁移，性能变得不稳定，致使表面易沾污。因此需对其进行面层整理。面层种类目前主要有聚氟乙烯（PVF）、偏氟乙烯（PVDF）和纳米二氧化钛（Nano-TiO$_2$）等。加面层的 PVC 建筑膜材品质柔软，易加工，使用寿命为 7~15 年。

任务八　其他塑料制品

【任务目标】

（1）简述结构塑料和屋顶塑料的分类。
（2）简述各类结构塑料和屋顶塑料的优点。

【任务知识】

随着塑料工业的发展，塑料制品在建筑中的应用越来越广泛，几乎遍及建筑的各个部位。在建筑结构方面，塑料除了用于制作建筑物门窗外，还经常用于各种结构、屋顶、墙壁、栏杆等。

一、结构塑料

聚四氟乙烯（PTFE）原料多为粉状树脂或浓缩分散液，具有极高的分子量，呈透明或半透明状态。密度 2.1~2.2 g/cm^3，是塑料中最重的一种。除碱金属铬的化合物外，

PTFE 几乎不会被其他任何介质腐蚀，能长期耐 -200~200 ℃的高低温，且不受氧、臭氧、紫外线的作用，不易老化，不受潮湿、霉菌、虫、鼠等的影响。因此，目前聚四氟乙烯（PTFE）在桥梁、建筑物上用作承重支座已经非常普遍。其广泛用作桥梁、隧道、钢结构屋架、大型化工管道、高架高速公路、大型储槽等的支撑滑块（通常直径为40~60 cm，厚度为5 mm），允许长期载荷为 3×10^7 MPa，短期载荷为 4.5×10^7 MPa，位移速率为 1 mm/s。

聚甲醛是一种综合性能优良的塑料，力学强度和刚度高，自润滑性和耐磨性好，制品尺寸稳定性好，并具有极其优异的耐疲劳性、耐蠕变性和耐化学药品性。随着聚甲醛加工技术的不断提高，现在聚甲醛可以具有钢材的强度和模量，可用作建筑的支撑材料。

尼龙具有优良的力学性能和耐候性，软化点高，耐热，摩擦系数低，耐磨损，自润滑性、吸震性和消音性好，耐油，耐弱酸，耐碱和一般溶剂，电绝缘性好，有自熄性，无毒、无臭，染色性差。因此，被用于制造窗框缓冲撑挡、门滑轮、窗帘导轨滑轮；利用尼龙的耐磨性和自润滑性，还可制造自动扶梯栏杆、自动门横栏、升降机零件。

近年来，以节能为目的，在双层隔热窗框上，为了和金属铝框隔热，采用玻璃纤维增强尼龙 66 制造了桥式隔热窗框架。经玻纤增强后的尼龙 66 在强度、刚性和热变形温度方面都有大幅度提高，如加入质量百分比为 25% 以上玻纤增强的尼龙 66 比抗张强度可达 1500 Pa 以上，这与硬铝或合金钢的比抗张强度（1500~1600 Pa）相当，真正实现了隔热条与铝合金在力学性能上的匹配。此外，纯尼龙 66 的线膨胀系数是 7×10^{-5} K^{-1}，这一数值是铝合金的近 3 倍，而加入质量百分比为 25% 以上玻纤增强后尼龙 66 线膨胀系数可降至 $(2.5 \sim 3) \times 10^{-5}$ K^{-1}，与铝合金的线膨胀系数非常接近，这样就避免了由于热胀冷缩作用导致隔热条从型材间脱落的危险。

二、屋顶塑料

塑料屋顶材料主要是指屋顶需要铺设的防水卷材、屋面板和室内装饰天花板等。传统的屋顶材料不仅耐老化性能差，使用寿命短，而且施工周期长，也容易造成工伤事故，严重的还污染环境。因此，20 世纪 80 年代大力开发使用新型高聚物材料。它们具有质轻、耐老化、耐腐蚀、便于施工、不污染环境等优点。

常用的塑料屋顶材料有塑料防水卷材、塑料屋面板和塑料采光板等。使用最多的树脂有聚氯乙烯（PVC）、聚苯乙烯（PS）、聚乙烯（PE）、聚碳酸酯（PC）等。

（一）天花板

天花板又称平顶、顶棚，是指楼板或屋面以下的部分，也是室内重点装饰部分之一。作为顶棚，要求表面光洁或柔和、美观、亮丽，以改善室内的亮度和内部环境。对于某些特殊或高级建筑，对顶棚还有许多其他要求，如保温、隔声、反射（声学建筑）以及特殊视觉效果等。

从形式看，顶棚大部分为水平式，但根据房间的用途不同，也可做成弧形、凹凸形、波浪形和折线形等，以形成丰富多彩的内部空间。

▶ 建 筑 材 料

塑料天花板（顶棚）的安装形式通常为悬吊式。悬吊式顶棚在楼板、屋面板与顶棚装饰表面之间有一定的空间，在此空间中，可安装各种管道和设备，如照明、给排水管、空调、水喷淋、烟感器等。另外，若空间较大，还可利用空间高度的变化做成立体顶棚，可以充分发挥个人的艺术想象力。

1. 阻燃天花板

阻燃天花板常见的是 PVC 吸塑阻燃天花板。它是以 PVC 硬片为原料，通过真空吸塑成形而得到的一种建筑用浮雕装饰材料，表面成立体造型。片材厚度一般为 0.3~0.45 mm，不发泡。

这种天花板，色彩丰富，具有质轻、防潮、隔热、不易燃、不吸尘、不破裂、易安装等优点。价格低于石膏和泡沫钙塑装饰板。另外，PVC 树脂本身的氧指数就在 22~24 之间，无须添加阻燃剂就能符合有关阻燃的标准要求。

吸塑成形设备简单，占地面积小，工艺容易掌握。另外，由于产品较薄，施工后不易产生中间下垂现象，同时 PVC 原材料来源丰富，价格便宜，特别适用于中、低档宾馆、饭店、办公室和民用住宅，受到用户广泛青睐。

2. 发泡天花板

常见的发泡天花板主要有 PE 交联发泡天花板和 PS 泡沫天花板等。PE 交联发泡天花板是以低密度聚乙烯为主要原料，再添加其他助剂后经混炼、发泡、交联、吸塑成形而制得的一种室内装饰材料。发泡后的片材厚度一般为 6 mm。这种天花板图案丰富，色泽好，具有质轻、耐水防潮、保温隔热、吸声及易安装等优点。PE 交联发泡天花板一般分为两类，一类是钙塑板，另一类是阻燃板。由于聚乙烯是易燃材料，而且有烧滴现象，通过加入大量碳酸钙，烧滴现象可较大改善，但仍可燃。加入阻燃剂可以增强阻燃效果，但成本较高。PE 交联泡沫天花板生产设备较简单，工艺控制也不复杂，容易掌握。另外，由于该产品较柔软，施工时应注意防止出现中间下垂现象。

PS 泡沫天花板是由发泡 PS 片材经真空吸塑成形的。它重量轻，板材厚度小，仅 0.5 mm 左右，价格便宜，外表一般为乳白色，可根据模具不同，制成各种立体花纹图案的产品。与交联 PE 天花板一样也存在可燃性。此类制品主要供宾馆、高级饭店、礼堂和影剧院等公共场所使用。

（二）塑料屋面板

塑料屋面板主要有单层和增强两种类型。

1. 单层塑料屋面板

最常见的是 PVC 波纹板。硬质 PVC 波纹板有两种基本结构，一种是纵向波纹板，另一种是横向波纹板。国内市场上常见的是纵波板。纵波板宽度可为 900~1300 mm。长度在生产上不受限制，但为便于运输，一般最长为 5~6 m。纵波板可以做成拱形屋面，中间没有接缝，水密性好，很适宜作小型游泳池的屋瓦。透明聚氯乙烯横波板可以用来吊平顶，上面安装照明装置，形成一个发光平顶，装饰效果非常好。横波板较软，可以卷起来，长度为 10~30 mm，厚度 1.0~1.5 mm。

2. 增强塑料屋面板

最常见的增强塑料屋面板是玻璃钢波纹板（瓦）。玻璃钢又称玻璃纤维增强塑料，它是以合成树脂为基料，用玻璃纤维及其织物加以增强的复合材料。由于这种材料密度通常为 140~228 kg/m^3，仅为普通钢材的 1/5~1/4，而机械强度可达到甚至超过普通碳钢的强度，所以人们常把这种材料称之为玻璃钢。

玻璃钢根据所用树脂类别的不同，可分为热塑性玻璃钢和热固性玻璃钢（FRP）两大类。玻璃钢的问世虽仅有 50 多年的历史，但由于它的性能优异，已被广泛应用到军工、石油化工、交通运输、机电、农业、建筑等各个工业部门。它作为建筑结构材料是其他建筑塑料所无法取代的，建筑工业是玻璃钢的主要应用部门之一。

玻璃钢可以用作建筑物的采光材料、围护材料、装饰装修材料、给排水工程材料、采暖通风材料及土木工程材料等。

（三）采光板

随着我国建筑行业的发展，建筑装饰行业的新技术、新工艺、新材料层出不穷。塑料采光板就是近几年出现的新型建筑装饰采光板，它的出现给建筑师提供了一种新的装饰手段。塑料采光板集透明、质轻、保温、隔声、耐久、防腐、抗冲击为一体，成为近年来建筑装饰业最理想的采光材料之一。

常用的塑料采光板有 PC 采光板、PVC 采光板、HIPS 采光板、玻璃钢采光板和塑料采光板等。

1. PC 采光板

PC 采光板是一种综合性能优异的建筑装饰采光板，透光率高，透明性好（透明度和玻璃不相上下），耐老化，冲击强度高，防结露，质量轻，施工安装容易，表面易于清洗，尺寸稳定性好，隔热隔声，尤其中空板效果更好；同时它还具有良好的阻燃性，离火后可以自熄；它的加工性能也很好，可以钻、锯、切、铆、钉和热熔连接，还可以弯成各种弧面。但 PC 板也有不足之处，主要是价格较高，因而限制了它的广泛使用，这也是 PC 采光板今后研究的方向之一。

2. PVC 采光板

PVC 采光板，其透明性不及有机玻璃，仅 75%~85%，可以称为半透明板，采光作用也很好，而且光线柔和，各项物性都较好，尤其具有良好的阻燃性。

3. HIPS 采光板

HIPS 采光板采光效果良好，具有很好的抗冲击性能。

4. 玻璃钢采光板

玻璃钢采光板常用来做屋面天窗，由于其具有优异的抗冲击性能，作为工业建筑的屋面天窗没有破碎的危险，是屋面天窗的理想材料。

【项目习题】

▶ 建 筑 材 料

1. 塑料的组成有哪些？其作用如何？常用建筑塑料制品有哪些？
2. 什么是工程塑料？工程塑料门窗与其他材料制作的门窗相比有何优点？
3. 塑料管材有哪些品种和类型？
4. 塑料管材有何优缺点？可应用于哪些范围？
5. 塑料门窗有哪些种类？各用于什么场合？

【课外阅读】

水立方正式竣工[①]

2003年7月"水立方"设计方案确定，与百年奥运建筑一脉相承和而不同。

2003年7月29日，国家游泳中心的设计方案正式确定为国家游泳中心建筑设计方案竞赛的B04号参赛方案。也就是现在的"水立方"设计方案。该方案由中国建筑工程总公司、澳大利亚PTW公司、澳大利亚ARUP公司组成的联合体设计。设计体现出$(H_2O)^3$（"水立方"）的设计理念，融建筑设计与结构设计于一体，设计新颖，结构独特，与国家体育场比较协调，功能上完全满足2008年奥运会赛事要求，而且易于赛后运营。

尚在纸上的"水立方"到底是怎样的一个建筑呢？设计团队的中一名设计师——澳大利亚PTW建筑师事务所设计师约翰·保林给出了这样的答案："白天，明媚的阳光透过那些蓝色的泡泡照进来，你躺在人造沙滩上，耳边是涛声，还有冲浪的人们兴奋的尖叫；到了夜晚，灯光亮起来，那简直就是一座蓝色的水晶宫殿……"约翰·保林的话让人们对这座"神秘"的建筑充满了期待。

"水立方"名字来源于：方盒子、水泡泡、水分子，体现中国建筑理念与主体育馆"鸟巢"遥相呼应。"水立方"的名字灵感来源于"一个方盒子"、许多"水泡泡"和许多的"水分子"。在国家游泳中心进入竞标阶段后，中方的几位建筑师和澳大利亚PTW公司一直都在思考给这个建筑取一个什么样的名字。当时的构思是"一个方盒子"，容纳了许多"水泡泡"和"水分子"的形象，大家为构思兴奋了很久，但却没有立即给它取一个确切的名字。

一天晚上，团队工作又工作到很晚，大家在工作之余又开始为这个"方盒子、水泡泡和水分子"的形象起名字，于是，五花八门的创意都涌向了这个方盒子。在这些创意中间，一个英文名"水的立方体"（Water Cube）既表达了方形的，又与水相关，引起了很多人的注意。经过大家的深思熟虑后，确定了"水立方"这一简洁明了的名字。

"水立方"的设计得到了专家和广大市民的认可和喜爱，这个湛蓝色的水分子建筑与东面"阳刚"的国家体育场"鸟巢"一起体现了中国建筑理念。

与主场馆"鸟巢"的设计相比，"水立方"体现了更多的女性般的柔美。这两个建筑一圆一方，一个阳刚，一个阴柔，形成鲜明对比，在视觉上极具冲击力。当初"鸟巢"与

[①] 参照自2008年1月29日《哈尔滨日报》上的一篇文章。

"水立方"的设计招标几乎是同时启动的,当时这两个建筑在外形上的搭配呼应让所有人眼前一亮。历届奥运会主场馆多为圆形建筑,国家体育场也不例外,"水立方"的设计团队在参与设计投标时,充分考虑到这两个标志性建筑在外形上的呼应,方形的游泳中心与圆形的国家体育场一起体现了"天圆地方"的理念。

除了考虑与国家体育场形成呼应外,方形的设计也符合中国传统的建筑理念。方形在建筑文化中尤其是在中国传统中具有很主要的地位,北京就是方形网格的城市格局,所有的民宅、故宫、四合院都是方形。所以"水立方"被设计成方形也反映了中国传统建筑格局。

2003年12月24日"水立方"开工建设,凝聚全世界赤子之情,浓浓中华情融入"水立方",2003年12月24日上午9时50分,位于北京中轴线北端两侧的工地彩旗飞扬,全世界媒体的目光聚集在这里,"水立方"举行了奠基仪式。

申办2008年奥运会成功不久,北京就进入了紧张的筹备工作。面对广大人民群众要为奥运做贡献的要求,北京市政府表示,北京有信心也完全有能力办一届历史上最出色的奥运会,所以不鼓励市民捐款。但是此伏彼起,来自港澳台同胞和海外华侨华的呼声不断通过各种途径传到北京,而且愈发强烈。他们说,现代奥运会有一百多年历史,中国第一次赶上这样的机会,说什么他们也要给中华民族首次举办奥运盛会做一点贡献。2002年7月下旬,为满足广大海外同胞这种真诚的强烈愿望,经过再三考虑,北京市政府决定在准备修建的奥运场馆中选择一个,为广大港澳台侨同胞提供捐资共建奥运场馆、为奥运做贡献的机会,这个场馆最后指定为国家游泳中心。

举办奥运会对北京和全世界华人而言是功在千秋的大事,奥运会最能体现海外华侨华人与国家的血缘关系,是全球华人向世界展示风采的舞台,港澳台同胞和海外华侨华人纷纷,关注和支持北京奥运会是全世界华人义不容辞的事情。钱的多少不同,只是一个数字概念,但所有捐资人的心愿是一样的——为家乡举办奥运盛会做贡献。如今四年过去了,回忆起当时对这些捐资人现场采访时的场面,至今仍令人感动不已。

2006年4月10日和6月16日,"水立方"完成6700吨主体钢结构安装和卸载,世界建筑领域内有了中国人创造的标准(图7-17)。

"水立方"的表面晶莹剔透,温润典雅,然而,这样柔美的建筑也需要铮铮的筋骨,事实上,"水立方"委实用了不少钢材呢——整个"水立方"工程使用的连接球9843个,杆件20670根,构件总数30513个,由于多数是细长的杆件,设计总重量才6700吨(不含埋件和加强板)。"水立方"屋盖上下及墙体外表面使用的箱形焊接杆件虽然高度都相同,但按照不同的宽度和壁厚,共分出21种杆件形式;中间层框架的圆钢管杆件又分成16种类型;而钢球的规格也多达28种。

由于"水立方"的组成部分都是不规则的多边形,如果进行平面焊接,再吊装整体组合,多点空中定位连接的误差不好控制,而且累加的误差像滚雪球般越积越大,工程质量无法保证。工程师们试了GPS定位、激光定位等很多办法,但工程进度总是太慢。即使在

▶ 建 筑 材 料

图 7-17 水立方钢结构

焊工们熟练之后，速度也只能提高到每天几十根。"水立方"业主单位总负责人康伟当时忧心忡忡的，因为按照这个速度，"到 2010 年也装不完"。

出人意料的是，这个看似无法解决的问题竟然被几位师傅偶然破解——施工间歇，几名工人师傅在施工场地外抽烟闲聊，突然发现杆件和连接球连起来很像一根火柴，这让他们找到了答案。施工人员恍然大悟，中学几何里的"一条直线和线外一个点确定一个平面"定理可以就用于杆件定位，新方法顿时让工程进度猛增了 3 倍。

"水立方"是首个进行支撑结构卸载的奥运工程。都说万事开头难，可"水立方"在详尽的应急预案、经过多次演练的工人和结构健康安全检测系统的保证下，卸载进行得非常顺利，最终的卸载结果优于模拟计算分析结果。在沉降幅度 240 毫米的理论指标下，"水立方"的实际沉降只有 81 mm。让建设者们感到骄傲的是，在世界建筑领域内，从此有了中国人创造的标准。

2006 年 8 月 1 日，"水立方"安装第一块膜结构气枕，11 万平方米的膜"爬上""水立方"，"水立方"有了坚固的筋骨。2006 年 8 月，"水立方"膜结构气枕安装的各项作业条件已准备就绪，正式开始了膜结构安装。

那么"水立方"的膜到底是什么呢？"水立方"的膜结构使用的是一种名为 ETFE 的特殊材料，ETFE 薄膜的使用在国内尚属首次，但过去 20 年内，由于这种材料耐腐蚀性、保温性俱佳、自清洁能力强，欧洲有 600～800 个建筑都用了这种材料。您可别小看了这膜，作用可大着呢。"水立方"外层气枕的内层膜和内层气枕的外层膜上都镀着密度不等的小镀点，以控制膜的透光度，减少阳光带来的热量，以免室内温度过高。透过的阳光在室内会形成舒适的温室效应，保持室内的温暖，能节省约 30% 的能源。这些镀点的妙用还不仅与此，分布在 ETFE 膜上的上亿个镀点，可以改变光线的方向，起到隔热散光的效果。这些"镀点"布成的点阵，就像一把把遮阳伞，把刺眼的光线和多余的热量挡在场馆之外；而在一把把"遮阳伞"之间，所需光线可以自由通过，保证场馆的温度和采光。

ETFE 膜具有很强的自洁性。由于这种材料的摩擦系数很小，尘土不容易粘在上面。即使粘上的尘土，只要下点小雨，立刻就能将膜冲洗得干干净净。"泡泡"之间的凹陷处也有助于积水分流，这样就不会因为积水而滋生霉菌。顶部气枕的膜厚为4层，墙体膜厚则为2~3层，雨天雨点敲击薄膜的声音不会对室内的比赛造成影响。同样，通过在场馆内安装吸声材料的方法，观众的欢呼声和音响的声音也不会对场馆外形成噪音干扰（图7-18）。

图7-18 水立方内部

2008年1月28日竣工，31日迎来2008中国游泳公开赛。这座拥有4000个永久座席、2000个可拆除座椅、11000个临时座椅的世界上最大的大游泳中心，建筑面积达到了79532平方米。她将在2008年北京奥运会及残奥会期间举办游泳、跳水及花样游泳比赛。

在"后奥运"时期，水立方将拆除1.1万个临时座位，成为北京市民的水上娱乐中心，内有游泳、跳水、嬉水乐园和冰上娱乐设施。此外，它还能够接纳专业队、俱乐部队、国家队等各种游泳队的训练。

如今，这座水晶宫殿正在期待着1月31日的"好运北京"2008年中国游泳公开赛，届时她将迎来八方来客，您也可以一睹她的芳容。

项目八 防 水 材 料

任务一 防水材料概述

【任务目标】

(1) 简述防水材料的分类。

(2) 阐述防水材料基本的技术要求。

(3) 阐述防水工程中的防水原则。

【任务知识】

建设工程防水问题在设计、施工、使用和管理各个环节中都占有重要地位,防水质量直接影响建筑物的使用功能及使用寿命。

引起工程渗漏水现象的原因有很多,针对不同的渗漏情况,采取不同的防水或止水措施是预防和解决防水问题的关键。在诸多防水方法和途径中,正确选择和合理使用防水材料是设计和施工的前提,是工程防水质量的基础保障。

一、防水材料及分类

防水材料是指用于满足建筑物或构筑物防漏、防渗、防潮功能的材料。依据防水材料的外观形态,防水材料可分为防水卷材、防水涂料、防水密封材料、刚性防水材料和堵漏止水材料等系列。建筑防水材料的分类如图8-1所示。

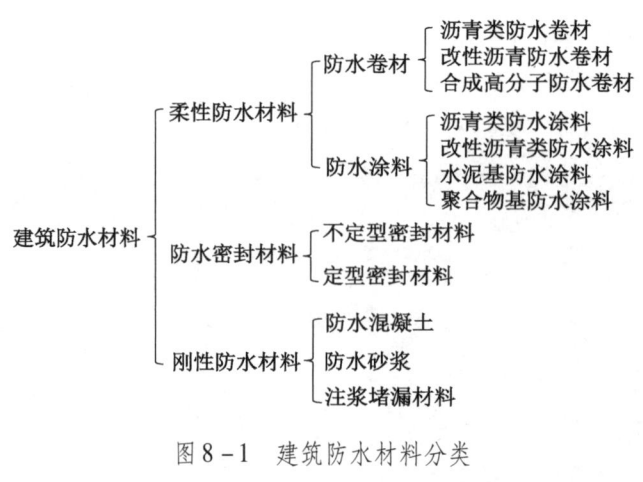

图8-1 建筑防水材料分类

防水材料广泛应用于铁路、公路、桥梁、隧道、堤坝、房屋等建筑防水工程中。不同的防水材料有着相对不同的技术性能和使用要求，不同的防水部位或相同的防水部位在不同的使用环境下，对防水材料的技术性能要求有所不同。具体选择和使用防水材料时，应综合考虑建筑物的结构类型、防水构造形式、节点部位、外界气候环境情况等多方面的因素。

二、防水材料的技术性能要求

建筑工程中的渗漏水形式主要有点、线和面的渗透。根据渗水量的不同，又可分为慢渗、快渗、漏水和涌水。要满足工程防水施工质量和使用质量的要求，防水材料应满足技术性能要求和不同工程防水的具体要求。

1. 技术性能基本要求

（1）良好的大气稳定性。防水材料应具有较强的耐候性，能够抵抗光、热、紫外线、臭氧、酸雨等自然因素的作用。

（2）良好的抗水能力和耐酸碱侵蚀性能。

（3）良好的温度稳定性和应力变形能力。防水材料应拉伸强度高、断裂伸长率大，能承受温差变化及各种外力与基层伸缩、开裂所引起的变形。

（4）整体性好。防水材料应黏结性强，与防水基层材料黏结牢固，在外力作用下有较高的抗剥离能力，形成稳定的不透水整体。

2. 不同工程防水的具体要求

（1）屋面防水工程。用于屋面防水层，尤其是用作不设保温层的外漏型屋面防水层的防水材料，要长期经受风吹、雨淋、日晒和雪冻等环境自然条件的作用，要受到基层结构变形的影响，因此必须具备较强的大气稳定性和温度稳定性，以及较强的抵抗外力作用产生变形的性能。

（2）室内厕浴间防水工程。室内厕浴间的特点是面积小、穿墙管洞多、阴阳角多，地面、楼面、墙面等连接比较复杂。因此，用于室内厕浴间的防水材料应具备较强的适应基层形变的能力和耐穿刺性能，以利于管线设备等的施工铺设，并能保持防水材料自身的整体性。防水材料具有较强的抗环境水腐蚀能力，不渗漏、不霉变。

（3）建筑外墙板缝防水工程。建筑外墙兼具保温、隔热和防水等综合性能。因此，用于外墙板缝防水的材料必须具有较高的黏结性、耐候性、憎水性和变形性，具有较大的延伸率。

（4）地下防水工程。用于地下防水工程的防水材料必须同时兼具抗地下水的侵蚀能力和承受荷载作用的能力，并能够适应一定程度的结构变形影响。

《我国建筑防水材料生产和应用现状及发展的研究报告》中，对不同防水工程中使用的防水材料提出了表8-1所示的建议。

▶ 建 筑 材 料

表8-1 防水工程与推广使用的防水材料

防水工程的分类	重点推广使用的防水材料
屋面防水工程	SBS、APP改性沥青防水卷材
	三元乙丙橡胶防水卷材
	优质的PVC防水卷材、合成高分子防水涂料等
厕浴间防水工程	聚氨酯防水涂料
地下室防水工程	刚性的以防水混凝土结构为主,辅以柔性防水卷材或防水涂料
多雨、潮湿地区的墙面防水	聚合物防水砂浆或弹性防水涂料

三、防水原则

防水工程的防水原则是"防、排、截、堵"相结合,多道设防,刚柔并举。

依据防水原则要求,进行防水工程的设计、施工和维修养护等环节的防水工作,要综合考虑工程地质条件、水文地质条件、防水结构特点、防水的环境条件、施工方法等多种因素影响。复合使用防水材料,极大限度地选用防水新材料,推广新的防水施工技术和施工工艺,切实发挥防水材料的防水功能,为防水工程质量提供基础保障。

任务二 柔性防水材料

【任务目标】
(1) 阐述常用防水卷材的分类和特点。
(2) 阐述常用防水涂料的分类和特点。
【任务知识】
建筑工程中经常使用的柔性防水材料包括防水卷材和防水涂料。

一、防水卷材

防水卷材是以原纸、纤维毡、纤维布、金属箔、塑料膜、纺织物等材料中的一种或多种复合材料为胎基,浸涂沥青、高聚物改性沥青制备成的材料或以合成高分子材料为基料加入助剂、填充剂,经多种工艺加工而成的长条片状、成卷供应并起防水作用的产品。防水卷材被广泛应用于屋面、地下或水中建筑物及构筑物的防水,是建筑工程中应用最多的防水材料之一。

常用的防水卷材主要包括沥青防水卷材、聚合物改性沥青防水卷材、合成高分子防水卷材三大系列,此外还有柔性聚合物水泥防水卷材、金属卷材等。防水卷材的分类如图

8-2所示。

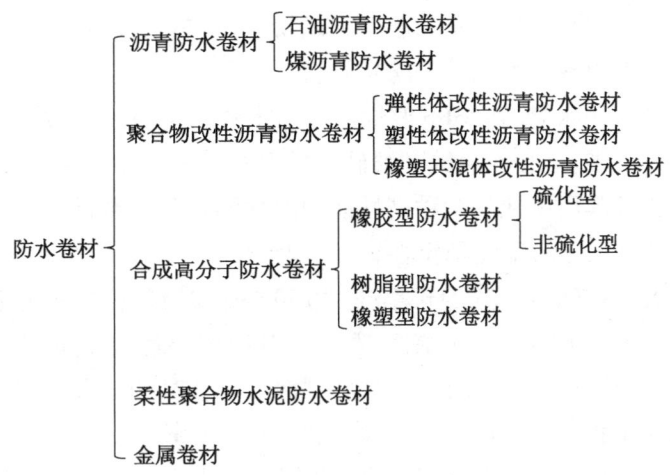

图8-2 防水卷材分类

防水卷材应具有以下基本性能：

(1) 在水的作用和水浸湿后基本性能不变。

(2) 在水的压力下不穿透的性能。

(3) 在高温下不流淌、不起泡、不滑动，在低温下不脆裂的性能。

(4) 一定的机械强度和延伸性、抗断裂性；在承受建筑结构允许范围内荷载应力和变形条件下不断裂的性能。

(5) 有一定的柔韧性，特别是在低温下的柔韧性较好，方便施工。

(6) 对大气作用有一定的稳定性，并能抵抗化学介质侵蚀和微生物腐蚀。

防水卷材的施工可分为热施工法和冷施工法两大类。热施工法包括热玛碲脂黏结法、热熔法、热风焊接法等；冷施工法包括冷黏结法、自黏法、机械固定法等。

1. 沥青防水卷材

沥青防水卷材，俗称沥青油毡，是以原纸、纤维织物、纤维毡、塑料膜等材料为胎基，以石油沥青、煤沥青、页岩沥青或非高聚物改性沥青为基料，以滑石粉、板岩粉、碳酸钙等为填料进行浸涂或辊压，并在其表面撒布粉状、片状、粒装矿物质材料或合成高分子薄膜、金属膜等材料制成的可卷曲的片状类防水材料。

沥青防水卷材作为传统的防水卷材，除了具有原料来源丰富，价格低廉等优点，用于建筑物屋面、墙面等防水部位，还具有良好的黏弹性；能够抗酸、碱、盐溶液的侵蚀。但其低温下的抗变形能力较差，不耐油脂及沥青溶剂的侵蚀，长时间使用后容易出现起鼓、老化等现象，同时施工作业中对使用环境存在污染。因此，在建筑工程中，其逐渐被高聚物改性沥青防水卷材和合成高分子防水卷材等所取代。

2. 高聚物改性沥青防水卷材

高聚物改性沥青防水卷材是在传统的沥青防水卷材基础上，以合成高分子聚合物改性沥青为涂盖层，以纤维织物或纤维毡为胎基，以粉状、粒状、片状或薄膜材料为防黏隔离层，经混炼、压延或挤出成形而制成的防水卷材。

(1) SBS改性沥青防水卷材。SBS改性沥青防水卷材是用SBS改性沥青浸渍胎基，两面涂以SBS沥青为涂盖层，上表面撒以细砂、矿物粒（片）料或覆盖聚乙烯膜，下表面撒以细砂或覆盖聚乙烯膜所制成的一种高性能的改性沥青防水卷材。

SBS防水卷材具有良好的温度稳定性，在-25℃下使用无裂纹，在90℃的高温下不流淌。其具有较高的抗拉强度，其伸长率高达150%；具有较强的耐穿刺能力，SBS防水卷材具有耐撕裂能力和自愈合能力；施工方便，对使用环境产生的污染较轻，使用寿命长。SRS防水卷材适用于防水性、耐久性和防腐性要求较高的工程。其主要用于Ⅰ、Ⅱ级防水工程，尤其适用于我国北方低温寒冷地区和结构变形频繁的建筑防水工程，如用于工业和民用建筑的屋面，地下室、卫生间防水，以及屋顶花园、地下停车场、游泳池等工程的防水防潮。

(2) 塑性体（APP）改性沥青防水卷材。塑性体（APP）改性沥青防水卷材是以聚酯毡或玻纤毡为胎基，用APP改性沥青浸渍胎基，并涂盖两面，上表面撒以细砂、矿物粒（片）料或覆盖聚乙烯膜，下表面撒以砂或覆盖聚乙烯膜而制得的一类防水卷材。

APP改性沥青防水卷材最突出的特点是耐高温性能好，在130℃的高温下不流淌，特别适合南方高温地区或太阳辐射强烈地区使用；低温柔韧性也较好，在-15℃以下不裂断；施工中能形成耐撕裂、耐穿刺的高强度防水层。另外，APP改性沥青防水卷材热熔性非常好，特别适合热熔法施工，也可用冷黏法施工。

APP卷材广泛用于各种建筑的各种类型的防水，尤其适用于工业与民用建筑的屋面及地下结构的防水，如地铁、隧道工程的防水。

3. 合成高分子防水卷材

合成高分子防水卷材是以合成树脂、合成橡胶或橡胶-树脂共混体等为基体材料，再加入适量的化学助剂和添加剂，经过塑炼、压延等一系列工序制成的一种新型片状防水卷材。

合成高分子防水卷材属于高档防水材料，其抗拉强度高、弹性好，温度稳定性和大气稳定性都较好。

合成高分子防水卷材的种类较多，目前国内防水工程中应用较多的是聚氯乙烯（PVC）卷材，它具有抗拉强度高，弹性和延伸率大，低温柔韧性和耐候性好、抗渗能力强等优点，且原材料来源丰富，价格便宜，生产成本低。聚氯乙烯卷材广泛用于新建及修缮的各种工程中，也用于地下室，水池、水渠、市政工程等防水抗渗工程中。

但需注意的是，高分子防水卷材适用于防水等级为Ⅰ、Ⅱ级的屋面防水工程，而且Ⅰ级防水的三道设防中必须有一道用高分子防水卷材。

二、防水涂料

防水涂料是在常温下为液态,涂于结构表面能形成坚韧防水膜的防水材料。

按成膜物质的主要成分不同,防水涂料可分为沥青类、高聚物改性沥青类和合成高分子类。

1. 沥青基防水涂料

沥青基防水涂料又称乳化沥青,是以石油沥青为基质沥青,掺入适宜的乳化剂、改性剂和稳定剂等物质制成的防水材料。沥青基防水涂料适用于一般建筑的屋面防水,浴室、卫生间、厨房地面的防水,特别适用于紧急抢修的防渗漏工程的防水。

2. 高聚物改性沥青防水涂料

高聚物改性沥青防水涂料是以高聚物改性沥青为基料,掺入改性剂、水或适当的溶剂制成液体防水材料。常用的高聚物改性沥青防水涂料有水乳型的氯丁橡胶改性沥青防水涂料、SBS 橡胶改性沥青防水涂料等。

高聚物改性沥青防水涂料广泛应用于工业与民用建筑的屋面防水工程、地下室防水工程和地面防潮、防渗等工程中。但使用前需对涂料的延伸性、柔韧性、不透水性、耐热性等指标进行检验,合格后方可使用。

3. 合成高分防水涂料

合成高分子防水涂料是以合成橡胶或合成树脂为主要成膜物质,加入其他辅料而配制成的单组分或多组分防水涂料,包括聚氨酯、丙烯酸酯、聚氯乙烯等防水涂料。目前使用较多的是聚氨酯防水涂料,它具有以下特点。

(1) 黏结力强,能在各种湿度的基底面上施工;涂膜结构密实,防水层完整,兼具了防水和隔气两种功能。

(2) 涂膜有良好的柔韧性,对基层伸缩或开裂等变形适应性强,抗拉强度高。

(3) 温度稳定性高,高温不流淌,低温不龟裂。

(4) 大气稳定性好,抗老化性能高;对油、酸、碱等物质的抗腐蚀性能较强。

(5) 施工简便,绿色环保。

根据工程需要,聚氨酯防水涂料可人工调配成所需的颜色;施工工期短,维修方便。聚氨酯防水涂料无毒无味,对环境无污染,对人身无伤害。

聚氨酯防水涂料可用于屋面,墙体及卫生间的防水防潮部位,还可用于地下维护结构的迎水面防水,地下室、储水池、人防工程等的防水,其主要的技术性能指标见表 8-2。

表 8-2 聚氨酯防水涂料的主要技能性能

项 目	性 能 指 标	
	一等品	合格品
抗拉强度/MPa	>2.45	>1.65

表 8-2（续）

项　目		性　能　指　标	
		一等品	合格品
伸长率/%		450	300
老化	加热老化	无裂缝及变形	
	紫外线老化		
低温柔性		-35 ℃无裂纹	-30 ℃无裂纹
不透水性		0.3 MPa, 30 min 不渗透	
固定的质量分数/%		≥94	
适用时间/min		≥20	
干燥时间/h		表干，≤4；实干，≤12	

任务三　防水密封材料

【任务目标】
（1）阐述防水密封材料的技术性能指标。
（2）阐述常用防水密封材料的类型和特点。

【任务知识】

防水密封材料也称建筑防水油膏或嵌缝材料，是嵌入建筑物的板缝、构件接头处的连接缝、建筑物的变形缝、门窗框及玻璃周边等缝隙中，起着气密，水密、防尘及隔声作用的建筑材料。

建筑防水密封材料分为定形和不定形两大类。定形的建筑防水密封材料有压条、密封条等，不定形的密封材料分为密封胶和密封膏。

一、防水密封材料的基本技术性能

（1）良好的黏结性和施工工作性。防水密封材料抗下垂、不渗水、不透气、易于施工操作，能够很好地将被黏物黏结起来形成连续的防水体。

（2）良好的弹塑性。防水密封材料能长期经受被黏构件的拉伸压缩和振动作用，在接缝发生变化时不断裂，不剥落，能保持长期的黏结性与拉伸压缩性能。

（3）良好的耐老化性能。防水密封材料耐候性好，抵抗热、氧、光、紫外线作用能力强，耐久性好。

二、常用的密封材料

1. 聚氯乙烯密封材料

聚氯乙烯密封材料是以聚氯乙烯树脂和焦油为基料，掺入适量的填充材料和增塑剂、稳定剂等改性剂，经塑化或热熔制得的防水密封材料。

聚氯乙烯防水密封材料具有良好的弹性，延伸性和抗老化性能，与水泥砂浆、混凝土有较高的黏结强度，能适应由于振动、伸缩、沉降等引起的各种变形，可用于建（构）筑物的各种接缝处的防水。

2. 沥青嵌缝油膏

沥青嵌缝油膏是以石油沥青为基质材料，加入改性沥青，填充料和稀释剂混合而成的一种冷用膏状防水材料。

沥青嵌缝油膏的主要特点是具有良好的黏结性和较高的温度稳定性，炎夏不易流淌，寒冬不易脆裂。其广泛用于一般混凝土屋面板和墙板等的接缝处防水；也可用作各种构筑物的伸缩缝，沉降缝等的嵌填密封材料。

3. 聚氨酯密封膏

聚氨酯密封膏是以异氰酸基为基料与含有活性氢化物的固化剂组成的一种双组分反应固化型的建筑密封材料。

聚氨酯密封膏能在常温下固化，并有良好的黏结性、弹性和耐候性，能与塑料、混凝土、金属等各种基底材料黏结，广泛用于墙面、门窗框、阳台、卫生间等部位的接缝密封及各种施工缝的密封，还可用于混凝土裂缝的修补。

任务四 刚性防水材料

【任务目标】
（1）简述防水混凝土的优缺点。
（2）阐述防水混凝土的组成。
（3）阐述防水砂浆的特点和应用。

【任务知识】

刚性防水材料是指以水泥为胶凝材料，砂石为集料，掺入一定量的外加剂或高分子聚合物等材料，通过调整配合比，抑制或减小孔隙率而改变孔隙特征，为增加各原材料界面间的密实性配制而成的具有一定抗渗透能力的水泥砂浆和混凝土防水材料。

一、防水混凝土

防水混凝土又称抗渗混凝土，是指满足抗渗等级等于或大于P6（最大液体不渗透压力为0.6 MPa）要求，兼有防水和承重两种功能的不透水性混凝土。

防水混凝土的防水作用是通过提高混凝土内部结构密实性、憎水性和抗渗性实现的。即通过选择合适级配的集料，降低混凝土的水胶比，掺入适量外加剂等，破坏混凝土内部的毛细管通道或减少混凝土的空隙率，提高混凝土的结构密实性，以期达到防水目的。

▶ 建 筑 材 料

(一) 防水混凝土的分类及应用

防水混凝土一般分为普通防水混凝土,外加剂防水混凝土和补偿收缩防水混凝土 3 种。每种混凝土的特点及适用范围见表 8-3。

表 8-3 防水混凝的种类、防水原理、特点和适应范围

种 类		防水原理、特点	适用范围
普通防水混凝土		调整普通混凝土组分、提高自身密实度和抗渗性	一般工业与民用建筑的地下防水工程
外加剂防水混凝土	普通减水剂防水混凝土	减水剂能减少混凝土的用水量,降低水胶比,使硬化混凝土的孔隙率降低,提高了混凝土的密实性,实现抗渗目的	钢筋密集或振捣困难的薄壁防水构筑物,有特殊要求的防水工程,如泵送混凝土等
	三乙醇胺防水混凝土	三乙醇胺不仅能促进水泥水化,而且水化产物体积膨胀,堵塞混凝土内部孔隙,切断毛细管通路,增大混凝土的密实性,提高混凝土的早期强度和抗渗性	工期要求紧迫,必须早强及抗渗性要求较高的防水工程和一般防水工程
补偿收缩防水混凝土	膨胀水泥防水混凝土	依靠膨胀剂或膨胀水泥在水化硬化过程中形成膨胀性结晶水化物,产生适度膨胀,减小或消除混凝土干缩产生的裂缝;结晶物质填充,堵塞毛细管孔隙,起到提高混凝土结构密实性的作用,从而提高混凝土的抗渗能力	地下工程和地上防水构筑物等混凝土工程
	膨胀剂防水混凝土		一般地下防水工程及屋面防水混凝土工程

(二) 防水混凝土的特点

1. 优点

(1) 兼具防水和承重两种功能,既节约了原材料又可加快施工速度。

(2) 原材料来源广泛,成本低廉。

(3) 在结构形式复杂的情况下,施工简便,防水质量可靠,耐久性好。

(4) 出现渗漏水时易于检查,便于修补;施工作业环境较好。

2. 缺点

混凝土结构自防水不适用于裂缝开展宽度大于 0.2 mm 的结构、遭受剧烈振动或冲击的结构、环境温度高于 80 ℃ 的结构;不适用于在耐蚀系数(耐蚀系数是指在侵蚀性水中养护 6 个月的混凝土试块的抗折强度与在饮用水中养护 6 个月的混凝土试块抗折强度之比)小于 0.8 的侵蚀性介质中使用的结构。

(三) 防水混凝土对组成材料的要求

1. 水泥

配制普通防水混凝土用的水泥必须满足《通用硅酸盐水泥》(GB 175—2007) 规定,同时要满足抗水性好,泌水性小,水化热低,并具有一定的抗侵蚀性要求。防水混凝土常用的水泥品种、特点及适用范围见 8-4。

表8-4 防水混凝土常用的水泥品种、特点及适用范围

水泥品种	普通硅酸盐水泥	火山灰质硅酸盐水泥	矿渣硅酸盐水泥
优点	早期、后期强度都较高，低温下强度增长快，泌水性小，干缩率小，抗冻耐磨性好	耐水性强，水化热低，抗硫酸盐侵蚀能力较强	水化热低，抗硫酸盐侵蚀性能优于普通硅酸盐水泥
缺点	抗硫酸盐侵蚀能力及耐水性比火山灰质硅酸盐水泥差	早期强度低，在低温环境中强度增长较慢，干缩变形大，抗冻耐磨性差	泌水性差、干缩变形大，抗冻和耐磨性均较差
适用范围	适用于一般地下和水中结构以及受冻融作用和干湿交替的防水工程；不适用于受含硫酸盐地下水侵蚀的地下工程	适用于有硫酸盐侵蚀的地下防水工程；不适用于受反复冻融及干湿交替作用的防水工程	在提高水泥研磨细度，或掺入的外加剂减少或消除矿渣水泥的泌水后，方可用于一般地下防水工程

水泥强度的等级不应低于42.5级。当采用32.5级水泥时，必须掺外加剂并经试验合格后方可使用；不得使用过期，受潮结块及混入有害杂质的水泥，不得将不同品种或强度等级的水泥混合使用。

防水混凝土的水泥用量不宜过少，否则会增大水胶比，使硬化的混凝土内部孔隙增多，抗渗性下降。

2. 集料

防水混凝土对砂、石材料的技术要求见表8-5。

表8-5 防水混凝土对砂、石材料的技术要求

技术要求	砂						石		
集料的品种	坚实的天然中砂或由坚硬的岩石粉碎制成的人工砂						坚硬的卵石、碎石或矿渣碎石；软弱颗粒含量不大于石子总重的5%		
筛孔/mm	0.16	0.315	0.63	1.25	2.50	5.0	5.0	$1/2D_{max}$	$D_{max} \leq 40$
累计筛余/%	100	70~95	45~75	20~55	10~35	0~5	95~100	30~65	0~5
含泥量/%	≤3，泥土不得呈块状或包裹砂子表面						≤1，泥土不得呈块状或包裹石子表面		
泥块含量/%	≤1.0						≤0.5		

粗集料的最大粒径不宜大于40 mm，因为在混凝土硬化收缩的过程中，石子不收缩。石子越大，与水泥浆收缩的差值越大，在水泥浆与石子界面间产生的微细裂缝越大，混凝土的抗渗性越差。但石子的最大粒径也不宜过小，否则需要增加水泥浆用量，导致混凝土的收缩增加，抗渗性下降。集料表面含有较多的泥土颗粒，会严重影响集料与水泥石的黏结并增加水泥浆用量，增加混凝土硬化后产生的裂缝。

3. 水

拌制防水混凝土所用的水与拌制普通水泥混凝土用水的要求相同，即宜采用不含有害

杂质的洁净水。

4. 外加剂和掺合材料

根据工程需要掺入引气剂、减水剂、密实剂等外加剂,以减少水的使用量,提高混凝土结构的密实性。

外加剂的技术性能应符合国家或行业标准一等品及以上的质量要求,其掺量和品种应经试验确定。

此外,还可掺入一定数量的磨细粉煤灰或磨细砂、石粉等,以改善集料的级配组成,增加集料的密实度,提高抗渗性。但粉煤灰的掺量不应大于20%且不应低于二级,过多会降低防水混凝土的强度;磨细砂、石粉的掺量不宜大于5%;硅粉的掺量不应大于3%,细粉料应全部通过0.15 mm筛孔。

【知识拓展】

抗渗混凝土若是在水中或潮湿环境中养护,可增加混凝土的密实性,提高混凝土的抗渗性。但是抗渗混凝土不适于采用蒸汽养护,因为蒸汽压力会使混凝土内部毛细孔扩张,抗渗性下降。

在潮湿环境中,抗渗混凝土至少要养护14 d。对于大体积防水混凝土的保温保湿养护,混凝土中心温度与表面温度及表面温度与大气温度差值均不应大于25 ℃,且混凝土的降温速率每天不应大于2 ℃。

(四) 防水混凝土的配合比设计

1. 防水混凝土的配合比要求

防水混凝土的配合比应通过试验确定,其抗渗等级应较设计等级提高0.2 MPa。防水混凝土配合比的具体要求见表8-6。

表8-6 普通防水混凝土配合比的要求

项目	技 术 要 求
试配要求	抗渗水压值应比设计值提高0.2 MPa
水胶比	0.5~0.6。施工中优先考虑混凝土的抗渗性和施工和易性,其次考虑强度要求
坍落度	普通防水混凝土的坍落度不大于5 cm,泵送时入泵坍落度宜为100~140 mm。入模前坍落度每小时损失值小于3 cm,坍落度总损失值不大于6 cm
水泥用量	水泥强度等级为32.5级、42.5级时,水泥用量不小于300 kg/m;水泥强度等级高于42.5级并掺有活性细料粉时,水泥用量不小于280 kg/m³
含砂率	砂率不小于35%。对于厚度较小、钢筋较密列、埋设件较多等不易浇捣施工的工程,可将砂率提高到40%,最大不可超过45%
灰砂比	1:2~1:2.5
集料	粗集料最大粒径D_{max}≤40 mm;采用中砂或细砂

2. 配合比设计的方法和步骤

（1）抗渗等级的确定。抗渗混凝土的配合比必须满足结构抗渗性的要求。抗渗等级可根据最大计算水头 H（即最高地下水位高于地下室底面的距离）与防水混凝土壁厚 h 的比值确定，见表8-7。

表8-7 防水混凝土抗渗等级

最大计算水头与防水混凝土壁厚的比值 H/h	设计抗渗等级/MPa	最大计算水头与防水混凝土壁厚的比值 H/h	设计抗渗等级/MPa
<10	0.6	25~35	1.6
10~15	0.8		
15~25	1.2	>35	2.0

注：储水结构应以建筑物的储水或最高水位作为最大计算水头。

（2）水胶比的确定。抗渗混凝土的水胶比过小，混凝土的密实性变差；水胶比过大，硬化混凝土中的空隙率增加，抗渗性和抗冻性均变差。在一定范围内，水胶比越小，混凝土的密实度和抗渗性越好。

抗渗混凝土的水胶比与抗渗压力的关系如图8-3所示。

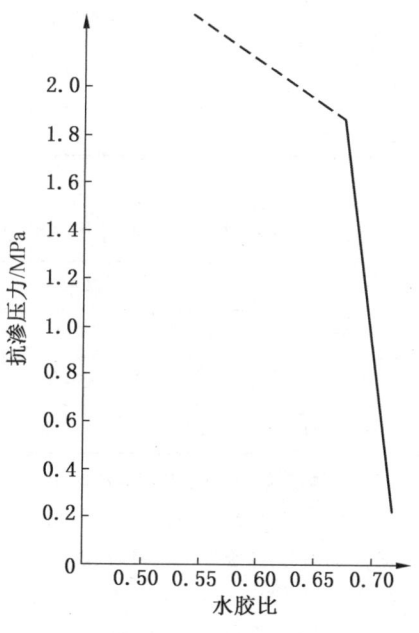

图8-3 抗渗混凝土的水胶比与抗渗压力的关系

▶ 建 筑 材 料

实际工程应用中,普通防水混凝土的水胶比是根据混凝土的强度等级、抗渗等级按表8-8推荐的水胶比选择的。

表8-8 普通混凝土的水胶比选择

抗渗等级/MPa	水 胶 比	
	C20~C30 混凝土	>C30 混凝土
6~8	0.6	0.55~0.6
8~12	0.55~0.6	0.50~0.55
>12	0.50~0.55	0.45~0.50

(3)用水量的选择。抗渗混凝土的用水量要根据结构条件(截面大小、钢筋疏密)、施工方法(运输、浇捣方法)等综合考虑确定用水量。一般可参照表8-9选择混凝土的坍落度,再按选定的坍落度参考表8-10确定用水量。但最佳用水量要根据要求的拌合物的流动性和砂率等,通过试拌后确定。

表8-9 普通防水混凝土坍落度的选择

结 构 种 类	坍落度/mm
厚度不小于250 mm	20~30
厚度小于250 mm 或钢筋稠密的结构	30~50
厚度大的少筋结构	<30
大体积混凝土或立墙	沿高度逐渐减小坍落度

表8-10 防水混凝土的参考用水量

坍落度/mm	砂率/%		
	35	40	45
10~30	175~185	185~195	195~205
30~50	180~190	190~200	200~210

注:1. 表中石子粒径为5~20 mm,若石子最大粒径为40 mm,用水量应减少5~10 kg/m³。
2. 表中石子按卵石考虑,若为碎石,用水量应增加5~10 kg/m³。
3. 表中采用的是火山灰质硅酸盐水泥,若用普通硅酸盐水泥,用水量可减5~10 kg/m³。

(4)计算水泥用量。水泥用量可根据用水量和水胶比按式(8-1)计算:

$$m_{co} = \frac{m_{wo}}{W/B} \tag{8-1}$$

式中 m_{co}——水泥用量；

m_{wo}——用水量；

W/B——水胶比。

计算所得的水泥用量应满足防水混凝土水泥用量不小于 300 kg/m³ 的要求。

(5) 砂率的确定。砂起着填充石子空隙、形成一定砂浆层的作用，一般为 35% ~ 40% 普通防水混凝土的砂率不得小于 35%，具体数据可根据砂的平均粒径、细度模数和石子的空隙率按表 8-11 选用。

表 8-11 普通防水混凝土的砂率选择参考数值

细度模数	平均粒径/cm	石子空隙率/%				
		30	35	40	45	50
0.7	0.25	35	35	35	35	35
1.18	0.30	35	35	35	35	36
1.62	0.35	35	35	35	36	37
2.16	0.40	35	35	36	37	38
2.71	0.45	35	36	37	38	39
3.25	0.50	36	37	38	39	40

注：本表是按石子平均粒径为 5~30 mm 计算的，若采用平均粒径为 5~20 mm 的石子时，砂率可增加 2%。

在防水混凝土的砂率及最小水泥用量均已确定的情况下，还应验证灰砂比。灰砂比更直接地反映水泥砂浆的浓度及包裹砂粒的情况。试验证明，灰砂比以 1:2.5~1:2 之宜。

对于钢筋密列、厚度较小、埋设件较多等不易浇捣的混凝土工程，可将砂率提高到 40% 左右。

(6) 计算砂石用量。防水混凝土一般采用绝对体积法计算混凝土的配合比。即假设混凝土组成材料绝对体积的总和等于混凝土体积，则有下列方程式：

$$\frac{m_{co}}{\rho_c} + \frac{m_{wo}}{\rho_w} + \frac{m_{sg}}{\rho_{sg}} = 1000 \tag{8-2}$$

$$\rho_{sg} = \rho_s \beta_s + \rho_g \times (1 - \beta_s) \tag{8-3}$$

$$m_{sg} = \rho_{sg} \left(1000 - \frac{m_{wo}}{\rho_w} - \frac{m_{co}}{\rho_c} \right) \tag{8-4}$$

则砂、石用量分别为

$$m_{so} = m_{sg} \beta_s \tag{8-5}$$

$$m_{go} = m_{sg} - m_{so} \tag{8-6}$$

式中 m_{sg}——每立方米砂石的混合重量，kg/m³；

▶ 建 筑 材 料

ρ_c——水泥的密度，g/cm^3；

ρ_w——水的密度，g/cm^3；

ρ_{sg}——砂、石的混合密度，g/cm^3；

ρ_s——砂的密度，g/cm^3；

ρ_g——石的密度，g/cm^3；

β_s——砂率；

m_{so}——每立方米砂的重量，kg/m^3；

m_{go}——每立方米石的重量，kg/m^3。

（7）试配与校正。按照计算的初步配合比进行试拌，试拌结果若与工程要求不符，应按实际进行校正，调整用料比例，直至达到满足试配要求的抗渗水压值（较设计值高 0.2 MPa）。

3. 防水混凝土配合比设计示例

【例 8-1】 配制 C30 抗渗等级为 P8 的普通防水混凝土，初步选定混凝土的坍落度为 30~50 mm，砂率为 39%，所用的材料及其特性如下。试设计混凝土的初步配合比。

水泥：32.5 级普通水泥，密度为 3.1 g/cm^3。

砂：中砂，密度为 2.65 g/cm^3。

石：最大粒径为 30 mm 的卵石，密度为 2.70 g/cm^3。

解 根据设定的混凝土强度等级、抗渗等级及坍落度等已知条件，按表 8-8 和表 8-10，可初步确定水胶比为 0.55，用水量为 190 kg/m^3。

（1）计算水泥用量 $m_{co} = 190 \div 0.55 = 345$ kg/cm^3。

（2）按题给的砂率为 39%，可计算砂石的混合密度为

$$\rho_{sg} = \rho_s \beta_s + \rho_g \times (1 - \beta_s) = 2.65 \times 39\% + 2.70 \times (1 - 39\%) = 2.68 \text{ g/cm}^3$$

（3）砂石混合用量为

$$m_{sg} = \rho_{sg} \left(1000 - \frac{m_{wo}}{\rho_w} - \frac{m_{co}}{P_c}\right) = 2.68 \times \left(1000 - \frac{190}{1} - \frac{345}{3.1}\right) = 1873 \text{ kg/m}^3$$

（4）砂用量 $m_{so} = 1873 \times 39\% = 730$ kg/m^3。

（5）卵石用量 $m_{go} = 1873 - 730 = 1143$ kg/m^3。

故初步配合比为水：砂：卵石 = 1：2.12：3.31；$W/B = 0.55$。

二、防水砂浆

防水砂浆是依靠特定的施工工艺增加砂浆本身的密实性或在水泥砂浆中添加防水剂、高分子聚合物等外加剂来达到防水目的的一种刚性防水材料。

1. 分类、特点及应用

常见防水砂浆即水泥防水砂浆的分类、特点及适用范围见表 8-12。

表8-12 水泥防水砂浆分类、特点及适用范围

分类	特 点	适 用 范 围
普通防水砂浆	又称刚性多层抹面防水砂浆,具有较高的抗渗能力,抗渗压力达2.5~3 MPa,检修方便	适用于地下防水层或用于屋面、地下工程补漏。因其变形能力差,不适用于因振动、沉陷或温度、湿度变化易产生裂缝的结构;不适于有腐蚀剂、高温(大于80 ℃)的工程防水
外加剂防水砂浆	配制简单。其具有一定的抗渗能力,可承受0.4 MPa的抗渗压力;当掺入10%的抗裂防水剂时,其抗渗压力可达3 MPa以上	适用于一般深度不大、干燥程度要求不高、不受振动的地下工程防水或墙体防潮层,用于简易屋面防水。其不适用于因振动、沉陷或温度、湿度变化易产生裂缝的结构;不适用于有腐蚀剂,高温(大于80 ℃)的工程防水
聚合物防水砂浆	价格较高,聚合物掺量比例要求严格	可单独用于防水工程或防渗漏工程的修补

与防水卷材、金属、防水混凝土等几种防水材料相比,水泥砂浆防水层具有一定的防水功能,施工操作简便、造价适宜并容易修补等。

2. 对组成材料的技术要求

(1) 水泥。应按设计要求选用普通硅酸盐水泥或膨胀水泥,其强度等级不应低于32.5级,不得使用过期,受潮结块及掺入有害杂质的水泥。

(2) 集料。宜采用中砂,中砂粒径应在3 mm以下,含泥量不得大于1%,硫化物和硫酸盐含量不得大于1%。

(3) 水。不含有害物质的洁净水。

(4) 外加剂的技术性能应符合国家或行业标准一等品及以上的质量要求。

(5) 聚合物乳液中无颗粒、异物或凝固物。

任务五 地下防水工程用防水材料

【任务目标】

(1) 阐述地下防水工程主体结构所用材料种类。

(2) 阐述止水带和止水条的工作原理。

【任务知识】

地下工程是指深入地面以下为开发利用地下空间资源所建造的地下土木工程,包括地下房屋和地下构筑物、地下铁道、公路隧道、水下隧道、地下共同沟和过街地下通道等。

一、地下工程的防水等级

地下工程的防水等级分为4级,各级标准及适用范围应符合表8-13的要求。

表8-13 地下工程防水等级标准及适用范围

防水等级	标准	适用范围
1级	不允许渗水,结构表面无湿渍	人员长期停留的场所;有少量湿渍会使物品变质、失效的储物场所及严重影响设备正常运转和危及工程安全运营的部位;极重要的战备工程
2级	不允许渗水,结构表面可有少量湿渍;工业与民用建筑:总湿渍面积不应大于总防水面积(包括顶板、墙面、地面)的1/1000;任意100 m^2 防水面积上的湿渍不超过1处,单个湿渍的最大面积不大于0.1 m^2;其他地下工程:总湿渍面积不应大于总防水面积的6/1000;任意100 m^2 防水面积上的湿渍不超过4处,单个湿渍的最大面积不大于0.2 m^2	人员经常活动的场所;在有少量湿渍的情况下不会使物品变质、失效的储物场所及基本不影响设备正常运转和工程安全运营的部位;重要的战备工程
3级	有少量的漏水点,不得有线流和漏泥沙;任意100 m^2 防水面积上的漏水点数不超过7处,单个漏水点的最大漏水量不大于2.5 $L/(m^2 \cdot d)$,单个湿渍的最大面积不大于0.3 m^2	人员临时活动的场所;一般战备工程
4级	有漏水点,不得有线流和漏泥沙;整个工程平均漏水量不大于2 $L/(m^2 \cdot d)$;任意100 m^2 防水面积的平均漏水量不大于4 $L/(m^2 \cdot d)$	对渗漏无严格要求的工程

二、地下防水工程主体结构用防水材料

地下防水工程主体结构所使用的防水材料主要包括防水混凝土、防水砂浆、防水卷材、防水涂料、塑料防水板、金属板等。防水混凝土、防水砂浆、防水卷材和防水涂料的技术要求前面已有介绍,以下重点阐述塑料防水板和金属板。

1. 塑料防水板

塑料防水板是由高分子材料合成的防水板材。这种防水板是工厂的定型产品,具有薄厚均匀、幅宽适宜(1~7 m)、施工便利和对环境无污染等使用优点。塑料防水板的种类很多,按安装材料种类不同,可分为橡胶型、塑料型和其他化工类产品。目前国内经常生产和使用的是 EVA 膜和 LDPE 膜两种。

EVA 膜是乙烯-醋酸乙烯共聚物,这种防水板的特点是抗拉及抗裂强度较高,相对密度较小,具有突出的柔软性和较大的延伸率,施工方便,防水效果良好。

LDPE 膜是低密度聚乙烯,这种防水板的特点是抗压强度及延伸率较大,材质柔软,易于施工操作,价格低廉。但其具有不耐阳光且燃烧速度较 EVA 膜快的缺点。

几种常用的塑料防水板的主要物理力学性能见表8-14。

表8-14 常用的塑料防水板的主要物理力学性能

序号	项 目	性 能 要 求			
		EVA	ECB	PVC	PE
1	拉伸强度/MPa	≥15	≥10	≥10	≥10
2	断裂延伸率/%	≥500	≥450	≥200	≥400
3	不透水性(24 h)/MPa	≥0.2	≥0.2	≥0.2	≥0.2
4	低温弯折性/℃	≤-35	≤-35	≤-20	≤-35
5	热处理尺寸变化/%	≤2.0	≤2.5	≤2.0	≤2.0

注：ECB为乙烯共聚物沥青。

2. 金属板

用作防水的金属板表面不得有明显凹面和损伤。当金属表面有锈蚀、麻点或划痕等缺陷时，其深度不得大于该板材厚度的负偏差值。

三、特殊部位用防水材料

防水工程的特殊部位主要是指施工缝、变形缝、后浇带、管片拼接等部位，在这些特殊部位使用的防水材料主要是止水材料，工程中常用的止水材料包括止水带和止水条两大类。止水带的形式和品种较多，而止水条则以橡胶止水条为主。

1. 止水带

止水带是处理建筑物或地下构筑物接缝用的一类防水密封材料。在防水工程中，止水带可以阻止大部分的地下水沿沉降缝进入室内，尤其是当接缝两侧的建筑沉降不一致时，止水带可以通过自身的变形起到继续止水的作用。止水带的形式很多，常见的形式如图8-4所示。

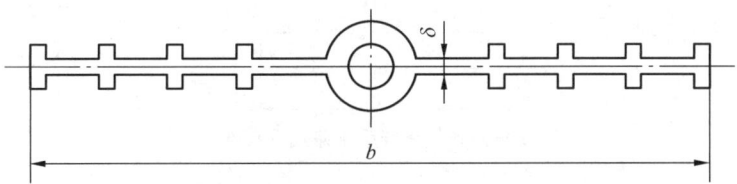

(a) 变形缝用止水带，常用"B"表示

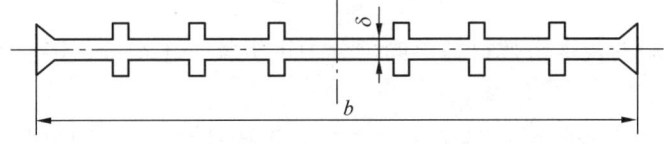

(b) 施工缝用止水带，常用"S"表示

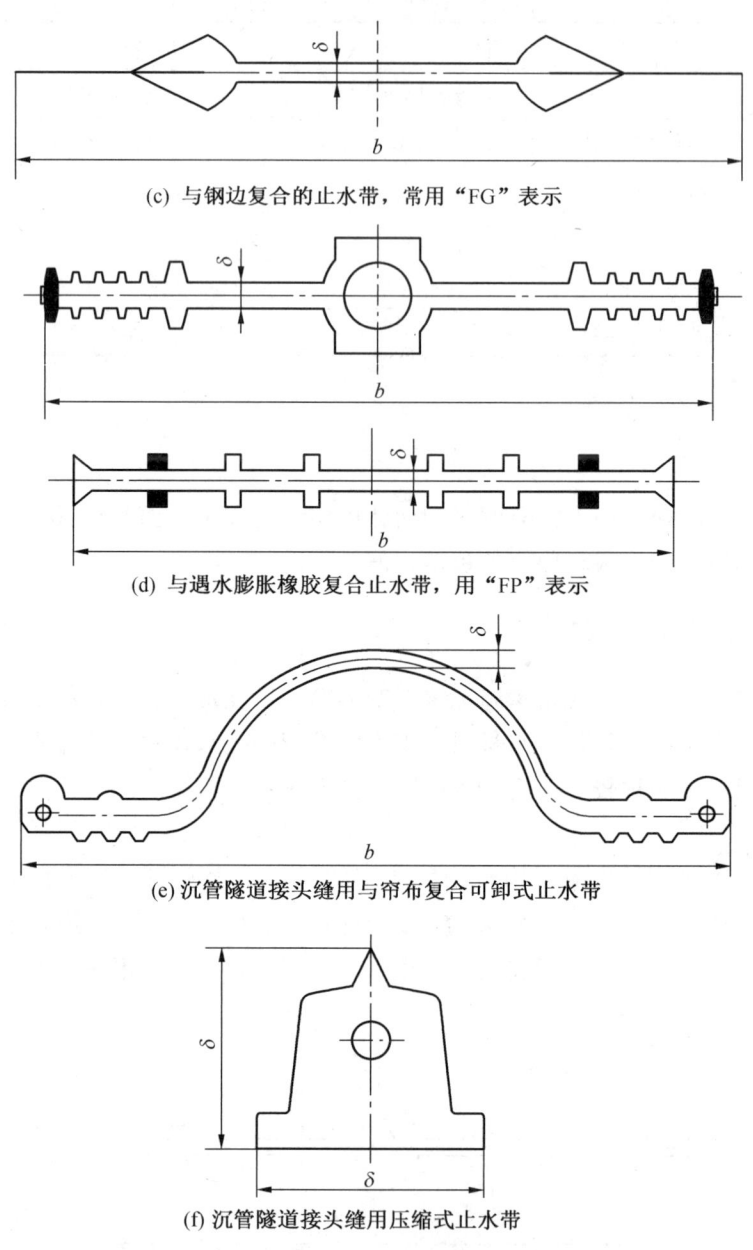

图 8-4 常见的止水带形式

目前工程上常用的止水带按材料不同可分为钢板腻子止水带、PVC 塑料止水带、遇水膨胀橡胶止水带等。

（1）钢板腻子止水带。钢板腻子止水带是采用优质的高分子材料，中间夹有 0.4 mm 或 0.6 mm 的镀锌板复合而成的止水带。这种止水带的突出特点是能承受一定的压力和弯曲作用；具有非常高的自黏性和温度稳定性，夏季高温不流淌，冬季低温不发脆；具有良好的耐水性和耐酸碱腐蚀能力，使用寿命长。

钢板腻子止水带主要应用于隧道、地铁、堤坝、涵洞、水利水电工程中施工缝、高层建筑地下室、地下停车场等主要工程施工缝。

（2）PVC塑料。塑料止水带是由聚氯乙烯（PVC）树脂与一定量的增塑剂、稳定剂和填料等，经塑炼、挤出等工艺，制成的一种均质塑料制品。

塑料止水带具有良好的弹性变形能力，在建筑构造接缝处起着防漏、防渗的作用，且具有很高的耐腐蚀性。

塑料止水带主要用于混凝土浇筑时设置在施工缝及变形缝内与混凝土构成为一体的基础工程，如隧道、涵洞、引水渡槽、拦水坝、储液构筑物、地下设施等。

（3）遇水膨胀橡胶止水带。如图8-5所示，遇水膨胀橡胶止水带是以改性橡胶为基料而制成的一种新型防水材料，遇水膨胀橡胶（改性橡胶）止水带除了具有一般橡胶制品优良的变形适应能力外，还具有遇水膨胀的特点，膨胀率可达100%~500%，且膨胀倍率不受水质影响。大幅度的膨胀增加了止水带和构筑物间的紧密度，显著提高了防水、止水效果。

图8-5 遇水膨胀橡胶止水带

遇水膨胀橡胶止水带有着优良的耐水性、耐化学性、耐老化性，能有效防止地下水或外界水渗漏到建筑物结构中。其适用于不能连续浇筑，或由于地基的变形，或由于温度变化引起的混凝土构件的热胀冷缩等情况下的变形缝、施工缝，如挡水坝、蓄水池、地铁、涵洞、隧道等地下工程。

2. 止水条

止水条是由高分子、无机吸水膨胀材料与橡胶及助剂合成的具有自黏性能的一种新型建筑防水材料。

▶ 建 筑 材 料

止水条遇水后会逐渐膨胀，依靠其自身的黏性直接粘贴在混凝土施工缝、后浇缝的界面上，二次浇筑混凝土后，可以挤密新老混凝土之间的缝隙，堵塞混凝土的空隙和裂缝，使混凝土界面的接触更加紧密，从而产生较大的抗水压力，可自行封堵因沉降而出现的新的微小缝隙。对于已完工的工程，如缝隙渗漏水，可用该止水条重新堵漏。

止水条广泛用于隧道、污水处理厂、水力发电站、大坝等工程中，用于对伸缩缝、施工缝和沉降缝等结构缝中的止水。

【项目习题】

一、名词和符号解释

针入度 $P_{(25℃,100\,g,5\,s)}$ 改性沥青 防水卷材的耐候性 软化点

二、填空题

1. 在硅酸盐水泥、火山灰质硅酸盐水泥和矿渣硅酸盐水泥中，保水性最好的是（　　）水泥；耐硫酸盐腐蚀能力最强的是（　　）水泥；最易泌水的是（　　）水泥；水化热最高的是（　　）水泥。

2. 在不受侵蚀性介质和冻融作用的抗渗混凝土工程中，不宜直接使用（　　）水泥。

3. 用于抗渗混凝土的集料，若含泥量大，会增加混凝土的水泥浆用量，硬化的混凝土结构密实性降低，抗渗性（　　）。

4. 遇水膨胀橡胶止水带的突出特点是遇水膨胀，其膨胀率可达（　　）%，且膨胀倍率不受水质影响。

三、选择题

1. 建筑防水材料的基本性质包括（　　）。

A. 良好的耐候性

B. 对光、热、酸雨、紫外线等的作用有一定的抵抗能力

C. 良好的抗水渗透和耐酸碱性能

D. 良好的抵抗温度和应力变形能力

E. 整体性好

F. 较高的抗压能力

2. SBS 防水卷材具有很好的（　　）。

A. 温度稳定性　　　B. 低温柔性　　　C. 工程适应性　　　D. 高温稳定性

E. 低温抗裂性

3. 卷材应储存在阴凉通风的室内，避免雨淋、日晒和受潮，（　　）。

A. 严禁接近火源　　　　　　　　B. 储存环境温度不得高于 45 ℃

C. 储存环境温度不得高于 80 ℃

4. 聚氨酯防水涂料具有以下（　　）特点。

A. 能在潮湿或干燥的各种基面上直接施工

B. 涂膜有良好的柔韧性，对基层伸缩或开裂的适应性强

C. 耐候性好，高温不流淌，低温不龟裂

D. 优异的抗老化性能和抗腐蚀性能

5. 与传统的沥青防水卷材相比，高聚物改性沥青防水卷材具有（　　）的特点。

A. 高温稳定性强　　B. 低温延展性强　　C. 抗拉强度高

四、简答题

1. 与传统的沥青防水卷材相比较，高聚物改性沥青防水卷材和高分子防水卷材各有什么突出的优点？

2. 地下防水工程的防水等级分几级？防水原则是什么？

3. 地下工程防水与屋面防水用防水材料有何区别？

4. 地下防水工程止水材料有哪些？常用的橡胶材料的特点是什么？

项目九 建筑功能材料

任务一 建筑装饰材料

【任务目标】

(1) 分类描述建筑常用装饰材料的特点。
(2) 判断建筑内各部位所用装饰材料的种类,并且描述其利用材料的主要性能。

【任务知识】

建筑装饰材料,又称建筑饰面材料,是指铺设或涂装在建筑物表面起装饰和美化环境作用的材料。建筑装饰材料是集材料、工艺、造型设计、美学于一体的材料,是建筑装饰工程的重要物质基础。建筑装饰的整体效果和建筑装饰功能的实现,在很大程度上会受到建筑装饰材料的制约,尤其会受到装饰材料的光泽、质地、质感、图案、花纹等装饰特性的影响。因此,只有熟悉各种装饰材料的性能、特点,按照建筑物及使用环境,合理选用装饰材料,才能物尽其用,更好地表达设计意图,并与室内其他配套产品来体现建筑装饰性。

对建筑装饰材料进行科学合理的分类,无论是对材料的开发、研究,还是对材料的选用、施工,都具有重要的实际意义。通常采用以下几种方法分类。

一、建筑用木材

(一) 原生木材

木材具有很多优良的性能,如轻质,高强,不导电,导热性能低,较好的弹性和韧性,能承受冲击和振动,易于加工,能制成形状不同的产品,纹理美观,色调温和,风格典雅,装饰效果好。当然,木材也有许多缺点:构造不均匀,自然缺陷多,使用不当容易产生干裂和翘曲,养护不当易腐朽、霉烂和虫蛀,且耐火性差。木材的性能取决于木材的构造。

木材的种类很多,一般按树种可分为针叶树和阔叶树两大类。

1. 针叶树

针叶林木多数为常绿树,树干直而高,木质较软,易于加工,称为软材。其强度高、表观密度小,胀缩变形小,是建筑工程中的主要用材。软材主要有松、杉等。

2. 阔叶树

阔叶林木大多数为落叶树,木质较硬,加工较困难,称为硬材。其表观密度大,胀缩、翘曲变形大，裂纹大。硬材主要有桦树、水曲柳、榆树、柞树等。

将木材加工过程中的大量边角、碎料、刨花、木屑等，经过再加工处理，制成各种人造板材，可有效提高木材利用率。常用的人造板材有胶合板、纤维板、刨花板、木丝板、木屑板、细木工板等。

(二) 人造板材

1. 胶合板

胶合板是用原木旋切薄片，经干燥处理后，再用胶黏剂按奇数层数，以各层纤维互相垂直的方向，黏合热压而成的人造板材。一般为 3～13 层。工程中常用的是三合板和五合板。针叶树和阔叶树均可制作胶合板。

胶合板的特点：材质均匀，强度高，无明显纤维饱和点，吸湿性小，不翘曲开裂，无病，幅面大，使用方便，装饰性好。

胶合板广泛用作建筑室内隔墙板、护壁板、天花板、门面板以及各种家具和装修。

2. 纤维板

纤维板是将板皮、刨花、树枝等废料，经破碎、浸泡、研磨成木浆，加入胶黏剂或利用木材自身的胶黏物质，再经过热压成型、干燥处理而制成的人造板材。因成型时温度和压力不同，纤维板分为硬质、半硬质和软质三种。

纤维板对木材利用率高达 90% 以上，且材质均匀，各向强度一致，弯曲强度大，不易胀缩和翘曲开裂，完全避免了木材的各种缺陷。硬质纤维板在建筑上应用很广，可代替木材用于室内壁板、门板、地板、家具和其他装修等。软质纤维板表观密度小（$<400 \ kg/m^3$），孔隙率大，多用作绝热、吸声材料。

3. 刨花板、木丝板、木屑板

刨花板、木丝板、木屑板是以木材加工中产生的大量刨花、木丝、木屑为原料，经干燥，与胶结材料拌和，热压制成的板材。所用胶结材料有动植物胶（豆胶、血胶）、合成树脂胶（酚醛树脂、脲醛树脂等）、无机胶凝材料（水泥、菱苦土等）。这些板材表观密度小，强度较低，主要用作绝热和吸声材料。经饰面处理后，还可用作吊顶板材、隔断板材等。

4. 细木工板

细木工板是综合利用木材而加工的人造板材。芯板用木板条拼接而成，两个表面为胶贴木质单板的实心板材。其按结构可分为芯板条不胶拼的细木工板、芯板条胶拼的细木工板。其按表面加工状况可分为一面砂光细木工板、两面砂光细木工板、不砂光细木工板。其按所使用的胶黏剂分为Ⅰ类胶细木工板、Ⅱ类胶细木工板。细木工板的材质和加工工艺质量分一、二、三等。细木工板的技术性能指标：含水率为 7%～13%；当板厚度为 16 mm 时，横向静曲强度不低于 15 MPa，当板厚度小于 16 mm 时，横向静曲强度不低于 12 MPa；胶层剪切强度不低于 1 MPa。细木工板具有吸声、绝热、质坚、易加工等特点，主要适用于家具、车厢和建筑室内装修等。

二、建筑装饰石材

从天然岩石中开采出来，经机械加工成的块状或板状材料统称天然装饰石材。随人们生活水平的提高，人们对美的追求在家庭装修方面体现得淋漓尽致。无论是家庭装修，还是公共环境的室内外装修，都离不开对石材的运用，因为它所特有的色泽和纹理饰效果好，而且比较耐用。但是由于造价高等原因，常用在等级要求较高的公共建筑。由于石材的特点为古今建筑平添了许多动人的魅力，许多优秀的世界建筑，特别是古建筑，几乎都是用石材来表现的。而人造石材的诞生，不但丰富了材料市场，而且其优于天然石材的一些性能，恰好又弥补了市场空缺，可以说是锦上添花。

1. 大理石

天然大理石是地壳中已形成的岩石（石灰岩或白云岩）经过地壳内高温、高压作用成的变质岩，其坚固耐用。

天然大理石体积密度为 $2500\sim2700\ kg/m^3$，抗压强度为 $50\sim190\ MPa$，莫氏硬度 $3\sim4$ 级，属于中硬石材，具有斑状结构。大理石较易于雕琢、磨光，吸水率低，杂质少，固耐久。天然大理石纹理细致、丰富，斑纹多样，千姿百态，朴素自然，但化学稳定性差，不耐酸碱，抗风化能力差，易受空气中二氧化硫的腐蚀，使石材表面变得粗糙、多孔，失光泽，变色，并逐渐破损，因而不宜用于室外。

大理石板材是用天然大理石荒料经锯切、研磨、抛光等加工后的石板。大理石板材分为普型板材（PX）和圆弧板材（HM），按产品质量分为优等品（A）、一等品（B）、合格（C）三个等级。大理石板材主要用于建筑物室内饰面，如墙面、柱面、栏杆、窗台板等部位。因大理石遇水打滑，不能用在厨房和卫生间的地面。大理石可进行不同色彩、不同形状的碎拼；构图完整、独特的大型大理石还可直接加工做成壁画或屏风。而少数不含杂质的大理石抗风化能力强，因而可用于室外，如汉白玉、艾叶青等。

2. 花岗石

天然花岗石（花岗石）是地壳运动时，岩浆涌向地表或地下一定深处，因压力和温度条件变化冷凝而成的。其主要矿物组成为长石、石英和少量云母等。

花岗岩体积密度为 $2500\sim2800\ kg/m^2$，抗压强度为 $120\sim300\ MPa$，莫氏硬度为 $6\sim7$ 级，较坚硬、耐磨，但开采、加工较难，其吸水率只有 $0.1\%\sim0.7\%$，耐酸性好，抗风化及耐久性好，使用寿命少则数十至数百年，多则可达上千年，但花岗石不耐火，高温会使其因石英的晶型转变而产生胀裂，从而影响其使用寿命。花岗石的颜色由石英石、云母等矿物的种类和数量决定，通常有灰、白、黄、粉、红、纯黑等多种颜色，具有很好的装饰性，其中以深色的花岗石较为名贵。花岗石质感丰富，具有华丽高贵的装饰效果，而细琢板材则有古朴坚实的装饰风格。

花岗石板材是由花岗石等荒料加工而成的石板，按形状可分为毛光板（MG）、普型板材（PX）、圆弧板材（HM）和异型板材（YX）；按表面加工程度可分为细面板材（YG）、镜面板材（JM）和粗面板材（CM）；按产品质量可分为优等品（A）、一等品（B）、合格品（C）三个等级。

花岗石属于高级建筑装饰材料，主要用于大型、重要的或装饰要求高的建筑装饰。粗面板材与细面板材多用于室外墙面、地面、柱面、台阶等部位；镜面板材主要用于室内外墙面、地面、柱面、台面及台阶等部位。花岗石还可被加工成条石、蘑菇石、柱及饰物等用于建筑室外。此外，花岗石还是露天雕刻的首选之材，如北京的人民英雄纪念碑碑心石是完整花岗石。

3. 石材

人造石材是在20世纪中期出现的，以模仿天然石材的外观，改善天然石材的缺陷为目标而设计、生产的人造材料。其在防潮、防酸、耐高温、拼凑性方面都有很大进步。随着生产技术水平的不断提高，人造石材制品的品质也得到建筑装饰行业越来越多的认可。

人造石材按原料及生产工艺划分主要有4类：①水泥基人造石材，是以水泥为胶结材料将天然石渣、石粉胶结而成的，其主要优势是价廉，且挥发物少；②树脂基人造石材，是以有机树脂为胶结材料将天然石渣、石粉胶结而成的，其主要优势是质轻、色彩鲜艳、光泽效果好等；③复合型人造石材，是既用有机胶结材料，又用无机胶结材料生产的人造石材，其特点是有机材料与无机材料的优势可以互补发挥；④烧结型人造石材，是采用烧结的生产技术，用优质黏土等原料生产的人造石材，其优势是可像陶瓷一样坚固、耐久，装饰效果好。人造石材根据模仿的天然石材品种分为人造大理石、人造花岗石、人造玛瑙和人造玉石等。其广泛应用于建筑室内外的墙面、地面、台面、卫生洁具及其他装饰部位。

三、建筑装饰陶瓷

建筑装饰陶瓷是用黏土及其他天然矿物原料，经配料、制坯、干燥、焙烧而成的。陶瓷制品是陶器与瓷器两大类产品的总称。

其坯体按烧结程度不同，可分为陶质、瓷质和炻质3种。

陶质坯体原料含杂质较多，烧结程度低，制品断面粗糙、无光、不透明，孔隙率大（吸水率大于10%），敲之声音粗哑。粗陶不施釉，如砖、瓦、罐、盆、管等；精陶制品多在表面施釉，如釉面砖、美术陶瓷等。

瓷质坯体烧结程度高，结构致密，强度高，坚硬、耐磨，其制品断面细腻、有光泽，具有半透明性，孔隙率低（吸水率小于1%），敲之声音清脆。大多数陶瓷锦砖及少数地面砖属于粗瓷制品，细瓷多用于美术制品、精致的日用品及陈列品等。

炻质坯体是介于陶和瓷之间的制品，坯体孔隙率较陶质小（吸水率为1%～10%），烧结程度不及瓷，且多带有灰、黄或红等颜色，断面不透明。大多数墙地砖属于粗制品，少数陶瓷锦砖属于细炻制品。

建筑装饰陶瓷具有色彩鲜艳、图案丰富、坚固耐久、防火、防水、强度高、耐久性

▶ 建 筑 材 料

好、耐磨、耐腐蚀、易清洗等优点,故在建筑装饰工程中得到广泛应用。

1. 内墙砖

釉面内墙砖是指用于室内墙面的薄片状精陶制品,由精陶坯体与表面釉层两部分构成。釉面内墙砖的热稳定性好,防火、防潮、耐酸碱,表面平整、光亮,色彩、图案丰富,易清洗,不易污染,但抗干湿交替能力及抗冻性差。

白色釉面砖色纯白,釉面光亮、清洁大方。彩色釉面砖分有光彩色釉面砖和无光彩色釉面砖。有光彩色釉面砖釉面光亮晶莹,色彩丰富;无光彩色釉面砖釉面半无光,不晃眼,色泽一致、柔和。装饰釉面砖中的花釉砖在同一砖上施以多种彩釉,经高温烧成;色釉互相渗透,花纹千姿百态,装饰效果良好;结晶釉面砖晶花辉映,纹理多姿;斑纹釉砖是斑纹釉面,丰富生动;仿大理石釉砖具有天然大理石花纹,颜色丰富,美观大方。图案砖中白色图案砖在白色釉面砖上装饰各种图案经高温烧成,色彩明朗,清洁优美;色地图案砖在有光或无光的彩色釉面砖上,装饰各种图案,经高温烧成,具有浮雕、缎光、绒毛、彩漆等效果,别具风格;字画釉面砖中的瓷砖画以各种釉面砖拼成各种瓷砖画,或根据已有画稿烧制成釉面砖,再拼装成各种瓷砖画,清晰美观,永不褪色;色釉陶瓷字砖以各种色釉、瓷土烧制而成;色彩丰富,光亮美观,永不褪色。

釉面内墙砖常用于厨房、浴室、卫生间、实验室、手术室、精密仪器车间等室内墙面台面的装饰。由于釉面内墙砖属于多孔的陶质坯体,吸水率为18%~21%,经不起冻融破坏,不适用于建筑室外装饰。为使釉面内墙砖黏结牢固,应将釉面内墙砖浸水 2 h 以上,拿出阴干至表面无明水后再铺贴。

2. 陶瓷墙地砖

陶瓷墙地砖坯体多为炻质。陶瓷墙地砖根据表面是否施釉分为彩色釉面墙地砖(彩釉砖)和无釉墙地砖;根据生产工艺不同分为个压砖、平压砖、劈开砖等;根据表面花纹、质感不同分为彩胎砖、麻面砖、渗花砖、玻化砖等。

陶瓷墙地砖色彩丰富,图案、花纹、质感多样,通过配料和改变制作工艺,可制成平面、麻面、毛面、磨光面、抛光面、纹点面、仿花岗石面、压花浮雕表面、无光釉面、有光面、金属光泽面、防滑面、耐磨面等不同制品。同时,陶瓷墙地砖具有抗冻、耐腐蚀、防火、防水、耐磨、易清洗等性能。

陶瓷墙地砖主要用于装饰等级要求较高的公用与民用建筑室外墙面、柱面及室内外地面等。

四、建筑装饰玻璃

建筑装饰玻璃是现代建筑工程中重要的装饰材料。随着科技水平与人们生活水平的不断提高,建筑装饰玻璃的用途除采光、透视外,还向着装饰、调光、调热、隔音、节能等更丰富的功能方向发展。

建筑装饰玻璃的种类很多,按照其化学成分可分为钠钙玻璃、铝镁玻璃、钾玻璃、硼硅玻璃和石英玻璃等，按照功能和用途，可分为平板玻璃、安全玻璃、节能玻璃、饰面玻璃等。

1. 平板玻璃

平板玻璃的生产方法有两种。一种是将玻璃液通过垂直引上或平拉、延压等方法制成，称为普通平板玻璃，按厚度分为 2 mm、3 mm、4 mm、5 mm 四类。另一种是将玻璃液漂浮在金属液（如锡液）面上，让其自由摊平，经牵引逐渐降温退火制成，称为浮法玻璃，按厚度分为 3 mm、4 mm、5 mm、6 mm、8 mm、10 mm、12 mm 七类。

平板玻璃具有良好的透光性能、较高的化学稳定性和耐久性，透光率在 84% 以上；软化温度为 650~700 ℃；导热系数为 0.73~0.82 W/(m·K)；膨胀系数为 8×10^{-6} ~ 10×10^{-6}/K。

普通窗用玻璃用于建筑门窗装配，透明度好，板面平整。磨砂玻璃表面粗糙，使光产生漫射，有透光不透视的特点，用作卫生间、厕所、浴室的门窗。压花玻璃用作宾馆、办公楼、会议室的门窗，折射光线不规则，透光不透视，既有使用功能又有装饰功能。透明彩色玻璃和不透明彩色玻璃耐腐蚀、抗冲刷、易清洗、装饰效果好，用于建筑物内外墙面、门窗及对光波有特殊要求的采光部位。

2. 安全玻璃

钢化玻璃弹性好，抗冲击强度高，抗弯强度高，热稳定性高，破坏时碎片呈分散小颗粒状，无尖锐棱角，不能切割、磨削，边角不能碰击，将平板玻璃加热到一定温度后，迅速冷却或通过离子交换法处理，使其具有良好的机械性能和耐热冲击性能，用于高层建筑门窗、幕墙、隔墙、车间天窗及高温车间等。

夹层玻璃在两片或多片玻璃之间嵌夹透明的塑料薄片，经热压黏合而成，玻璃裂而不碎，具有防弹、防震、防爆性能。另外，还具有耐热、耐湿、耐寒、耐久等特点，同时具有节能、隔声、防紫外线等功能，用于高层建筑门窗、工业厂房的门窗、水下工程，以及银行、储蓄所柜台橱窗等。夹丝玻璃耐冲击性和耐热性好，防火性好，但抗折强度及抗冲击性并未比普通玻璃有所增强，而且还具有热震性差、易锈裂等缺点，夹丝玻璃适用于振动较大的工业厂房及有防火要求的仓库、图书馆等建筑的门、窗、屋面、采光天窗等部位。

3. 节能玻璃

传统的玻璃应用在建筑上主要是为了采光。随着建筑物门窗尺寸的加大，人们对门窗的保温、隔热、隔声、环保、光学性能要求也相应地提高了。节能玻璃就是能够满足这种要求，集节能性、隔声和装饰性于一身的玻璃。节能玻璃通常具有令人赏心悦目的外观，还具有对光和热特殊的吸收、透射和反射能力，用作建筑物的外墙窗玻璃或用以制作玻璃幕墙，可以起到显著的节能效果，现已被广泛应用于各种高级建筑物之上。节能玻璃分吸热玻璃、热反射玻璃、低辐射玻璃、中空玻璃、真空玻璃等。

吸热玻璃是一种能够吸收太阳能的平板玻璃，它是利用玻璃中的金属离子对太阳能进行选择性的吸收，同时呈现出不同的颜色。有些夹层玻璃胶片中也掺有特殊的金属离子，用这种胶片可以生产出吸热的夹层玻璃。吸热玻璃一般可减少进入室内的太阳热能的20%~30%，降低空调负荷。吸热玻璃的特点是遮蔽系数比较低，太阳能总透射比、太阳光直接透射比和太阳光直接反射比都较低，见光透射比、玻璃的颜色可以根据玻璃中的金属离子的成分和浓度变化。可见光反射比、传热系数、辐射率则与普通玻璃差别不大。

热反射玻璃是对太阳能有反射作用的镀膜玻璃，其反射率可达20%~40%，甚至更高。它的表面镀有金属、非金属及其氧化物等各种薄膜，这些膜层可以对太阳能产生一定的反射效果，从而达到阻挡太阳能进入室内的目的。在低纬度的炎热地区，夏季可节省室内空调的能源消耗，同时具有较好的遮光性能，使室内光线柔和舒适。另外，这种反射层的镜面效果和色调对建筑物的外观装饰效果都较好。热反射玻璃的遮蔽系数、太阳能总透射比、太阳光直接透射比和可见光透射比都较低。太阳光直接反射比、可见光反射比较高，而传热系数、辐射率则与普通玻璃差别不大。

低辐射玻璃是一种对波长在 4.5~25 μm 范围的远红外线有较高反射比的镀膜玻璃，它具有较低的辐射率。在冬季，它可以反射室内暖气辐射的红外热能，辐射率一般小于0.25，将热能保护在室内。在夏季，马路、水泥地面和建筑物的墙面在太阳的暴晒下，吸收了大量的热量并以远红外线的形式向四周辐射。低辐射玻璃的遮蔽系数、太阳能总透射比太阳光直接透射比、太阳光直接反射比、可见光透射比和可见光反射比等都与普通玻璃差别不大，其辐射率传热系数比较低。

中空玻璃是将两片或多片玻璃以有效支撑均匀隔开并对周边粘接密封，使玻璃层之间形成有干燥气体的空腔，其内部形成了一定厚度的被限制了流动的气体层。由于这些气体的导热系数大大小于玻璃材料的导热系数，因此具有较好的隔热能力。中空玻璃的特点是传热系数较低，与普通玻璃相比，其传热系数至少可降低40%，是最实用的隔热玻璃。我们可以将多种节能玻璃组合在一起，产生良好的节能效果。

真空玻璃的结构类似于中空玻璃，所不同的是真空玻璃空腔内的气体非常稀薄，近乎真空，其隔热原理就是利用真空构造隔绝了热传导，传热系数很低。根据有关资料数据，同种材料真空玻璃的传热系数至少比中空玻璃低15%。

4. 装饰玻璃

装饰玻璃分彩色玻璃、玻璃棉砖、磨砂玻璃等，使用在建筑物内外墙、卫生间、厨房等，根据特殊需要起装饰作用。

五、建筑装饰涂料

建筑装饰涂料是指涂敷于建筑表面，与基体材料黏结很好，并形成完整而坚韧的保护涂膜，对建筑物起到保护、装饰等作用或使建筑物具有某些特殊功能的材料。

1. 建筑装饰涂料的分类

建筑装饰涂料的分类方法很多，常用的有以下几种：

(1) 按主要成膜物质分,分为有机涂料、无机涂料、有机无机复合涂料。
(2) 按使用部位分,分为外墙涂料、内墙涂料、地面涂料、顶棚涂料。
(3) 按使用功能分,分为防水涂料、防火涂料、保温涂料、吸音涂料、防霉涂料。
(4) 按涂膜厚度分,分为薄涂料(涂膜厚度为 50~100 μm)、厚涂料(涂膜厚度为 1~6 mm)、砂粒状涂层涂料(彩砂涂料)。

2. 外墙涂料

(1) 合成树脂乳液外墙涂料。合成树脂乳液外墙涂料是以苯乙烯丙烯酸乳液为主要成膜物质,与颜料、体质颜料及各种助剂配制而成的薄质涂层涂料,为目前质量较好的外墙涂料之一。其具有优良的耐水性、耐破性、耐洗刷性(耐洗刷次数可达 2000 次以上),还具有丰富的色彩,适用于公共建筑的外墙等。

(2) 合成树脂乳液砂壁状建筑涂料。合成树脂乳液砂壁状建筑涂料是以合成树脂乳液为主要黏结剂,以砂粒、石材微粒和石粉为骨料配制成的粗面厚质涂料。其一般采用喷涂法施工,涂层具有丰富的色彩,且保色性、耐水性、耐候性良好,涂膜坚实,骨料不易脱落。合成树脂乳液砂壁状建筑涂料主要用于办公楼、商店等公共建筑的外墙。

3. 内墙涂料

(1) 合成树脂乳液内墙涂料。合成树脂乳液内墙涂料是以合成树脂乳液为基料,与颜料及各种助剂配制而成的薄质涂层涂料。其具有无毒、涂膜细腻、平滑、色彩鲜艳、施工方便等优点,具有较好的耐水性、耐碱性、耐洗刷性。其主要用于住宅、办公室、会议室等内墙及顶棚。

(2) 水溶性内墙涂料。水溶性内墙涂料是以水溶性化合物为基料,加入一定量的填料、颜料和助剂,经过研磨、分散而制成的。其具有原料丰富、价格低廉、工艺简单、无毒、无味、色彩丰富、与基层材料有一定黏结力等特点,但涂层耐水洗刷性差,不能用湿布擦洗。其主要用于住宅及一般公共建筑的内墙与顶棚。

4. 地面涂料

地面涂料的主要功能是保护地面,使其清洁、美观。地面涂料应具有良好的耐碱、耐水、耐磨性能。常用的地面涂料有过氧乙烯地面涂料、聚氨酯地面涂料、环氧树脂地面涂料等。

六、建筑塑料

建筑塑料是以有机高分子化合物(合成树脂)为基本材料,加入各种改性添加剂后,在一定的温度和压力下塑制而成的有机材料。建筑塑料已成为继钢材、木材、混凝土之后的第四种主要建筑材料,在建筑工程中可用作涂料、保温材料、防潮材料、装饰材料、给排水管道、门窗、卫生洁具、黏结剂、隔断材料等。

(一) 建筑塑料的基本组成

合成树脂是建筑塑料的基本组成材料,占建筑塑料质量的 40%~100%。建筑塑料的

▶ 建 筑 材 料

性质主要取决于合成树脂的种类、性质和数量。因此,建筑塑料的名称通常是用其原料树脂的名称来命名的。

常用于建筑塑料的树脂主要有聚乙烯、聚氯乙烯、聚苯乙烯、酚醛树脂、不饱和聚酯树脂、环氧树脂、有机硅树脂等。为改善建筑塑料的性质,需加入多种作用不同的添加剂。常用的添加剂有以下4种。

1. 填充料

填充料是为调节建筑塑料的物理化学性能,提高机械强度,减少树脂的用量,扩大使用范围而加入的粉状或纤维状无机化合物。例如,加入玻璃纤维可提高建筑塑料的机械强度;加入云母可增强建筑塑料的电绝缘性;加入石棉可改善建筑塑料的耐热性;加入填充料可降低建筑塑料的成本。常用的填充料有石灰石粉、滑石粉、铝粉、炭黑、木屑、木粉及其他纤维等。

2. 增塑剂

为提高建筑塑料加工时的可塑性,使其在较低的温度和压力下成型而加入的化学物质就是增塑剂。有些增塑剂还能改善建筑塑料的强度、韧性、柔顺性。常用的增塑剂有邻苯二甲酸二丁酯、邻苯二甲酸二辛酯、磷酸二甲酚酯、二苯甲酮、樟脑等。

3. 固化剂

固化剂是调节建筑塑料固化速度,使树脂硬化的物质。通过选择固化剂的种类和掺量,可取得所要的固化速度和效果。常用的固化剂有胺类、酸酐、过氧化物等。

4. 稳定剂

稳定剂是为使建筑塑料长期保持工程性质而加入的物质。常用的稳定剂有抗老化剂、热稳定剂等,如硬脂酸盐、环氧树脂等。

5. 着色剂

建筑塑料中加入着色剂是为获得所需的色彩。建筑塑料中加入的着色剂应能与树脂混溶,在加热加工和使用中应稳定。

为使建筑塑料获得某种性能还可加入润滑剂、发泡剂、阻燃剂等。

在建筑塑料里加入金属微粒(银、铜等),就可制成导电塑料;加入一些磁铁粉,就可制成磁性塑料;加入特殊的化学发泡剂,就可制成泡沫塑料;掺入放射性物质与发光物质,就可制成发光塑料(冷光);加入香醇类,可制成经久产生香味的塑料;加入阻燃剂可使塑料具有自熄性。

塑料壁纸是由基底材料(纸、麻、棉布、丝织物、玻璃纤维)涂以各种塑料,加入各种颜料经配色印花而成。

(二) 建筑塑料的基本特性

(1) 轻质,可加工性能好。建筑塑料的密度为 $0.90 \sim 2.30 \text{ g/cm}^3$,约为铝的1/2,混凝土的1/3,钢的1/5,与木材相近。其用于装饰装修工程,可以减小施工强度和降低建筑物的自重。

(2) 比强度高。比强度即材料强度与体积密度的比值。因为建筑塑料的质地很轻，所以其比强度很高。建筑塑料的比强度远超过水泥、混凝土，并接近或超过钢材，是一种典型的轻质高强材料。

(3) 导热系数小。建筑塑料的导热系数很小，为金属的 1/600~1/500。泡沫塑料的导热系数只有 0.02~0.046 W/(m·K)，约为金属的 1/1500，水泥混凝土的 1/40，普通黏土砖的 1/20。是理想的绝热材料，塑料窗替代钢铝窗可大大节省空调费用。

(4) 化学稳定性高，耐水性强。建筑塑料在正常环境下具有很高的化学稳定性，对酸、碱、盐及油脂等腐蚀介质具有较强的抵抗作用，比金属材料和一些无机材料好得多。其特别适合做化工厂的门窗、地面、墙体等。如用塑料水管替代传统的铸铁管，不易锈蚀渗漏，且价格低廉。

(5) 电绝缘性好。一般建筑塑料都是电的不良导体，其电绝缘性可与陶瓷、橡胶相媲美。

(6) 易老化。在使用条件下，建筑塑料受光、电、热等作用，内部高聚物的组成和结构发生变化致使塑料的性质恶化，这种现象称为塑料的老化。老化的塑料失去弹性，变硬、变脆，出现龟裂等现象。但是如果在配方中加入稳定剂就可基本满足建筑工程的需要。

(7) 不耐热，易燃，且燃烧时释放有毒气体。建筑塑料属于有机高分子材料，绝大多数能燃烧，但各种塑料的可燃性有很大的差别，如聚苯乙烯，遇火就会很快燃烧；而聚氯乙烯则是自熄性的，即放到火焰中才会燃烧，移走火焰就自动熄灭。但总的来说，建筑塑料仍是属于可燃材料，由于聚合物在燃烧时会放出大量的有毒气体，因此，在发生火灾时对人员的生命有极大的威胁。

(三) 建筑塑料的分类

1. 按树脂在受热时所发生的变化分类

1) 热固性塑料

热固性塑料是指塑料成型后不能再次加热，只能塑制一次。常用的热固性塑料有酚醛树脂塑料 (PF)、脲醛树脂塑料 (UF)、三聚氯胺树脂塑料 (MF)、环氧树脂塑料 (EP)、不饱和聚酯树脂塑料 (UP) 和有机硅树脂塑料 (SI) 等。虽然这些树脂的性能不同，但是它们的基本构成形式却是相同的。

2) 热塑性塑料

热塑性塑料是指塑料成型后可反复加热重新塑制。常用的热塑性塑料有聚氯乙烯塑料 (PVC)、聚乙烯塑料 (PE)、聚丙烯塑料 (PP)、苯乙烯塑料 (PS)、改性聚苯乙烯塑料 (ABS)、聚甲基丙烯酸塑料 (PMMA，即有机玻璃)。

2. 按树脂的合成方法分类

1) 缩合物塑料

凡两个或两个以上不同分子化合时，放出水或其他简单物质，生成一种与原来分子完全不同的生成物,称为缩合物,如酚醛塑料、有机硅塑料、聚酯塑料。

2)聚合物塑料

凡许多相同的分子连接而成的庞大分子,并且基本组成不变的生成物,称为聚合物,如聚乙烯塑料、聚苯乙烯塑料、聚甲基丙烯酸甲酯塑料。

(四) 常用建筑塑料及制品

建筑塑料在工业与民用建筑中可用来生产塑料管材、板材、门窗、壁纸、地毯、器皿、绝缘材料、装饰材料、防水及保温材料等。

1. 塑料门窗型材

塑料门窗型材一般是以硬质聚氯乙烯(UPVC)树脂为主要原料,加上一定比例的稳定剂、改性剂、填充剂、紫外线吸收剂等助剂,经挤出加工制成的型材。型材通过切割、焊接的方式制成门窗框、扇,配装上玻璃、橡塑密封条、五金配件等附件即可配制成塑料门窗。为增加型材的刚性,一般在型材空腔内添加钢衬,所以塑料门窗也有人称为"塑钢门窗"。

塑料门窗型材的主要优点是隔热、隔音性能好;有较好的阻燃和自熄性能,防火安全系数高;耐水、耐腐蚀性能强,化学稳定性好,装饰性好。

2. 建筑上常用的塑料管材

1)硬质聚氯乙烯管(UPVC)

硬质聚氯乙烯管分为螺旋消声管、芯层发泡管、径向加筋管、螺旋缠绕管、双壁波纹管和单壁波纹管。UPVC管主要用于城市供水、城市排水、建筑给水和建筑排水管道。

2)氯化聚氯乙烯管(CPVC)

氯化聚氯乙烯管具有较好的耐热、耐老化、耐化学腐蚀性能,多用于电力电缆护套管。

3)聚乙烯管(PE)

聚乙烯管按密度不同分为高密度聚乙烯管(HDPE)、中密度聚乙烯管(MDPE)和低密度聚乙烯管(LDPE)。国内的HDPE管和MDPE管主要用作城市燃气管道,少量用作城市供水管道;LDPE管大量用作农用排灌管道。

4)交联聚乙烯管(PE-X)

交联聚乙烯管主要用于建筑室内冷热水供应和地面辐射采暖。

5)三型聚丙烯管(PP-R)

三型聚丙烯管具有较好抗冲击性能、耐温性能和抗蠕变性能,主要应用于建筑室内冷热水供应和地面辐射采暖。

6)聚丁烯管(PB)

聚丁烯管主要应用于自来水、热水和采暖供热管,但由于PB树脂供应量小而价高等原因,国内难以大量生产与应用。

7)工程塑料管(ABS)

ABS是丙烯腈、丁二烯、苯乙烯的三元共聚物,具有较高的耐冲击强度和表面硬度,在-40~100 ℃范围内仍能保持韧性和刚度,并不受电腐蚀和土壤腐蚀影响,使用温度可达90 ℃,一般用于室内冷热水管和水处理的加药管道、有腐蚀作用的工业管道。

8) 铝塑复合管(PAP)

铝塑复合管根据中间铝层焊接方式的不同,可分为搭接焊铝塑复合管和对接焊钢望复合管。铝塑复合管可广泛应用于冷热水供应和地面辐射采暖。

3. 塑料扣板

塑料扣板是近年来新开发的一种主要用于吊顶的装饰板材。它是以UPVC为原料,加工制成的嵌装式型材板,具有质量轻、安装简便、防水、防潮、防蛀虫、耐污染、耐擦洗等特点,表面的花色图案变化也非常多。由于其成本低,装饰效果好,因此在家庭装修吊顶材料中占有重要位置,为卫生间、厨房、阳台等吊顶的主导材料。最近,有些厂家又扩展了塑料扣板的应用范围,开发出一些新的产品,不仅可应用于天花吊顶,还可用于墙面装饰。

任务二 绝 热 材 料

【任务目标】

(1) 描述绝热材料保温、隔热的原理和主要的表征参数。

(2) 判断建筑使用的绝热材料。

【任务知识】

习惯上把用于控制室内热量外流的材料叫作保温材料,把防止室外热量进入室内的材料叫作隔热材料。保温材料、隔热材料统称绝热材料。

一、绝热材料的性能要求

1. 导热性的定义

导热性是指材料传递热量的性质。材料的导热能力用导热系数表示。

导热系数的物理意义是:在稳定的传热条件下,当厚度为1 m的材料层两侧的温差为1 K时,在1 s内通过1 m^2 表面积的热量。

材料导热系数越大,导热性能越好。

传热的基本方式有热传导、热对流和热辐射三种。一般来说,三种传热方式总是共存的,但因绝热性能良好的材料常是多孔的,虽然在材料的孔隙内有空气,起着辐射和对流作用,但与热传导相比,热辐射和热对流所占的比例很小,故在建筑热工计算时通常不予考虑。影响材料导热性的因素有材料的性质、材料的结构、湿度、温度和热流方向。

1) 材料的性质

影响材料保温性能的主要因素是导热系数的大小。导热系数愈小,保温性能愈好。不同的材料其导热系数是不同的。一般来说,金属的导热系数最大,非金属次之,液体较

▶ 建 筑 材 料

小，气体最小。对于同一种材料，内部结构不同，导热系数也有很大差别。一般结晶结构最大，微晶体结构次之，玻璃体结构最小。但对于多孔的绝热材料来说，由于孔隙率高，气体（空气）对导热系数的影响起着主要作用，而固体部分的结构无论是晶态或玻璃态对其影响都不大。

2）材料的结构

由于材料中固体物质的导热能力比空气要大得多，故表观密度小的材料，因其孔隙率大，导热系数小。因此，绝热材料总是轻质的。

在孔隙率相同的条件下，孔隙尺寸愈大，导热系数就愈大；互相连通孔隙比封闭孔隙导热性要高。

对于表观密度很小的材料，特别是纤维状材料（如超细玻璃纤维），当其表观密度低于某一极限值时，导热系数反而会增大，这是因为孔隙增多且互相连通的孔隙大大增多，而使对流作用加强。

3）湿度

由于水的导热系数比空气的导热系数大 20 多倍，材料吸湿受潮后，其导热系数就会增大，这在多孔材料中最为明显。这是由于材料的孔隙中有了水分（包括水蒸气）后，孔隙中蒸汽的扩散和水分子的热传导起主要传热作用，如果孔隙中的水结成了冰，其结果是材料的导热系数增大更多，因此，绝热材料在应用时必须注意防水、避潮。

4）温度

材料的导热系数随温度的升高而增大，因为温度升高时，材料固体分子的热运动增强，同时材料孔隙中空气的导热和孔壁间的辐射作用也有所增强。但这种影响在温度为 $0 \sim 50\ ℃$ 范围内时并不显著，只有对处于高温或负温下的材料，才要考虑温度的影响。

5）热流方向

对于各向异性的材料，如木材等纤维质的材料，当热流平行于纤维方向时，热流受到的阻力小；当热流垂直于纤维方向时，热流受到的阻力就大。

2. 绝热材料的基本要求

建筑工程中对绝热材料的一般要求是：导热系数不大于 $0.23\ W/(m·K)$，表观密度不宜大于 $600\ kg/m^3$，抗压强度应大于 $0.3\ MPa$。另外，还要根据工程的特点，考虑材料的强度、抗冻性、吸湿性、温度稳定性、耐腐蚀性、耐火性等。

二、建筑上常用绝热材料

（一）纤维状保温隔热材料

1. 石棉及其制品

石棉是一种天然矿物纤维，主要化学成分是含水硅酸镁，具有耐火、耐热、耐酸碱、绝热、防腐、隔音及绝缘等特性。常制成石棉粉、石棉纸板、石棉毡等制品，用于建筑工程的高效能保温及防火覆盖等。

2. 矿棉及其制品

矿棉一般包括矿渣棉和岩石棉。

3. 玻璃棉及其制品

玻璃棉是用玻璃原料或碎玻璃经熔融后制成的纤维状材料,包括短棉和超细棉两种。

4. 植物纤维复合板

植物纤维复合板是以植物纤维为主要材料,加入胶结材料和填料而制成的。例如,木丝板是以木材下脚料制成木丝后,加入硅酸钠溶液及普通硅酸盐水泥混合,经成型、冷压、养护、干燥而制成的。甘蔗板是以甘蔗渣为原料,经过蒸制、加压、干燥等工序制成的一种轻质、吸声、保温材料。

(二) 散粒状保温隔热材料

1. 膨胀蛭石及其制品

膨胀蛭石是一种天然矿物,经 850~1000 ℃ 燃烧,体积急剧膨胀(可膨胀 5~20 倍)而成为松散颗粒,用于填充墙壁、楼板及平屋顶,绝热效果佳,可在 1000~1100 ℃ 范围内使用。

膨胀蛭石也可与水泥、水玻璃等胶凝材料配合,制成砖、板、管壳等,用于围护结构及管道保温。

2. 膨胀珍珠岩及其制品

膨胀珍珠岩是以天然珍珠岩、黑曜岩或松脂岩为原料,经煅烧,体积急剧膨胀(约 20 倍)而得的蜂窝状白色或灰白色松散颗粒料。其为高效能保温保冷填充材料。

膨胀珍珠岩制品是以膨胀珍珠岩为骨料,配以适量胶凝材料,经拌和、成型、养护(干燥或焙烧)后制成的板、砖、管等产品。

3. 微孔硅酸钙制品

微孔硅酸钙制品是用粉状二氧化硅材料(硅藻土)、石灰、纤维增强材料及水等经搅拌、成型、蒸压处理和干燥等工序而制成的,用于围护结构及管道保温。

4. 泡沫玻璃

泡沫玻璃是采用碎玻璃加入 1%~2% 发泡剂(石灰石或碳化钙),经粉磨,混合,装模,在 800 ℃ 下规烧后形成含有大量封闭气泡(直径为 0.1~5 mm)的制品。其具有导热系数小、抗压强度和抗冻性高、耐久性好等特点,且易于进行锯切、钻孔等机械加工,为高级绝热材料,也常用于冷藏库隔热。

5. 泡沫塑料

泡沫塑料是以合成树脂为基料,加入一定剂量的发泡剂、催化剂、稳定剂等辅助材料经加热发泡而制成的经质。保温、防震材料。目前,我国生产的有聚苯乙烯、聚氯乙烯、聚氨酯及脲醛树脂等泡沫塑料。

任务三　吸声隔音材料

【任务目标】
(1) 描述吸声材料的吸声、隔音原理。
(2) 判断建筑用吸声、隔音材料的种类。

【任务知识】

一、吸声材料

(一) 吸声材料的定义

声音来源于物体的振动,它迫使附近的空气随着振动而形成声波,并在空气介质中向四周传播,当声波传到材料表面时,一部分被反射,一部分穿透材料,其余的部分则传递给材料,在材料的孔隙中引起空气分子与孔壁的摩擦和黏滞阻力,其中,相当一部分声能特化为热能而被吸收掉。这些被吸收的能量与入射声能之比,称为吸声系数。

为了全面反映材料的吸声性能,规定取 125 Hz、250 Hz、500 Hz、1000 Hz、2000 Hz、4000 Hz 等 6 个频率的吸声系数来表示材料的吸声频率特性。凡 6 个频率的平均吸声系数大于 0.2 的材料,可称为吸声材料。

(二) 吸声材料的种类及其结构

1. 多孔吸声材料

吸声材料大多为疏松多孔的材料,如材硅棉、毯子等。吸声机理是声波深入材料的孔隙,且孔隙多为内部互相贯通的开口孔,会受到空气分子摩擦和黏滞阻力,同时使细小纤维作机械震动从而使声能转变为热能。孔隙愈细小,吸声效果愈好,如果孔隙太大,则效果就差。如果材料中的孔隙大部分为单独封闭的气泡(如聚氯乙烯泡沫塑料),则因声波不能进入,从吸声机理上来讲,就不属于多孔吸声材料。当多孔材料表面涂刷油漆或材料吸湿时,则因材料的孔隙被水分或涂料所堵塞,其吸声效果也将大大降低。

建筑工程中常用的吸声材料有石膏砂浆(掺有水泥和玻璃纤维)、石膏砂浆(掺有水泥和石棉纤维)、水泥膨胀珍珠岩板、矿渣棉、沥青矿渣棉毡、玻璃棉、超细玻璃棉、泡沫塑料、软木板、木丝板、穿孔纤维板、工业毛毡、地毯、帷幕等。

吸声材料和绝热材料在构造特征上都是多孔性材料,但二者的孔隙特征完全不同,绝热材料具有封闭的,互不连通的气孔,而吸声材料则具有开放的,互相连通的气孔。

泡沫玻璃虽然是一种强度较高的多孔结构材料,但是在烧成后含有大量封闭的气泡,且气孔互不连通,则因声波不能进入,从吸声机理上来讲,不属于多孔吸声材料,因而不能用作吸声材料。

2. 共振吸声材料

共振吸声材料包括单个共振器、穿孔板共振吸声结构、薄板共振吸声结构,常采用共振吸声原理来解决低频声的吸收。其装饰性强,并有足够的强度,故在建筑物中使用比较广泛。

二、隔音材料

隔音是声波传播途径中一种降低噪音的方法,是获得安静声环境的有效措施,隔音可分为隔绝空气声和隔绝固体声(隔绝撞击声),隔音材料主要用于外墙、门窗、隔墙及隔断等。

隔绝空气声主要是隔绝通过空气传播的声音,服从声学中的"质量定律",即材料的静观密度越大,质量越大,隔声性能越好,其是通过材料的反射来取得隔声效果,建筑工程中常用混凝土、空心砖、钢板等密度大的材料作为隔音材料,也可以在轻质或薄壁材料中辅以多孔吸声材料或夹层结构,如夹层玻璃。

隔音材料与吸声材料不同。吸声材料一般为轻质、疏松、多孔性材料,对入射的声波具有较强的吸收和透射,使反射的声波大大减少;隔音材料则多为沉重,密实性材料(黏土砖、钢板、钢筋混凝土等),对入射的声波具有较强的反射,使透射的声波大大减少,从而起到隔音作用。通常隔音性能好的材料吸声性能就差,但是在实际工程中也可以采用一定的措施将两者结合起来应用,使吸声性能与隔音性能都得到提高。

隔绝固体声主要是隔绝通过固体的撞击或振动传播的声音,通过采用不连续结构处理吸收声音,从而起到隔音效果。在建筑工程中,常用软木、橡胶、毛毡、地毯等弹性材料衬垫在墙壁和承重梁之间、房屋的框架和墙壁及楼板之间,或设置空气隔离层起到隔音的效果。

【项目习题】

一、选择题

1. 下列属于木材力学性能的是( )。

   A. 密度　　　　　B. 含水率　　　　　C. 抗压强度　　　　D. 质量

2. 乳胶漆一般是由( )。

   A. 甲醛溶液　　　B. 酚醛树脂　　　　C. 甲苯树脂　　　　D. 水

3. 建筑陶瓷的主要原料是( )。

   A. 黏土　　　　　B. 水泥　　　　　　C. 粉煤灰　　　　　D. 矿渣

4. 当屋面玻璃最高点离地面的高度大于3 m时,必须使用( )玻璃。

   A. 安全玻璃　　　B. 夹层玻璃　　　　C. 半钢化玻璃　　　D. 钢化玻璃

5. 陶瓷卫生产品的主要技术指标是( )。

   A. 光泽度　　　　B. 密实度　　　　　C. 耐污性　　　　　D. 吸水率

二、填空题

1. 建筑工程中的花岗岩属于_____,大理石属于_____,石灰石属于_____。

▶ 建 筑 材 料

  2. 砌筑用石材分为＿＿＿＿＿＿、＿＿＿＿＿＿两类。其中料石按表面加工的平整程度又分＿＿＿＿＿＿、＿＿＿＿＿＿、＿＿＿＿＿＿、＿＿＿＿＿＿。

三、简答题

1. 建筑用玻璃有哪些？
2. 建筑用涂料分为哪几类？使用时为什么要通风？
3. 绝热材料的保温原理是怎样的？
4. 吸声材料是如何隔音和吸声的？

项目十　我国建筑废弃物资源化利用

任务一　我国建筑废弃物资源化利用概述

【任务目标】
(1) 阐述建筑废弃物的定义与分类。
(2) 对建筑废弃物进行产量分析。
(3) 论述建筑废弃物的危害。

【任务知识】

一、建筑废弃物的定义及分类

1. 建筑废弃物的定义

不同国家和地区对建筑废弃物的称谓和定义不尽相同，日本将建筑废弃物称为"建设副产物"（建筑副产品），并将其定义为伴随着建设工程而产生的物质。美国将建筑废弃物称为"Construction and demolition materials"（拆建物料），并将其定义为在建筑物、道路、桥梁的新建、扩建和拆除过程中产生的废弃物质。德国将建筑废弃物称为"Der Bauschutt"，并将其定义为在新建和拆除建筑物的过程中产生的废弃物。

我国对建筑废弃物的定义与美国对拆建物料的定义相似，2005 年建设部出台了《城市建筑垃圾管理规定》（中华人民共和国建设部令第 139 号），在第二条第二款对建筑废弃物做出了定义，认为建筑废弃物即新建、改建、拆除人工建筑物过程中产生的废弃物，包括弃土、弃料等。

加之近年来，我国地震、洪水、泥石流等自然灾害频发，导致人工建筑物倒塌而产生的废弃物已经成为建筑废弃物的一个不可忽视的来源。据统计，汶川地震造成 530 多万间房屋倒塌，产生建筑废弃物约 3 亿吨；玉树地震仅给古镇就产生建筑废弃物 670 多万吨。由此可见，因自然灾害等非人为因素造成人工建筑物倒塌产生废弃物的数量相当可观，造成的环境污染问题已经成为我国环境保护部门亟须解决的新问题。目前，我国关于建筑废弃物的定义未包括因自然灾害等非人为因素造成人工建筑物倒塌产生的建筑废弃物。

因此，我们认为建筑废弃物应该指伴随着各种建筑物生产、改建、拆除等活动以及自然灾害而产生的各类固体废弃物。

2. 建筑废弃物的特性

1）时间性

对任何建筑物来说，其使用都是有年限的，这在保障人民生命和财产安全方面也具有重大作用。随着时间流逝，任何建筑物最终都会变成建筑废弃物，并且被新物质所取代。

2）复杂性

建筑废弃物数量大、组成成分也相对复杂，并且在我国常与生活垃圾混杂，污染途径多。一些可直接利用或可回收再利用的建筑废弃物由于混杂在其他可能造成交叉污染的垃圾之中，造成其回收困难或不适宜回收，资源化程度降低，在一定程度上也造成了资源的浪费。

3）危害性

建筑废弃物主要为渣土、碎石块、废砂浆、砖瓦碎块、混凝土块、沥青块、废塑料、废金属料、废竹木等的混合物，如不做任何处理直接运往建筑废弃物堆场堆放，堆放场的建筑废弃物一般需要经过数十年才可趋于稳定。在此期间，废砂浆和混凝土块中含有的大量水合硅酸钙和氢氧化钙使渗滤水呈强碱性，废石膏中含有的大量硫酸根离子在厌氧条件下会转化为硫化氢，废纸板和废木材在厌氧条件下可溶出木质素和单宁酸，并分解生成挥发性有机酸，废金属料可使渗滤水中含有大量的重金属离子，从而污染周边的地下水、地表水、土壤和空气，受污染的地域还可扩大至存放地之外的其他地方。而且，即使建筑废弃物已达到稳定化程度，堆放场不再有有害气体释放，渗滤水不再污染环境，大量的无机物仍然会停留在堆放处，占用大量土地，并继续导致持久的环境问题。

3. 建筑废弃物的分类及组成

1）按照来源分类

根据其来源不同，建筑废弃物主要可以分为以下六大类：

（1）土地开挖。指的是一般未做特殊处理的土地在开挖过程中产生的废弃物，分为表层土和深层土。

（2）道路开挖。根据道路性质不同又分为混凝土道路开挖废弃物和沥青道路开挖废弃物，包括废弃混凝土块、沥青混凝土块等。

（3）建筑物拆除。主要分为石块、混凝土、渣土、木材、灰浆、屋面废料、钢铁和废弃金属类等。

（4）建筑施工。包括建设施工项目和装修项目产生的废弃物，如废弃砖头、混凝土、石头、渣土、桩头、石膏、灰浆、木材、塑料、玻璃等。

（5）建材生产。主要是指为生产各种建筑材料所产生的废料和废渣，以及在建材成品加工和运输过程中产生的碎块、碎片等。

（6）自然灾害。主要指因自然灾害等非人为因素造成人工建筑物倒塌产生废弃物。

2）按照性质分类

按照废弃物的性质可以分为以下两类：

(1) 惰性建筑废弃物（公众填料）。惰性建筑废弃物包括伴随建设工程产生的建筑碎料、泥土、混凝土等废弃物。惰性废弃物因为其性质稳定可以作为回填材料或者制作再生材料的原料。

(2) 非惰性建筑废弃物。是指惰性建筑废弃物以外的其他废弃物。非惰性建筑废弃物可以采取填埋处理。

3）按照材料类型分类

按照建筑废弃物的材料类型不同，建筑废弃物又可以分为以下三类：

(1) 可直接利用的建筑废弃物。如一些窗、梁、尺寸较大的木料等，作为原材料可以直接被加工利用。

(2) 可进行资源化利用的建筑废弃物。这类废弃物主要是矿物材料、未处理过的木材和金属等，一般再生后废弃物形态和功能会发生一定改变。

(3) 无价值建筑废弃物（现阶段无法资源化以及无法资源化）。

4）按照可资源化程度分类

建筑废弃物还可以按照其可资源化程度进行分类。建筑废弃物的资源化是指采取物质回收、物质交换、能量转换等管理和技术手段从建筑废弃物中回收有用的物质和能源，而可资源化程度是指建筑废弃物在一定技术或管理条件下被资源化的难易程度。将建筑废弃物的可资源化程度分为了优、良、中、差4个等级。

4. 建筑废弃物的组成

建筑废弃物的组成非常复杂，根据其产生的途径或活动类型的不同以及建筑结构的差异，建筑废弃物的组分也参差不齐。按照建筑废弃物产生量与产生途径的关系，这里主要阐述建设施工过程、建筑物拆除过程、建筑物装修过程中产生的建筑废弃物的组成。

1）建设施工过程中产生的建筑废弃物

这类活动过程中产生的建筑废弃物组成基本一致，主要包括土、渣土、散落灰浆、砂浆、混凝土、废弃砖块、石块、废弃木材、混凝土碎块、钢筋混凝土桩头、废弃金属配件、小五金、塑料、木屑、刨花、包装材料、金属管线废料等。对不同类型的建筑施工过程来说，其垃圾组分也不同，且受到施工管理情况等的影响。

2）建筑物拆除过程中产生的建筑废弃物

与建设施工过程中产生的建筑废弃物的组分相比，这类过程中产生的建筑废弃物与建筑物本身特性有关，其组成差异性相对明显。它的组分主要包括惰性废物，如砂子、砖块、加固混凝土、混凝土、渣土、碎石等；非惰性废物如木材、塑料、玻璃、纸类、蔬果类和其他有机垃圾。

3）建筑物装修过程中产生的建筑废弃物

这类垃圾的产量与建设施工过程中产生的建筑废弃物的量相比要小得多，但是比较分

▶ 建 筑 材 料

散,从居民、各单位、各企业到各建筑单位,都不定期不定点地分布有此类活动。装修过程中产生的建筑废弃物主要包括废弃钢筋、废铁丝、金属边角料、小五金、各种装饰材料、竹木、废木屑、刨花、包装箱、包装袋、塑料、砂浆、混凝土、碎砖石、砂子、石块、桩头等。

【知识拓展】

以中国香港特别行政区旧建筑拆除废弃物和新建筑建设施工废弃物组成进行比较(表10-1),发现混凝土、石块、碎石、泥土和灰尘几种组分占比分别达到77.9%和72.84%,其他组分的百分含量则不大。一般而言,旧建筑物拆除废弃物中废混凝土块成分较多,而新建筑物建设施工废弃物中石块、碎石、泥土和灰尘的成分较多。

表10-1 中国香港特别行政区旧建筑拆除废弃物和新建筑建设施工废弃物组成进行比较

成 分	百分比/%	
	旧建筑物拆除废弃物	新建筑物建设施工废弃物
沥青	1.61	0.13
混凝土	54.11	18.42
石块、碎石	11.62	23.87
泥土、灰尘	11.81	30.55
砖块	6.33	5.01
砂	1.43	1.70
玻璃	0.20	0.56
金属(含铁)	3.41	4.36
塑料管	0.61	1.13
竹、木料	7.46	10.95
其他有机物	1.30	3.05
其他杂物	0.11	0.27
合计	100	100

(二)建筑废弃物的产量分析

1. 建筑废弃物产生现状

在我国,近30年以来,随着经济的高速发展,大规模的城市化、基础设施建设、土木建筑等在我国发挥着越来越重要的作用,而建筑废弃物产生量也随之呈现迅猛增长的趋势。特别是城市化进程的加快,更是加剧了建筑废弃物的产生,已成为我国全面城市化发展面临的新难题。据粗略统计,在每万平方米建筑施工过程中会产生建筑废弃物500~600 t,按此推算,仅近几年积累下来的建筑废弃物就将达到数十亿吨。我国建筑商品房的交付以毛坯房形式为主，因此无论新交付的建筑商品房还是已入住的建筑商品房的室内装修施工量都较大，且一般独立于主体建筑施工，因此装修产生的废弃物的量也占一定比例。此外，由于自然灾害损毁和灾后重建产生的建筑废弃物在我国建筑废弃物总量中也占了很大比重。据震后初步估计，2008年四川汶川大地震灾害带来的建筑废弃物高达6.0×10^8 t，堆积体积达4.0×10^8 m^3。一般来说，建筑材料的生命周期通常为50~100 a，我国建筑的生命周期大多为25~30 a。在未来的几十年内，大量的建筑物和构筑物尤其是生活区和企业工厂车间将达到使用年限，将会在城市更新、改造中被拆除。并且，近年来为了解决雾霾等环境问题，国家开始加大力度淘汰钢铁、水泥、电解铝、汽车等产能过剩行业，所以这些行业构筑物在新建、改建、修缮、拆毁过程中也将产生大量的建筑废弃物。目前，随着经济的迅速发展和城市化进程的加快，我国新建、改扩建、修缮及拆迁项目每年产生建筑废弃物约2.4×10^9 t，其中北京、上海等大城市建筑废弃物年排放量均在4.0×10^7 t以上。建筑废弃物占城市固体废弃物总量的30%~40%，且呈现逐年增加的趋势，并已成为环境污染的主要因素之一。

2. 建筑废弃物产量估算

在建筑废弃物产量估算过程中，一般将其分为建筑施工过程产生废弃物、旧建筑拆除产生废弃物和建筑装修过程产生废弃物三类进行计算和叠加。下面分别介绍每种建筑废弃物的产量估算方法。

1) 建筑施工过程产生废弃物

对于建筑施工过程中产生的建筑废弃物产量，可以从3种途径进行估算。

(1) 按建筑面积计算。通常对于砖混结构的住宅，每10000 m^2建筑物的施工平均将产生300 m^3的废渣量；对于全现浇结构和框架结构建筑物，在10000 m^2建筑物的施工过程中平均产生500~600 t的废渣量。

(2) 按施工材料消耗量计算。建筑施工过程中产生的建筑废弃物产量与所消耗的材料总量密切相关，但也受不同施工单位管理严格程度的影响。总的来说，利用施工材料消耗量来推算这类废物产量是相对可行的。表10-2给出了建筑施工废物各主要组成部分占相应材料消耗量的比例。

表10-2 建筑施工废物各主要组成部分占相应材料消耗总量比例　　　　%

建筑废弃物主要组成	占相应材料消耗总量的比例
砖（砌块）	3~12
砂浆	5~15
混凝土	1~4
桩头	5~15

▶ 建 筑 材 料

表 10-2（续） %

建筑废弃物主要组成	占相应材料消耗总量的比例
屋面材料	3~8
钢材	2~8
木材	5~10

（3）按城市人口产出比例计算。已有相关统计数据表明，若按照城市建设过程中每人每年平均产生 100 kg 建筑施工废弃物计算，其得到的建筑废弃物总量与其他方法得到的数据相差不大。以上海市建筑废弃物产生量为基础数据，通过计算得出城市人均产生建筑施工废弃物约为 0.17 t。

2）旧建筑拆除产生废弃物

这部分废物性质相对复杂且无准确的统计数据，可以对其采用经验系数法和施工概预算法进行估算。

（1）经验系数法。日本在 1999 年完成的住宅区完工报告书中指出，通过计算每平方米建筑物拆除产生 1.86 t 的建筑废弃物；我国某家住宅公司的数据表明，每平方米住宅产生 1.35 t 建筑废弃物。由于统计数据的方式和对废物的界定不同，经验系数也受到多种因素影响。

（2）施工概预算法。在假定所有建筑材料在施工前和拆除后总量守恒的基础上，用单位面积的建材消耗量和建筑面积算得施工中的建材用量，也就是拆除后的建筑废弃物产量。但实际情况下，建筑材料在施工前和拆除后形态会发生很大变化，所以这种方法作为一种参考估算模式存在。

3）建筑装修过程产生废弃物

由于公共建筑一般建筑面积大、装修过程复杂、使用材料繁多，而普通居民住宅建筑装修面积小且相对简单，所以在实际建筑装修过程废物产量的计算过程中也应将普通建筑住宅和公共建筑分类做出估算。对于该类型建筑废弃物产量，可以借鉴河南省洛阳市颁布的建筑装修废物产生量标准进行计算。该标准指出，建筑面积大于 160 m^2 的住宅，可以按照 0.15 t/m^2 来计算其建筑装修废物产量；而建筑面积小于 160 m^2 的则按照 0.1 t/m^2 来计算。

3. 建筑废弃物产量的主要影响因素

建筑废弃物产量与建筑面积、建材用量、建材市场波动、人口数量、施工管理情况、拆除办法等众多影响因子相关，要建立模型并对其做出估算还需所用影响因子尽量用可量化数据代替，而很多指标又受到统计数据缺乏的限制。在综合考虑各种因素后，就影响建筑废弃物增加或减少两方面的因素，选出了城市人口、建筑施工面积、拆除工程量、装修工程量、建材消耗量、开挖工程量几个指标来表示影响其增加的指标，用建筑废弃物回收率、政府管控力度、绿色建材使用率来表示影响其减少的指标；并利用专家打分法和主成分分析法最终确定：拆除工程量、建筑面积、装修工程量和城市人口4个因素是影响建筑废弃物产生量的主要因素。

（三）建筑废弃物危害

建筑废弃物产生来源广泛，办公住宅建筑施工、拆除等不同阶段产生的建筑废弃物以及工业企业建筑拆毁、改扩建等过程产生的建筑废弃物差异较大。非工业源的一般建筑废弃物，可经破碎、分选等物理方式安全处理后再生利用或处置。但由于缺乏成熟的废弃物回收市场，建筑废弃物大多在未经处理的情况下直接被施工单位运往城郊，采取非法倾倒、露天堆放或者简易堆置，既占用了大量土地资源，也对土壤、地表水和地下水带来潜在环境危害，成为新的垃圾源头，造成二次污染，同时又影响城市周边生态环境。来源于工业企业的建筑废弃物，其污染性质复杂，不同工业类型生产企业产生的建筑废弃物污染特性各异，甚至同一工业企业内不同工艺阶段的建筑废弃物也存在显著差别。化工、冶金、火电、轻工等工业企业，生产运行期间存在含重金属、硫酸盐、有机物（多环芳烃等）等有毒物质的生产原料或产品渗漏至地面、喷洒至墙壁等情况，其中的污染物经雨水淋溶而转移至渗滤水中，随水体迁移污染周边土壤和水域，进而扩大污染范围。近年来，我国每年均有大量化工、冶金、火电、轻工企业面临拆迁或改建，由此产生数量庞大的含污染物的建筑废弃物，对生态环境构成了新的威胁。

任务二　某市基础工程有限公司建筑废弃物资源化利用示范工程

【任务目标】

陈述建筑废弃物资源化利用的全过程。

【任务知识】

该项目设计年处理建筑废弃物 1.0×10^6 t，产品包含再生骨料、预拌砂浆、混凝土制品（墙板、砌块）、水泥混合材等。故该项目工程由建筑废弃物堆场、再生骨料生产车间、预拌砂浆生产车间、混凝土制品生产车间、成品仓区、生活及办公试验区组成。该项目通过对建筑废弃物分级破碎、筛分，生产出部分取代天然砂石的骨料。其中部分骨料作为企业深加工原材料配合企业自行生产的水泥，用以生产预拌砂浆、水泥混合材、混凝土制品等产品。剩余部分作为商品骨料销往混凝土搅拌站、预拌砂浆站、道路结构基础回填等。筛选出的细粉用于生产混凝土制品，初级筛分出的黄土直接供给园林部门作为绿化用土。

1. 工艺流程总图及各车间流程

工艺流程总图及各车间流程如图10-1~图10-5所示。

▶ 建 筑 材 料

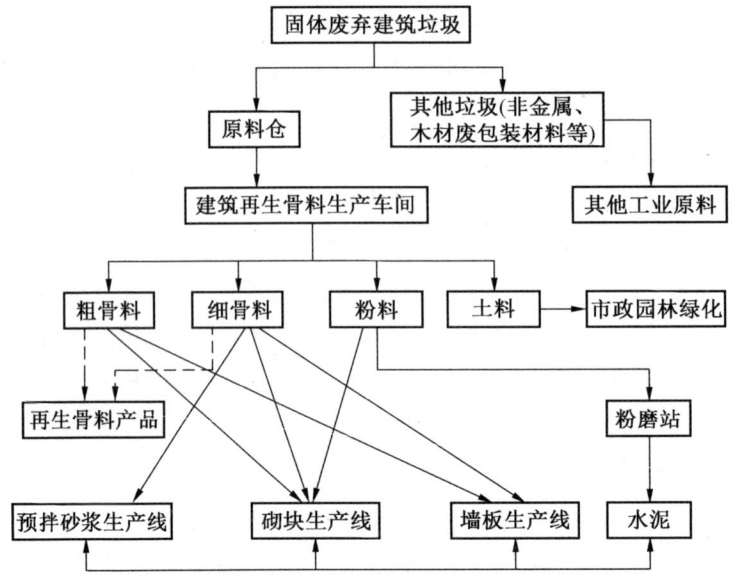

图 10-1 建筑废弃物资源化利用示范基地项目工艺流程总图

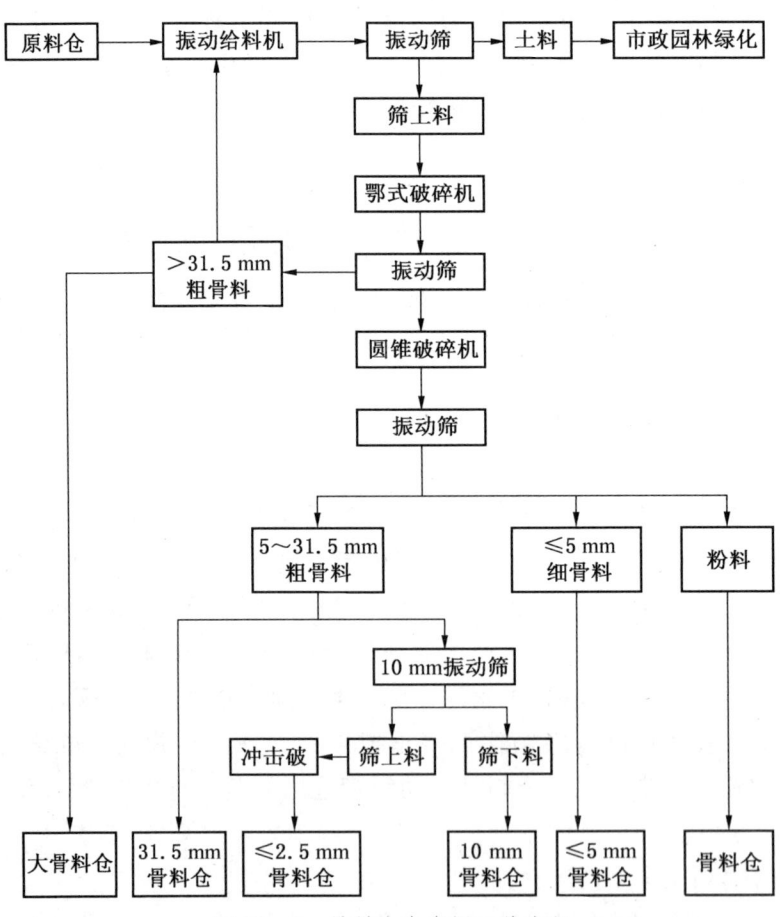

图 10-2 骨料生产车间工艺流程

项目十 我国建筑废弃物资源化利用

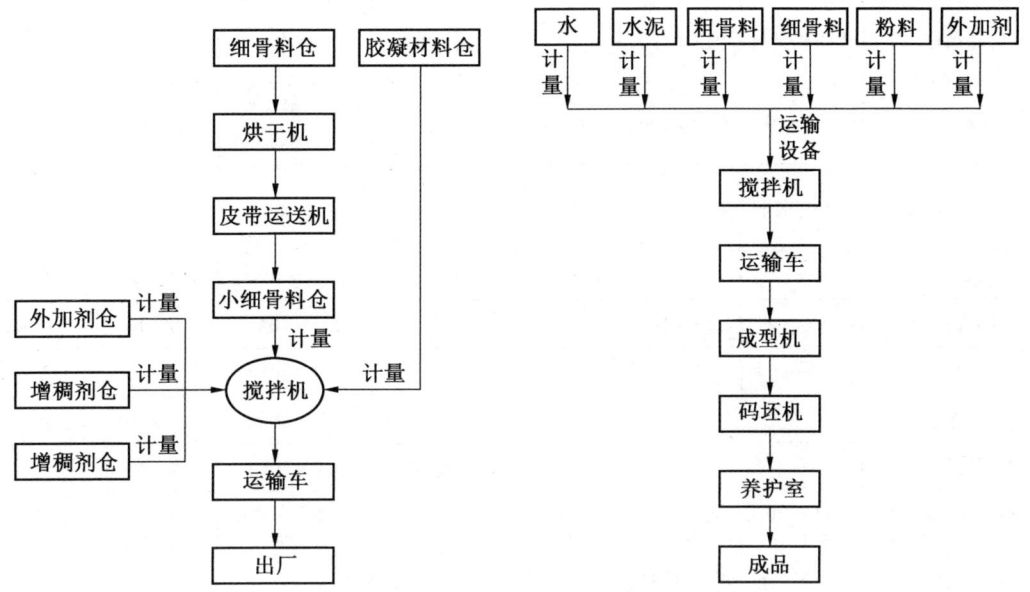

图10-3 预拌砂浆生产车间工艺流程　　图10-4 砌块生产车间流程

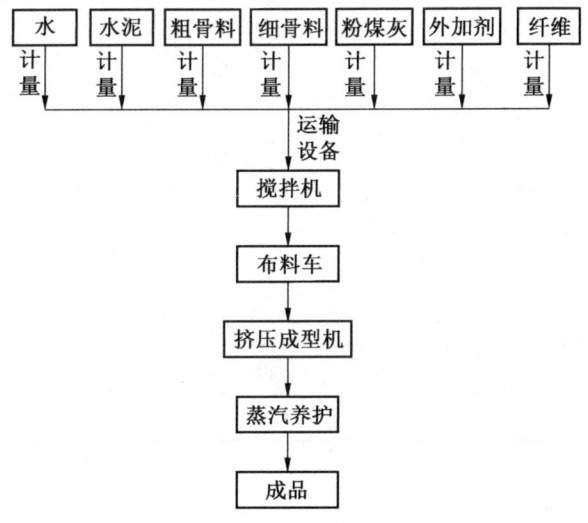

图10-5 墙板生产车间流程

2. 主要技术经济指标

主要经济技术指标见表10-3、表10-4。

▶ 建 筑 材 料

表10-3 产品消耗材料统计表

产品名称	再生粗骨料	再生细骨料	水泥混合材料	预拌砂浆	砌块	墙板	—
年产量	3.34×10^5 t	2.53×10^5 t	4.0×10^4 t	2.0×10^5 t	1.0×10^5 m² × 2条线	2.0×10^5 m²	—
年消耗材料名称	再生粗骨料	再生细骨料	水泥混合材料	预拌砂浆	砌块	墙板	合计
粗骨料	3.34×10^5 t	—	4.0×10^4 t	—	1.23×10^5 t	1.3×10^4 t	5.0×10^5 t
细骨料	—	2.53×10^5 t	—	1.34×10^5 t	9.1×10^4 t	0.9×10^4 t	4.87×10^5 t
粉料	—	—	—	—	1.2×10^4 t	0.1×10^4 t	1.3×10^4 t
水泥	—	—	—	5.5×10^4 t	3.1×10^4 t	0.3×10^4 t	8.9×10^4 t
其他材料	—	—	—	1.1×10^4 t	1.9×10^4 t	0.2×10^4 t	3.2×10^4 t
年消纳建筑废物数量	3.34×10^5 t	2.53×10^5 t	4.0×10^4 t	1.34×10^5 t	2.26×10^5 t	2.3×10^5 t	1.0×10^6 t
产品名称	再生粗骨料	再生细骨料	水泥混合材料	预拌砂浆	砌块	墙板	总计值
年产量	5.0×10^5 t	4.87×10^5 t	4.0×10^4 t	2.0×10^5 t	2.0×10^5 m³	2.0×10^5 m²	—
单价	20元/t 30元/m³	20元/t 30元/m³	20元/t	230元/t	170元/m³	40元/m²	
年产值/万元	1000	974	80	4600	3400	800	10854
生产成本/万元	710	692	57	3038	2876	562	7935
营销成本/万元	100	97	—	460	340	80	1077
利润/万元	190	185	23	1102	184	158	1842

注:每年按300 d,每天按16 h计算。

表10-4 产品技术经济指标

名称	设备投资	总投资	设备总功率	劳动定员	占地面积
数值	2753万元	1.2亿元	1631 kW	311人	180亩

注:一亩约等于666.7 m²。

3. 建筑废弃物资源化基础工程

该项目主要用到的设备有破碎系统、筛分系统、输送系统、制砂系统、烘干系统、干法预拌砂浆系统、墙板生产系统、构件块材生产系统。具体设备见主要工艺设备一览表(表10-5),主要原材料、燃料、动力价格见表10-6,总平面布置及占地面积见表10-7。

项目十　我国建筑废弃物资源化利用

表 10-5　主要工艺设备一览表

序号	主要设备	型号	功率/kW	来源	单价/(万元·台$^{-1}$)	合计/万元	备注
再生骨料车间							
1	振动给料机	ZSW490×110	15	上海世邦	8.50	8.50	
2	颚式破碎机	PE900×1200	110	上海世邦	69.00	69.00	
3	西蒙斯圆锥破碎机	CSB240	240	上海世邦	140.00	140.00	
4	离心冲击式破碎机	VSI 1140	400	上海世邦	58.00	58.00	
5	圆振动筛	2YA2160	30	上海世邦	14.00	14.00	
6	圆振动筛	3YA2160	74	上海世邦	15.00	30.00	2台
7	振动给料机	GZD200×120	4.4	上海世邦	3.50	3.50	
			873.4			323.00	
预拌砂浆车间							
1	烘干机	浙江东晨卧式	50	自有	—		
2	砂浆生产线	SHEF-20SJ	200	上海德滨	500.00	500.00	
			250			500.00	
墙板、构件联合生产车间							
1	50搅拌站×4个			自建	20.00	80.00	
2	再生骨料板材生产线	SHEF-20BC	120	上海德滨	500.00	500.00	
3	再生骨料块材生产线	SHEF-10KC	220	上海德滨	200.00	200.00	
			340			780.00	
其他							
1	皮带输送机	650 mm	5.5	上海世邦	1300元/m	50.00	
2	装载机×5辆	轮式 XG951Ⅲ	162	厦工机械	40.00	200.00	
			167.5			250.00	
		总合计	1630.9			1863.00	

表 10-6　主要原材料、燃料、动力

序号	项目	单价	备注
1	原材料辅助材料	—	—
1.1	建筑废物	—	由渣土处理单位负责
1.2	水泥	350 元/t	—
2	燃料和动力	—	

▶ 建 筑 材 料

表10-6（续）

序号	项目	单价		备注
2.1	电	高峰期	0.78元/(kW·h)	—
		平峰期	0.41元/(kW·h)	—
		低谷期	0.21元/(kW·h)	—
2.2	柴油	5.81元/L		—
2.3	无烟煤	1200元/t		—
2.4	自来水	5.0元/t		—

表10-7 项目占地面积分析表

序号	项目	建筑尺寸/(m×m)	储存量/10^4 t	占地面积/m^2	合计/m^2	建筑方式
1	原料堆场	175×110	24	19250	19250	框剪结构
2	骨料生产车间	120×50	—	6000	6000	框剪结构
3	砂浆生产车间	100×50	—	5000	5000	框剪结构
4	混凝土制品生产车间	220×70	—	26400	26400	框剪结构
5	骨料仓	—	—	—	6000	
5.1	3.15 mm 粗骨料仓	φ40×20	3.5	1256	—	钢板仓
5.2	10 mm 粗骨料仓	φ31.4×20	2	744	—	钢板仓
5.3	5 mm 粗骨料仓	φ31.4×20	2	744	—	钢板仓
5.4	2.5 mm 粗骨料仓	φ16×20	0.52	201	—	钢板仓
5.5	土料仓	φ16×20	0.52	201	—	钢板仓
5.6	细粉仓	φ16×20	0.52	201	—	钢板仓
6	砂浆仓	—	—	—	5000	—
6.1	抹面砂浆仓	φ12×20	0.15	114	—	钢板仓
6.2	砌筑砂浆仓	φ13×20	0.18	266	—	钢板仓
6.3	砌筑砂浆仓	φ13×20	0.18	266	—	钢板仓
6.4	袋装抹面砂浆仓	20×6	0.05	111	—	框剪结构
6.5	袋装砌筑抹面砂浆仓	20×12	0.1	222	—	框剪结构
7	养护室、成品室	—	—	—	18525	框剪结构
8	办公区、生活区、绿化带等	210×70	—	—	14700	框剪结构
9	道路	—	—	—	7150	
	总占地面积		100875 m^2（约151亩）			

4. 建筑废弃物堆场

建筑废弃物进入混合仓，进行人工清拣其中木材、纸屑、塑料、铁块等垃圾，然后用铲车进行打堆。处理后的建筑废弃物，通过铲车搬运至振动给料器，由皮带、振动筛输送至骨料生产车间进行骨料的深加工，筛出的黄土作为园林绿化用土。生产出的 5～31.5 mm 粗骨料、0～5 mm 细骨料以及细粉进入相应仓库。部分粗骨料经过 10 mm 振动筛生产 5～10 mm 粗骨料，筛上料进入制砂机生产 0～2.5 mm 细骨料。

该项目设计年处理建筑废弃物 1.0×10^6 t，为保证生产的连续性和稳定性，在厂区内建一个长×宽×高为 175 m×110 m×15 m 的原料堆场，按堆放高度 10 m、建筑废弃物自然安息角 40°、堆积密度 1.3 t/m³ 计算，其容量为 1.82×10^5 m³，承装建筑废弃物 1.82×10^5 m³×1.3 t/m³ = 2.4×10^5 t，占地面积 175 m×110 m = 19250 m²。该堆场分成 4 个堆放仓，分别为 1 个废砖仓、1 个废混凝土仓、2 个混合仓，采用全封闭钢架结构，四周用混凝土隔墙加彩钢瓦，顶上用彩钢瓦遮挡，采取全封闭结构，防止雨水淋入及灰尘污染。

预拌砂浆仓也采取筒仓。抹面砂浆筒仓 1 个，$\phi 12 \times 10$ m = 1100 m³（储料约 1500 t），占地 114 m²。砌筑砂浆筒仓 2 个，$\phi 13 \times 10$ m = 1300 m³（储料 1800 t），占地 266 m²；袋装仓分抹面砂浆仓 1 个，长×宽×高为 20 m×6 m×5 m，堆放高度 3 m，储料约 500 t，占地 111 m²；砌筑砂浆仓 1 个，长×宽×高为 20 m×12 m×5 m，堆放高度 3 m，储料约 1000 t，占地 222 m²，使用钢架结构，顶上用彩钢瓦遮挡，防止雨水淋入及灰尘污染；墙板及构件养护堆放室占地面积 18525 m²。

5. 再生骨料生产车间等

在骨料车间生产的过程中移动细骨料、粉料皮带，将细骨料、粉料直接输送至砂浆生产车间，也可从细骨料仓将细骨料搬运至砂浆生产车间，通过卧式烘干机，将其水分烘干至 0.5% 以下，根据强度及性能、用途的需要，配合企业生产的水泥，进入预拌砂浆生产线生产相应干法预拌砂浆，通过皮带送入砂浆仓。

6. 成品仓区

在骨料车间生产的过程中转动骨料皮带，将粗骨料、细骨料、粉料直接输送至混凝土制品生产车间，进入其中的搅拌站，拌和出所需的混凝土，利用压砖机、墙板生产线等生产客户所需的混凝土制品，送入养护仓进行养护至成品，放至成品堆场。

骨料生产车间占地 120 m×50 m = 6000 m²，砂浆制造车间占地 100 m×50 m = 5000 m²，墙板构件联合制造车间占地 220 m×70 m = 15400 m²，合计 26400 m²。骨料仓采取筒仓结构以提高土地使用率，分别为：31.5 mm 粗骨料仓 1 个，$\phi 40 \times 20$ m = 2.5×10^4 m³（储料约 3.5×10^4 t），占地 1256 m²；5～10 mm 粗骨料仓 1 个，$\phi 31.4 \times 20$ m = 1.55×10^4 m³（储料约 2×10^4 t），占地 774 m²；5 mm 细骨料仓 1 个，$\phi 31.4 \times 20$ m = 1.55×10^4 m³（储料约 2×10^4 t），占地 774 m²；2.5 mm 细骨料仓 1 个，$\phi 16 \times 20$ m = 4000 m²（储料约 0.52×10^4 t），占地 201 m²；土料仓 1 个，$\phi 16 \times 20$ m = 4000 m²（储料约 0.52×10^4 t），占地 201 m²。

7. 生活及办公试验区

▶ 建 筑 材 料

生活及办公区域分为办公楼、实验楼、餐厅、停车场、宿舍、职工活动区域、绿化带等，总占地 210 m × 70 m = 14700 m²。厂内道路占地 7150 m²。合计该项目总占地面积 100875 m²，约 151 亩。

8. 建厂规模制约因素

建厂规模受到以下几个因素的制约：

（1）该地区建筑废弃物每年生成量在 $1.0 × 10^7$ t 以上，若项目规模过小，则不能达到大量消纳建筑废弃物的作用。考虑到就近原则，该市已规划 8~10 个消纳场，因此，作为示范工程，初步考虑项目年处理建筑废弃物 $10 × 10^6$ t 以上。

（2）经济实力。根据国内已建成的建筑废弃物处理工程平均处理量 1000 t/h（$3.0 × 10^3$ t/d），需投资 2000 万~5000 万元（估算），则处理 $1.0 × 10^6$ t 建筑废弃物需总投资 6600 万~16500 万元。

（3）再生资源产品的推广和应用有一个渐进的过程，初建规模受产品使用范围限制，过多产品的积压将占用大量流动资金，不利企业的生存和发展。

9. 产品市场需求及销售分析

市场需求量简要分析见表 10-8；计划销售量见表 10-9，销售方向为混凝土搅拌站、预拌砂浆站、建设施工单位、个人建房装修等；产品定价及销售收入预测见表 10-10。

表 10-8　市 场 需 求 量

项目	骨料（配制 C30 以下混凝土）	预拌砂浆	砌块	墙板	水泥混合材
市场需求量	$7.5 × 10^6$ t/a	$6.0 × 10^6$ t/a	$8.0 × 10^6$ m³	$6.0 × 10^6$ m²	$7.0 × 10^5$ t/a

表 10-9　计 划 销 售 量

项目	再生骨料	预拌砂浆	砌块	墙板	水泥混合材
计划销售量	$5.0 × 10^5$ t/a	$2.0 × 10^5$ t/a	$2.0 × 10^5$ m³/a	$2.0 × 10^5$ m²/a	$4.0 × 10^4$ t/a

表 10-10　产品定价及销售收入预测

项目	再生骨料	预拌砂浆	砌块	墙板	水泥混合材
产品单价	20 元/t	230 元/t	170 元/m³	40 元/m²	20 元/t
销售收入预测	1000 万元	4600 万元	3400 万元	800 万元	80 万元

10. 项目建设规模、产品及经济分析

（1）建设规模。项目拟建规模年消纳建筑 $1.0 × 10^6$ t，建设期为 3 a；第 1 年年处理建筑废弃物 $40 × 10^5$ t，主要产品为粗、细再生骨料和干法预拌砂浆；第 2 年年处理建筑废弃物 $7.0 × 10^5$ t，产品新增建筑墙板；第 3 年年处理建筑废弃物 $1.0 × 10^6$ t，新增混凝土构件、块材成品。

（2）主要产品及副产品品种和产量（表10-11）。

表10-11 主要产品及副产品品种和产量

项目	主要产品					副产品
	再生骨料	预拌砂浆	砌块	墙板	水泥混合材	分离粉料
年产量	5.0×10^5 t	2.0×10^5 t	2.0×10^5 m³	2.0×10^5 m²	3.0×10^4 t	1.5×10^5 t

（3）经济分析。C30以下混凝土再生骨料用量为1020 kg/m³，采取加入减水剂降低水胶比，R28强度达到42.0 MPa。按该地区每年生产混凝土1.5×10^7 m³估计，C30以下混凝土占30%，可达4.5×10^6 m³，粗骨料和细骨料的表观密度为15~16 t/m³，则粗骨料用量4.5×10^6 t/a，细骨料用量3.0×10^6 t/a；若C30以下混凝土中有30%使用再生骨料，则需粗骨料1.35×10^6 t/a，细骨料9.0×10^5 t/a。该综合利用项目地处北郊，以就近供应为原则，提供25%再生骨料，则粗骨料3.37×10^6 t/a，细骨料2.25×10^5 t/a，此消纳能力应该是切合实际的。另外，考虑生产其他产品需消耗粗细骨料，该项目初步确定再生粗骨料生产能力按5.0×10^3 t/a，细骨料生产能力按4.87×10^5 t/a（表10-12、表10-13）。

表10-12 再生骨料经济分析

分析项目	单价	每吨再生骨料用量	每吨再生骨料各项费用/(元·t⁻¹)
电耗	0.5元/(kW·h)	7.3 kW·h/t	3.7
工费	16.6元/(人·h)	0.21人·h/t	3.5
管理费	—	—	2.0
设备折旧	—	—	5.0
生产成本	—	—	14.2
销售价	—	—	20.0

表10-13 再生粗细骨料生产线参数与经济分析

年产量	总功率	生产能力	年产值	生产成本	营销成本（产值的10%）	利润
9.87×10^5 t	873.4 kW	210 t/h	1974万元	1402万元	197万元	375万元

11. 建筑废弃物再生利用的市场前景

在建筑工程中建筑砂浆用量仅次于混凝土，传统的工艺是在现场搅拌，计量不准，材料浪费大，质量波动大。商品砂浆（预拌砂浆）在工厂中生产配比准确，比传统砂浆提高

▶ 建 筑 材 料

1~4倍，降低材料消耗50%~70%，运输便利，有利于施工新技术新材料的推广。该地区近年来出于环保和城市建设的要求，原来在市区浐河、灞河的采砂场已陆续关闭，砂子只能到远郊咸阳、周至等地去采购。该项目拟采用破碎建筑混凝土和废砖渣取代天然砂，生产建筑砂浆，生产工艺无变化，对配合比稍加调整，即可生产出 M5~M15 的砌筑砂浆、抹面砂浆，既满足城市建设需求，又消纳大量的建筑废弃物，技术经济效益显著。上海 EF 生态环境材料产学研联合体已系统开发出年产 3.0×10^5 t、2.0×10^5 t 及 1.0×10^5 t 的预拌砂浆成套设备。该项目拟采用年产量 20×10^5 t 预拌砂浆设备。

根据《关于在部分城市限期禁止现场搅拌砂浆工作的通知》，该市从 2008 年 7 月 1 日起禁止在施工现场搅拌砂浆。以全国人大立法形式发布了《散装水泥管理条例》，规定从 2009 年 1 月 1 日起在 9 个城市建成区的建设工程应当全部使用预拌混凝土和预拌砂浆。目前相关政府部门正加紧推广应用预拌砂浆的宣传工作，同时也加大对不合法施工企业执法管理力度。由此可见，该市的预拌砂浆的市场前景较为乐观。

据该市统计局统计，2007 年房屋建筑施工面积 2.86782×10^7 m^2，2008 年房屋建筑施工面积 2.985×10^7 m^2。2009 年虽遭遇金融危机，但有国家拉动内需的政策推动，2009 年房屋建筑施工面积在 2.5×10^7 m^2 以上。砂浆用量按定额计算：多层住宅砂浆用量为 0.198 m^3/m^2（建筑面积），高层住宅砂浆用量为 0.0889 m^3/m^2。按多层住宅与高层住宅建筑面积 7:3 来计算，则每平方建筑需使用砂浆 0.16527 m^3，据此计算出 2009 年砂浆用量在 400 m^3 以上，砂浆容重取 1500 kg/m^3，2009 年的砂浆用量在 6.0×10^6 t 以上。结合行业内的关系资源和目前预拌砂浆推广形势，确定该项目预拌砂浆的生产能力为 2.0×10^5 t/d。典型砂浆配合比见表 10-14 和表 10-15。

表 10-14 砌筑砂浆配合比及强度

强度等级	单方配合比/($kg \cdot m^{-3}$)			出机稠度/mm	保水增稠剂 JTC-1/($kg \cdot m^{-3}$)	外加剂缓凝剂 I/($kg \cdot m^{-3}$)	抗压强度/MPa	
	水泥	粉煤灰	砂				7 d	28 d
M5(S-3)	192	62	1365	60	38	0.635	11.5	17.1
M10(S-4)	256	34	1378	90	43.5	0.58	18.2	20.6
M15(S-8)	270	80	1400	90	52.5	0.7	18.7	26.6

表 10-15 抹灰砂浆配合比及强度

强度等级	单方配合比/($kg \cdot m^{-3}$)			出机稠度/mm	保水增稠剂 JTC-2/($kg \cdot m^{-3}$)	外加剂缓凝剂 II/($kg \cdot m^{-3}$)	抗压强度/MPa	
	水泥	粉煤灰	砂				7 d	28 d
M5(Y-2)	180	78	1359	110	38.7	0.387	8.8	10.9
M10(Y-6)	296	56	1419	110	52.8	0.88	10.5	16.5
M15(Y-11)	263	85	1356	110	52.2	0.696	10.9	18.5

再生骨料生产预拌砂浆,在生产设备和劳动定员上与传统砂浆差别不大,由于再生骨料的价格低于天然砂浆产品,而且运输距离大大缩短,砂浆强度等级不高,在单方水泥用量、外加剂用量上略有变化,但差别不是很大,由于再生骨料占砂浆总重量大于50%,可以符合资源综合利用政策规定减免所得税。因此,在相同强度等级的再生骨料生产预拌砂浆产品每吨产品利润空间远大于一般的预拌砂浆工厂(表10-16~表10-19)。

表10-16 2.0×10^5 t 预拌砂浆所需原材料

项 目	水 泥	细骨料	其他材料
2.0×10^5 t砂浆需原材料用量	5.5×10^4 t	1.34×10^5 t	1.1×10^4 t

表10-17 预拌砂浆价格一览表

项 目	M5	M10	M15
价格/(元·t^{-1})	162.5	181.6	190.2
抹灰砂浆	M5	M10	M15
价格/(元·t^{-1})	181.6	198.8	207.4

表10-18 预拌砂浆经济分析

分析项目	单 价	每吨砂浆用量	每吨砂浆各项费用/(元·t^{-1})
水泥P.C32.5	330元/t	0.21 t/t	67.9
粉煤灰	120元/t	0.04 t/t	4.9
再生细骨料	20元/t	0.82 t/t	16.4
保塑稠化剂	0.4元/kg	29.41 kg/t	11.8
缓凝剂	3.0元/kg	0.47 kg/t	1.4
电耗	0.5元/kW	24.1 kW·h/t	12.5
工费	16.6元/(人·h)	0.12 人·h/t	5.0
管理费	—	—	20.0
设备折旧	—	—	12.0
生产成本	—	—	151.9
销售价	—	—	230(350元/m^3)

注:该地区2009年预拌砂浆平均价格400元/m^3。

▶ 建 筑 材 料

表 10-19　选用再生骨料预拌砂浆生产线

年产量	总功率	生产能力	年产值	生产成本	营销成本（产值的10%）	利润
2.0×10^5 t	250 kW	80 t/h	4600 万元	3038 万元	460 万元	1102 万元

　　建筑废弃物中废混凝土和废砖可制造再生砖和再生砌块，非烧结产品宜采用水泥作为胶凝材料，混合适当的再生粗骨料、细骨料和粉料。基本生产工艺包括分选、破碎、计量配料、搅拌、振压成型养护、检验出厂等环节。目前再生砖和混凝土砌块常用于低层建筑的承重墙体及高层建筑非承重填充墙体。我国福建厦门和河北邯郸均已建成生产线，形成年生产能力 1.0×10^5 m^3 砌块的生产线。

　　产品的生产和性能均有标准可遵循，近年来我国已颁布了《普通混凝土小型砌块》（GB 8239—2014）、《轻集料混凝土小型空心砌块》（GB 15229—2011）、《装饰混凝土砌块》（JC/T 641—2008）等相关标准，因此技术是成熟的。近年该市房屋建筑施工面积按 2.5×10^7 m^2 估，1 m^2 建筑面积的墙体材料平均需标砖 200 块，按标砖进行折算为 512 块标砖/m^3，该市每年墙体材料需求量为 1.0×10^7 m^3。再生混凝土制品为国家优先推荐产品，且其质量轻、保温性能优于普通混凝土墙板。根据该项目的规模确定砌块生产能力 2.0×10^5 m^3，墙板 2.0×10^5 m^2，仅占市场需求量的 2%，可以在本地区销售。再生材料制品主要有混凝土砌块和混凝土板材，见表 10-20~表 10-22。

表 10-20　再生混凝土砌块的参数和原材料需要量

年产量	砌块空隙率	材料密度	水	水泥	细骨料	粗骨料	粉煤灰	粉料
2.0×10^5 m^3	30%	2300 kg/m^3	2.6×10^4 t	7.0×10^4 t	1.24×10^5 t	2.0×10^5 t	2.4×10^4 t	1.6×10^4 t

表 10-21　混凝土砌块典型配合比

材料	水	水泥	细骨料	粗骨料	粉煤灰	粉料
用量/(kg·m^{-3})	130	350	620	1000	120	80

表 10-22　砌块（M10）典型配合比和经济分析

分析项目	用量/(kg·m^{-3})	每立方米砌块用量/(kg·m^{-3})	单价/(元·kg^{-1})	每立方米砌块成本/(元·m^{-3})
水	130	91	0.005	0.5
水泥	350	245	0.35	85.8
细骨料	620	434	0.02	8.7
粗骨料	1000	700	0.02	14.0

表 10-22（续）

分析项目	用量/(kg·m^{-3})	每立方米砌块用量/(kg·m^{-3})	单价/(元·kg^{-1})	每立方米砌块成本/(元·m^{-3})
粉煤灰	120	84	0.12	10.1
粉料	80	56	0.02	1.1
外加剂	6	4.2	3.00	12.6
电耗	—	—	—	2.5
工费	—	—	—	2.1
管理费	—	—	—	1.4
设备折旧	—	—	—	5.0
生产成本	—	—	—	143.8
销售价	—	—	—	170.0

注：砌块的空隙率按 30% 计算，实心密度 2286 kg/m^3，则砌块密度约为 1600 kg/m^3。

该项目选用上海 EF 生态环境材料产学研联合体，在国家创新基金项目支持下开发的建筑资源化成套技术与装备中 SHEF-20KC 年产 2.0×10^5 m^3 再生混凝土块材生产线，其技术指标见表 10-23。

表 10-23 混凝土砌块生产线参数与经济分析

年产量	总功率	生产能力	年产值	生产成本	营销成本（产值的 10%）	利润
2.0×10^5 m^3	220 kW	60 m^3/h	3400 万元	2876 万元	340 万元	184 万元

注：砌块用途主要用于围墙、地砖、护城砌块、填充墙。

目前国内生产轻质墙板有 GRE 珍珠岩墙板、GRC 陶粒墙板。作为高层建筑隔墙填充材料，中间为圆孔，有隔热、隔声性能，安装方便快捷，价格便宜，用料省。

再生板材孔 $\phi 60 \times 6$ 孔，板宽 0.6 m，长度 2.6 m，板密度 2345 kg/m^3，板壁厚 0.034 m。每米板材的质量 = γ[板材体积 - 空心体积] = $2345 \times [0.6 \times 1.0 \times 0.09 - \pi/4 \times 0.06^2 \times 1.0 \times 6]$ = $2345 \times [0.054 - 0.0275]$ = 2345×0.0265 = 62 kg，考虑损耗 5%，实际质量为 65 kg（表 10-24 ~ 表 10-26）。

表 10-24 墙板材料配合比

材料	水	水泥	粗骨料	细骨料	粉煤灰	纤维	外加剂
用量/(kg·m^{-3})	160	350	1050	700	80	0.7	5.0

▶ 建 筑 材 料

表10-25 墙板经济分析

分析项目	占重量/%	板材质量/(kg·m^{-2})	单价/(元·kg^{-1})	板材价格/(元·m^{-2})
水泥	14.9	9.69	0.35	3.4
水	6.8	0.14	0.005	0.001
粗骨料	44.8	29.1	0.02	0.6
细骨料	30.3	19.7	0.02	0.4
粉煤灰	3.3	1.95	0.10	0.2
纤维	0.03	0.02	30.00	0.6
外加剂	0.21	0.14	3.0	0.4
电耗	—	—	—	3.5
工费	—	—	—	5.0
管理费	—	—	—	1.5
设备折旧	—	—	—	12.5
成本	—	—	—	28.1
销售价	—	—	—	40

表10-26 SHEF-20KC再生墙板生产线参数

年产量	总功率	生产能力	年产值	生产成本	营销成本（产值的10%）	利润
2.0×10^5 m^2	120 kW	100 m^2/h	800万元	562万元	80万元	158万元

目前，水泥总生产能力为 8.0×10^5 t/d，生产水泥时，可采用再生骨料做混合材的一部分，约占水泥重量的5%，对所生产各强度等级的水泥质量无影响。故每年本公司可消耗再生骨料 4.0×10^4 t 作为水泥混合材。水泥混合材用于本企业生产水泥，根据本公司水泥生产量和品种来确定混合材用量，所以这方面不需考虑市场因素（表10-27）。

表10-27 水泥生产线原材料需求量

材料 P.O 42.5水泥	水泥熟料	粉煤灰	水泥混合材	石膏
用量/(kg·t^{-1})	650	250	50	50
年消耗量/10^4 t	52	20	4	4

12. 劳动人员成本

劳动定员311人。平均工资2100元/(人·月)，三金437元/(人·月)，伙食费400元/(人·月)，平均合计工资2937元/(人·月)，即一个工人年均支出为35244元/

（人·年）。具体见表10-28。

表10-28 劳动定员表

序号	组项	名称		岗位	每班人数/人	所需人数/人	备注
1	再生骨料生产车间	管理		3	3	84	每班8h，每日2班
		技术		1	3		
		原料堆场装载机	司机	5	5		
			调度	1	1		
		原料堆场	分拣工	1	10/班		
		骨料库	进料、卸料	2	6/班		
		骨料生产线	机械、除尘、皮带机分选、电器	4	20/班		
2	预拌砂浆生产车间	管理		2	3	34	每班8h，每日2班
		技术		1	2		
		搅拌机		—	5/班		
		烘干机		—	3/班		
		原料管理水泥、掺合料、外加剂计量		—	3/班		
		产品放料计量		—	2/班		
		保修		—	3		
3	砌块生产车间	管理		2	3	89	每班8h，每日2班
		技术		1	3		
		搅拌		2	5/班		
		布料		2	10/班		
		成型机		2	10/班		
		码坯机		1	10/班		
		辅助		4	4/班		
		保修		2	5		
4	墙板生产车间	管理		1	3	38	每班8h，每日2班
		技术		1	2		
		搅拌机		1	5/班		
		成型机		1	4/班		
		生产线维护		2	5		
		养护		2	5/班		

▶ 建 筑 材 料

表 10-28（续）

序号	组项	名 称	岗位	每班人数/人	所需人数/人	备注
5	厂部	管理人员：行政	—	5	66	—
		技术检验	—	5		
		财务	—	4		
		后勤	—	2		
		销售、材料供应	—	10		
		辅助服务人员：门卫、供销	—	20		
		水电	—	3		
		锅炉房	—	3		
		机修（汽车、设备）	—	6		
		食堂	—	5		
		油库	—	3		
		合计总人数	—	—	311	—

【项目习题】

1. 简述建筑废弃物的分类及组成。
2. 简述建筑废弃物资源化利用的总体思路和原则。
3. 简述建筑废弃物破碎的基本方式。
4. 简述建筑再生骨料质量等级划分和生产流程。
5. 简述建筑废弃物再生混凝土、砂浆、砌块、墙体材料的性能指标及生产工艺。
6. 简述再生沥青混合料的性能指标及配合设计。

项目十一 开放性实验案例

任务一 水泥基复合保温墙体材料的制备

【实验目的与要求】
(1) 阐述水泥基复合保温墙体材料的组成及各组分的作用。
(2) 完成水泥基复合保温墙体材料的制备操作。

一、实验原理

在建筑中，外围护结构的热损耗较大，外围护结构中墙体又占了很大份额。所以建筑墙体改革与墙体节能技术的发展是建筑节能技术的一个最重要环节。发展外墙保温技术及节能材料则是建筑节能的主要实现方式。因此，制备保温性能良好、承载力高、耐火性优异等综合性能良好的水泥基保温墙体材料迫在眉睫。保温砂浆是水泥基保温墙体材料中最主要且应用范围最广的墙体材料。现行我国的保温砂浆主要有聚苯乙烯保温砂浆、玻化微珠保温砂浆和膨胀珍珠岩保温砂浆等。通常保温砂浆的制备是以水泥为胶结材、膨胀聚苯乙烯颗粒或膨胀珍珠岩等为隔热轻质骨料。膨胀珍珠岩保温砂浆通常利用水泥作为胶凝材料，膨胀珍珠岩为轻质骨料，然后复合少量外加剂及其他辅材制备而成。而聚苯乙烯保温砂浆则是以聚苯乙烯颗粒为轻质骨材，水泥为胶凝材料，并复合其他辅料通过一定的工艺制备而成。

聚苯乙烯保温砂浆阻燃涂层板是提高水泥基保温墙体材料耐火性的关键材质，提高其性能是提高保温砂浆应用的必然保障。新型保温砂浆应体现出更多的优点，如施工过程防火性能良好、抗压强度高及保温性能好等性能。

二、实验设备与原料

1. 主要设备
参与实验的主要设备有水泥胶砂搅拌机、水泥胶砂振动台、电子天平、水泥发泡机、鼓风干燥箱、三联试模。

2. 主要原料
实验采用的主要原料包括水泥（P.O 42.5，CA-50）、膨胀珍珠岩、减水剂、聚苯乙烯颗粒、玻璃纤维、羟丙基甲基纤维素、纤维素、丙烯酸、EVA乳液、高岭土、滑石粉、

▶ 建 筑 材 料

阻燃剂。

三、实验项目的配方设计

按给出的应用场合设计符合应用要求的水泥基复合保温墙体材料配方。膨胀珍珠岩保温砂浆配合比见表11-1，聚苯乙烯保温砂浆配合比见表11-2。

表11-1 膨胀珍珠岩保温砂浆配合比

组别	水泥/g	珍珠岩/%	玻璃纤维/%	减水剂/%	纤维素/%	丙烯酸/%
1	100	1.0	0.01	0.01	0.005	0.1
2	100	1.0	0.02	0.01	0.005	0.1
3	100	1.2	0.01	0.01	0.005	0.1
4	100	1.2	0.02	0.01	0.005	0.1
5	100	1.4	0.01	0.01	0.005	0.1
6	100	1.4	0.02	0.01	0.005	0.1
7	100	1.6	0.01	0.01	0.005	0.1
8	100	1.6	0.02	0.01	0.005	0.1
9	100	1.8	0.01	0.01	0.005	0.1
10	100	1.8	0.02	0.01	0.005	0.1
11	100	2.0	0.01	0.01	0.005	0.1
12	100	2.0	0.02	0.01	0.005	0.1

注：为了加快砂浆的固化时间，配比中所使用的水泥是普通硅酸盐水泥和铝酸盐水泥以5:1的比例混合而成。

表11-2 聚苯乙烯保温砂浆配合比

组别	水泥/g	聚苯乙烯/%	玻璃纤维/%	减水剂/%	纤维素/%	丙烯酸/%
1	100	1.20	2.0	2.0	1.0	20
2	100	1.20	1.5	2.0	1.0	20
3	100	1.20	1.0	2.0	1.0	20
4	100	1.35	2.0	2.0	1.0	20
5	100	1.35	1.5	2.0	1.0	20
6	100	1.35	1.0	2.0	1.0	20
7	100	1.50	2.0	2.0	1.0	20
8	100	1.50	1.5	2.0	1.0	20
9	100	1.50	1.0	2.0	1.0	20

表 11-2（续）

组别	水泥/g	聚苯乙烯/%	玻璃纤维/%	减水剂/%	纤维素/%	丙烯酸/%
10	100	1.65	2.0	2.0	1.0	20
11	100	1.65	1.5	2.0	1.0	20
12	100	1.65	1.0	2.0	1.0	20
13	100	1.80	2.0	2.0	1.0	20
14	100	1.80	1.5	2.0	1.0	20
15	100	1.80	1.0	2.0	1.0	20
16	100	1.95	2.0	2.0	1.0	20
17	100	1.95	1.5	2.0	1.0	20
18	100	1.95	1.0	2.0	1.0	20

注：各配比中所使用的水灰比为1.0。

四、实验操作步骤

1. 膨胀珍珠岩保温砂浆试件的制备

（1）将称量好的膨胀珍珠岩、混合均匀的水泥、玻璃纤维混合后搅拌至均匀。

（2）接着将一定量的纤维素、减水剂、丙烯酸和水混合，搅拌至纤维素完全溶解。

（3）然后将配置好的固体与液体混合，放入搅拌机以慢速搅拌均匀。

（4）最后将搅拌完成后的珍珠岩保温砂浆填入三联试模（抗压及体积测试试件模具尺寸为40 mm×40 mm×160 mm，导热系数测量试件尺寸为300 mm×300 mm×30 mm）后振动并抹平。

2. 聚苯乙烯保温砂浆试件的制备

（1）将粒径3.5 mm左右的聚苯乙烯颗粒、玻璃纤维、纤维素及水泥（CA-50）与 P.O 42.5 按比例 1∶5 倒入搅拌罐混合均匀。

（2）接着将减水剂、丙烯酸及水混合均匀。

（3）将配置好的固体与液体充分混合后搅拌均匀。

（4）最后将聚苯乙烯保温砂浆装入三联模（抗压及体积测试试件模具尺寸为40 mm×40 mm×160 mm，导热系数测量试件尺寸为300 mm×300 mm×30 mm）中成型后振动并抹平。

3. 保温阻燃板的制备

（1）将 CA-50 水泥、EVA 乳液、$Mg(OH)_2$、高岭土、滑石粉按照一定比例混合均匀得到阻燃涂层。

（2）将黏稠液体均匀地涂抹在裁剪成210 mm×70 mm×10 mm的聚苯乙烯保温砂浆板

或膨胀珍珠岩保温砂浆板一面上,尽量保持表面平整光滑。

(3) 涂抹完一面后晾干 20 min,将涂好的一面置于玻璃板上进行第二面涂抹。

(4) 将涂抹完成的聚苯乙烯保温砂浆阻燃涂层板放置在阴凉通风处阴干 24 h,得到水泥基保温阻燃墙体材料。

五、实验数据和过程记录

(1) 将相关实验数据记录于表 11-3 中。

(2) 记录实验过程中出现的现象,并分析出现此类现象的原因。

(3) 根据实验过程及产品品质建立实验参数与产品质量的基本关系,并说明改进的方法。

(4) 从不同角度对成型样品拍照,并将图片展示在报告中。

表 11-3 水泥基复合保温墙体材料制备实验数据记录表

时　间	操　作	现　象

六、实验操作注意事项

(1) 涂层涂覆一定要平整、均匀。

(2) 实验过程中注意安全。

(3) 各组分含量称量准确。

任务二　二氧化硅-膨胀珍珠岩复合保温材料的制备

【实验目的与要求】

(1) 阐述二氧化硅气凝胶的制备原理。

(2) 完成二氧化硅-膨胀珍珠岩复合保温材料的制备操作。

一、实验原理

膨胀珍珠岩具有热导率较低、耐候耐久性强、不燃、价格低廉及与建筑同寿命周期等众多优点，在保温隔热领域应用广泛。但相对于有机保温材料而言，膨胀珍珠岩的热导率相对较大，抗压强度小，需对其进行闭孔处理或复合改性来降低其热导率，提高其抗压强度。

二氧化硅气凝胶是一种新型的纳米量级保温材料，因其具有超低的热导率、较大的比表面积、较低的密度和较高的孔隙率等特性，被应用于一些高精尖领域。但由于其制备成本高、抗压强度低等原因，限制了在建筑保温领域的应用。

通过将两种材料进行复合处理，实现二者的优势互补，以膨胀珍珠岩作为载体，采用真空浸渍吸附的工艺，将气凝胶吸入膨胀珍珠岩内部孔洞中，经老化处理、溶剂置换和表面改性，最终经干燥形成二氧化硅-膨胀珍珠岩气凝胶新型复合保温材料。

二、实验设备与原料

1. 主要设备

参与实验的主要设备有集热式恒温磁力搅拌器、pH 计、电热恒温水槽、真空吸附装置、电热鼓风干燥箱。

2. 主要原料

实验采用的主要原料包括正硅酸乙酯、三甲基氯硅烷、甲基三乙氧基硅烷、无水乙醇、超纯水、正己烷、盐酸、氨水、膨胀珍珠岩。

三、实验项目的配方设计

按给出的应用场合设计符合应用要求的二氧化硅-膨胀珍珠岩复合保温材料配方，正硅酸乙酯（TEOS）、甲基三乙氧基硅烷（MTES）、无水乙醇（EtOH）和超纯水（H_2O）的摩尔比为 1∶0.3∶14∶6。

二氧化硅-膨胀珍珠岩复合保温材料的制备，采用溶胶-凝胶法制备气凝胶，主要包括湿凝胶的合成、老化处理、溶剂置换、表面改性和干燥过程。具体制备流程如图 11-1 所示。

四、实验操作步骤

1. 二氧化硅气凝胶的制备

（1）将一定摩尔比的正硅酸乙酯（TEOS）、甲基三乙氧基硅烷（MTES）、超纯水（H_2O）、无水乙醇（EtOH）在烧杯中混合均匀。

（2）缓慢向上述混合液中滴加盐酸溶液，调节混合溶液的 pH 为 2.5，在特定温度水浴磁力搅拌器中持续搅拌一定时间以促进硅源充分水解。

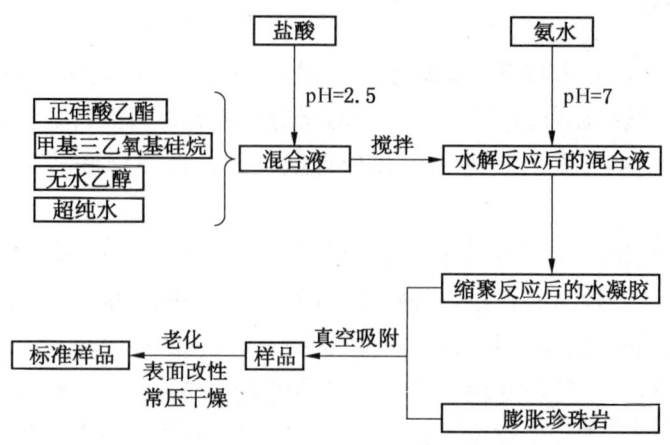

图 11-1　二氧化硅-膨胀珍珠岩复合保温材料制备流程

（3）加入氨水溶液，调节凝胶过程的 pH 为 7，促进体系发生缩聚反应。

（4）在室温下等待水溶胶形成湿凝胶。

（5）湿凝胶刚形成时，其内部的骨架结构强度较低，需要将湿凝胶放置在无水乙醇溶液中进行老化处理。

（6）老化结束后，将湿凝胶放置在选定体积比的 TMCS/EtOH/n – Hexane 混合溶液中，溶剂置换和表面改性一定时间。

（7）溶剂置换和表面改性结束后，用正己烷溶剂清洗湿凝胶，除去三甲基氯硅烷和无水乙醇等杂质。然后将湿凝胶放在干燥箱中，从 25 ℃ 到 140 ℃ 常压分段干燥，冷却至室温后得到最终产品。

2. 二氧化硅-膨胀珍珠岩气凝胶复合保温材料的制备

（1）将一定摩尔比的正硅酸乙酯（TEOS）、甲基三乙氧基硅烷（MTES）、超纯水（H_2O）、无水乙醇（EtOH）在烧杯中混合均匀，缓慢向上述混合液中滴加盐酸溶液，调节混合溶液的 pH 为 2.5，在 25 ℃ 水浴磁力搅拌器中持续搅拌一定时间以促进硅源充分水解；然后加入氨水溶液。调节凝胶过程的 pH 为 7，促进体系发生缩聚反应，控制凝胶时间在 60 min 左右。

（2）将未凝固的水溶胶倒入装有膨胀珍珠岩的容器中。

（3）将容器密封并开启循环水式真空泵抽真空，通过调节真空泵的真空度来控制水溶胶的吸附压力，吸附一定时间后关闭真空泵，等待凝胶。

（4）后续老化干燥处理同二氧化硅气凝胶制备方法。

五、实验数据和过程记录

（1）将相关实验数据记录于表 11-4 中。

表 11-4　二氧化硅-膨胀珍珠岩复合保温材料制备实验数据记录

时　间	操　作	现　象

(2) 记录实验过程中出现的现象，并分析出现此类现象的原因。
(3) 根据实验过程及产品品质建立实验参数与产品质量的基本关系，并说明改进的方法。
(4) 从不同角度对成型样品拍照，并将照片展示在报告中。

六、实验操作注意事项

(1) 滴加盐酸的时候一定要缓慢滴加，注意 pH 的变化。
(2) 必须保证硅源充分水解。
(3) 滴加氨水调节凝胶过程 pH 时需准确控制。

任务三　防水保温高强石膏板的制备

【实验目的与要求】
(1) 阐述发泡法制备发泡保温石膏的方法。
(2) 阐述石膏的耐水原理。
(3) 完成防水保温高强石膏板的制备操作。

一、实验原理

石膏为轻质多孔材料，吸水率高，一般石膏制品的吸水率高达 40%，石膏的水化产物二水硫酸钙晶体的溶解度比较大（2 g/L），遇水易溶蚀，使制品强度、硬度降低、石膏硬化体的软化系数为 0.2～0.3，即耐水性是较差的。石膏的水溶性和在潮湿环境下强度的迅速下降大大限制了石膏的使用。从理论上来讲，要改善石膏的耐水性，目前主要措施是：保证石膏硬化浆体结晶结构的形成；在保证一定强度的前提下，减少接触点的数量；保证石膏硬化装体有较高的密实度，即减小孔隙率的孔径尺寸、减少结构裂隙等。从生产工艺上来讲，目前国内外对改善石膏耐水性的方法主要有三种：制品表面处理、掺加无机材料改性和掺加高分子聚合物。高分子聚合物可以从内部改善石膏的结构，提高石膏的耐水性，由于掺入量小。适用于提高轻质石膏板材的防水性能。

二、实验设备与原料

1. 主要设备

参与实验的主要设备有电子天平、机械搅拌机、鼓风干燥箱、试模。

2. 主要原料

实验采用的主要原料如下：

（1）α-半水石膏粉：产品纯度大于95%，晶体尺寸小于60 μm，标稠水膏比0.32。

（2）发泡剂：茶皂素，活性物含量≥60%。

（3）防水剂：透明液体，主要成分为有机硅烷。

（4）可再分散乳胶粉：型号8034H是一种遇水可再分散的憎水性的乙烯/月桂酸乙烯酯/氯乙烯三元共聚胶粉，固含量(99±1)%；型号5010N是一种抗皂化的可再分散醋酸乙烯/乙烯共聚胶粉，固含量(99±1)%。

（5）三偏磷酸钠（STMP，化学式$Na_3P_3O_9$）产品纯度≥99%。

（6）凝结时间调节剂：硫酸钾（K_2SO_4），产品纯度>99%。

（7）SMF高效减水剂，产品为由磺化三聚氰胺甲醛树脂聚合物经离心喷雾干燥制成的超塑化剂，有效成分(95±2)%。

三、实验项目的配方设计

按给出的应用场合设计符合应用要求的防水保温轻质高强石膏板基础配方。以α-半水石膏为主要原料，开发一种防水保温轻质高强石膏板的配方见表11-5。防水保温轻质高强石膏板制备流程如图11-2所示。

表11-5 防水保温轻质高强石膏板的配方

材料	α-HH	8034 H	5010 N	有机硅防水剂	茶皂素	STMP	K_2SO_4	SMF
掺量	100	1	1	1 L/m²	0.08%	4%	0.5	0.2

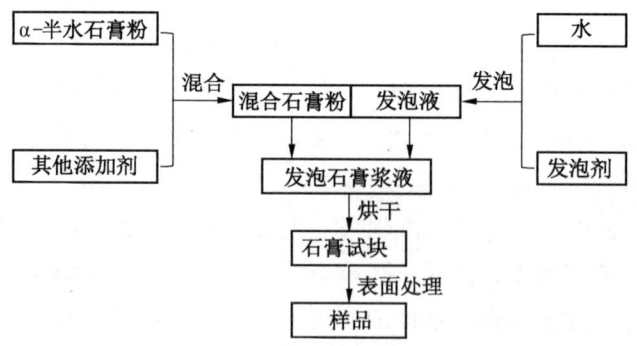

图11-2 防水保温轻质高强石膏板制备流程

四、实验操作步骤

（1）将 100 份 α-半水石膏与 1 份 8034 H 可再分散乳胶粉、1 份 5010 N 可再分散乳胶粉、0.5 份硫酸钾和 0.2 份 SMF 减水剂进行混合，搅拌充分得到混合石膏粉。

（2）将 0.032 份的茶皂素加入到 40 份的水中，机械搅拌，搅拌速率为 1500 r/min，搅拌时间为 60 s，得到发泡液。

（3）将发泡液倒入混合石膏粉中，进行充分搅拌得到发泡石膏浆液。

（4）将发泡石膏浆液倒入预先准备好的试模中，并放入烘箱中烘干得到石膏试块。

（5）将硬化后的石膏试块放入有机硅防水剂中浸泡 2 h，取出干燥得到防水石膏试块。

（6）将质量分数为 4% 的三偏磷酸钠喷涂在干燥后的防水石膏试块上，喷涂量为 0.2 g/cm，干燥后得到防水保温轻质高强石膏板。

五、实验数据和过程记录

（1）将相关实验数据记录于表 11-6 中。

表 11-6 防水保温轻质高强石膏板制作实验数据记录

编号	A-半水石膏	8034H	5010N	有机硅防水剂	茶皂素	STMP	K_2SO_4	SMF	现象
1									
2									
3									
4									
5									

（2）记录实验过程中出现的现象，并分析出现此类现象的原因。

（3）根据实验过程及产品品质建立实验参数与产品质量的基本关系，并说明改进的方法。

（4）从不同角度对成型样品拍照，并将照片展示在报告中。

六、实验操作注意事项

（1）物料称量尽量准确。

（2）物料混合过程中严格控制水的用量。

（3）实验过程中有粉尘，注意安全防护。

任务四　硅烷改性聚醚合成及其密封胶的制备

【实验目的与要求】
（1）掌握硅烷改性聚醚密封胶的制备原理。
（2）完成硅烷改性聚醚密封胶制备流程的操作。

一、实验原理

硅烷改性聚醚密封胶是一种以烷氧基硅烷封端的聚醚聚合物为基料，混合填料、增塑剂以及助剂而得到的黏稠膏状物。当涂覆使用于接合面之间的缝隙时，因接触空气或基材上的水分而开始聚合固化，最终以形成有黏结性的弹性体填充界面来达到密封和黏结的目的。密封胶的主链因存在聚醚结构单元和端硅烷结构使得其固化后兼有硅酮密封胶和聚氨酯密封胶的优点和长处，表现出弹性好、耐候性佳、绿色环保等优点，故被广泛应用于轨道交通、汽车制造、集装箱、电梯、建筑幕墙、瓷砖黏结以及室内装修等领域。通过采用大分子聚醚和带有异氰酸酯的硅烷原料，运用一步法合成了硅烷改性聚醚聚合物，同时将其用于硅烷改性聚醚密封胶配方中，制得环保型硅烷改性聚醚密封胶。

二、实验设备与原料

1. 主要设备
参与实验的主要设备有电子天平、机械搅拌器、鼓风干燥箱、双行星搅拌机。
2. 主要原料
实验采用的主要原料如下：
（1）聚丙二醇：PPG 8000。
（2）3－异氰酸酯基丙基三甲氧基硅烷：纯度96%。
（3）炭黑：N220。
（4）活性纳米碳酸钙：60~90 nm。
（5）聚酰胺触变剂：SLX。
（6）邻苯二甲酸二异癸酯（DIDP）。
（7）3－氨丙基三甲氧基硅烷（KH 540）：纯度97%。
（8）乙烯基三甲氧基硅烷：A171，纯度98%。
（9）二月桂酸二丁基锡（DBTDL）：纯度95%。
（10）活性炭附剂：200目。

三、实验项目的配方设计

按给出的应用场合设计符合应用要求的硅烷改性聚醚密封胶配方。硅烷改性聚醚密封胶的配方见表 11-7。

表 11-7 硅烷改性聚醚密封胶配方

组　　分	质量分数/%
硅烷改性聚醚	20~40
DIDP	10~20
碳酸钙	30~40
炭黑	5~15
聚酰胺触变剂 SLX	0~1
乙烯基三甲氧基硅烷	1~3
3-氨丙基三甲氧基硅烷	0.5~3
二月桂酸二丁基锡	0.2~0.5

四、实验操作步骤

1. 硅烷改性聚醚聚合物的制备

（1）将 500 g PPG 8000 在 100 ℃下减压脱水 1~2 h 后，在氮气保护下降温至 50~110 ℃。

（2）按照一定比例加入 3-异氰酸酯基丙基三甲氧基硅烷和二月桂酸二丁基锡，混合搅拌。

（3）测定和监控 -NCO 的含量，当其含量不再改变时结束反应。

（4）加入质量分数为 0.1% 的无水乙醇去除可能残留的微量 3-异氰酸酯基丙基三甲氧基硅烷。

（5）后加入质量分数为 0.5% 的乙烯基三甲氧基硅烷和 0.01% 的活性炭吸附剂，在氮气气氛下 60 ℃搅拌 2 h，吸附除去体系中的锡催化剂。

（6）过滤后密封保存，获得无游离异氰酸酯的硅烷改性聚醚聚合物。在合成过程中，控制 $n(NCO):n(OH)=(1.1~1.3):1$。催化剂质量分数为 0~0.14%。

2. 硅烷改性聚醚密封胶的制备

（1）将合成的硅烷改性聚醚聚合物、增塑剂 DIDP、填料活性纳米碳酸钙按表 11-7 配方加入双行星机中搅拌混合，在 100 ℃下真空脱水 1 h 后，降至室温。

（2）加入乙烯基三甲氧基硅烷（A171）、3-氨丙基三甲氧基硅烷和二月桂酸二丁基锡，真空搅拌 10 min 后灌装出料，制得硅烷改性聚醚密封胶。

五、实验数据和过程记录

(1) 将相关实验数据记录于表 11-8 中。

表 11-8 硅烷改性聚醚密封胶制作实验数据记录

时 间	操 作	现 象

(2) 记录实验过程中出现的现象。并分析出现此类现象的原因。
(3) 根据实验过程及产品品质建立实验参数与产品质量的基本关系,并说明改进的方法。
(4) 从不同角度对成型样品拍照,并将照片展示在报告中。

六、实验操作注意事项

(1) 物料称量尽量准确。
(2) 反应前原料需进行脱水处理
(3) 实验过程中应注意观察密封胶的黏度变化。

任务五 新型保温防水结构和施工工艺的探讨与研究

【实验目的与要求】

(1) 阐述保温防水一体化结构设计原理。
(2) 按照保温防水一体化结构施工工艺方法完成实验。

一、实验原理

建筑物防水及保温通常采用两个独立的体系,二者功能没有相互交叠。即防水材料不体现保温功能,保温材料又不体现防水功能。在实际使用过程中,因防水层失效而对结构保温层产生影响的案例屡见不鲜，而保温层含水率对建筑防水层也会产生影响。建筑防水保温层失效会对结构耐久性能、建筑物的正常使用、建筑能耗产生影响，而随之而来的屋面返修处理又会产生大量垃圾严重浪费社会资源。因此，建筑物防水及保温两项功能一体化设计与施工成为解决上述问题的重要途径。

国内建筑物屋面系统构造做法主要分为两类，即正置式与倒置式，正置式即将保温层置于防水层下面，该方式为传统屋面构造做法，对保温材料没有太高要求，但施工程序复杂，且使用寿命周期短。倒置式屋面构造做法即将憎水性的保温材料置于防水层上部。该方法对屋面保温材料要求较高且成本较大，但可以避免屋面防水层受外界温度的影响，延长防水层使用寿命。

在实际工程中，相关技术人员应注重材料的选取。选择适用于本工程、本地区气候条件的防水材料。避免因选材不当影响建筑防水性能。施工人员应注重做好图纸技术交底，把握施工过程的重要节点，及时检查处理施工过程出现的漏洞。设计人员应严格参照相应规范、选取合适的防水材料，多道设防，详细标识建筑细部节点防水构造。建筑交付使用后，物业相关部门管理人员应注重建筑屋面后期的维护，避免后期建筑屋面新增设施施工时影响屋面防水层。

二、实验设备、用品与原料

1. 主要设备

参与实验的主要设备有电子天平、磨砂分散两用机、鼓风干燥箱、旋转黏度仪。

2. 主要原料

实验采用的主要原料有 MAC 防水保温板、高分子自黏橡胶复合防水卷材、聚氨酯硬泡体保温隔热层、水泥基卷材、硅酮密封胶、隔气层材料等。

三、实验项目的配方设计

按给出的应用场合设计符合应用要求的保温防水一体化结构。以某工程为例，该工程屋面设计防水等级为 1 级，屋面防水保温采用橡胶沥青防水涂料 + MAC 防水保温板，橡胶沥青防水涂料用作该工程屋面防水的第一道防线，同时也充当 MAC 防水保温板的黏结层，橡胶沥青防水涂料与 MAC 防水保温板共同承担屋面防水保温功能。具体屋面构造做法如图 11-3 所示。

四、实验操作步骤

1. 施工工序

防水保温一体化施工工序包括以下几个方面：基层验收，切割防水保温板，基层清理，加热沥青防水材料，节点处理，涂刷基层处理剂，弹定位线，涂刷橡胶沥青防水材料，铺设第一副板材，板材位置调整，平板振动，铺设下一幅板材，板材拼接，板材铺设

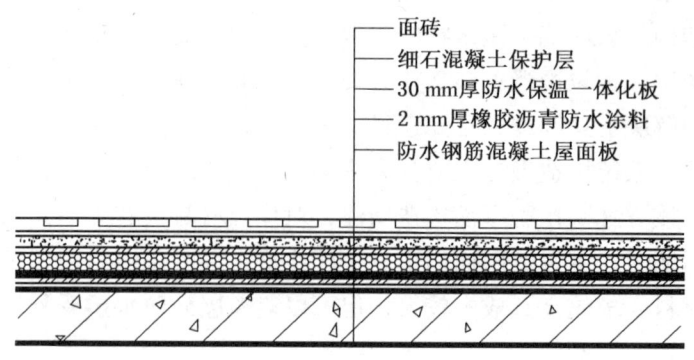

图 11-3 保温防水一体化屋面构造

完成，铺设细石混凝土层，面砖铺设，检查验收。

2. 施工细节

（1）基层验收。在防水工程开始施工前，应对基层进行验收，确保达到屋面防水施工要求。

（2）基层清理。采用扫帚、铁铲等将基层表面水泥浆体、砂石等杂物清理干净，对屋面凹凸部位进行清理，保证屋面的平整度，必要时可以使用高压水枪、打磨机等对屋面凸起的水泥浆体进行清理。

（3）加热沥青防水材料。对块状的橡胶沥青防水材料进行加热，并注意控制加热温度。

（4）节点处理。对屋面的防水口、后浇带等部位进行防水处理，处理方式为涂刷橡胶沥青防水材料＋网格布。

（5）涂刷橡胶沥青防水材料。将加热完成的橡胶沥青防水材料进行涂刷，沥青涂料的用量为 2.5 kg/m²。在橡胶沥青涂料施工中，应注意控制沥青材料涂抹均匀。施工时将防水保温板折起，将板材沿涂料涂刷方向铺设，并注意位置校正。

（6）铺设下一幅板材。下一幅板材铺设应紧靠上一幅板材铺设，相邻板材注意平齐，相邻板缝宽度控制不超过 50 mm，如若铺设过程中板缝宽度过大，应进行填缝处理。板材完成后，采用平板振动器振动排出黏结界面的气泡，确保防水保温板与基层黏结紧密。

（7）板材搭接。板材铺设完成后，应进行板材间的搭接，搭接采用网格布＋涂料＋镀铝膜，在灌封完成的板拼接边界上铺贴网格布，随后在其表面涂抹防水涂料，最后在涂料的表面覆盖镀铝膜，镀铝膜宽度为 160 mm。

五、实验数据和过程记录

（1）将相关实验数据记录于表 11-9 中。

表 11-9 保温防水一体化屋面构造实验数据记录

时　间	操　作	现　象

（2）记录实验过程中出现的现象，并分析出现此类现象的原因。

（3）根据实验过程及产品品质建立实验参数与产品质量的基本关系，并说明改进的方法。

（4）从不同角度对成型样品拍照，并将照片展示在报告中。

六、实验操作注意事项

（1）施工前基层应清理干净。

（2）严格按照施工工序操作。

任务六　防水保温一体化板的制备研究

【实验目的与要求】

（1）掌握防水保温一体化板的制备方法。

（2）阐述保温、防水材料的技术特点。

一、实验原理

防水保温一体化板指建筑物外墙的保温、隔热、防水功能由一种材料承担即外墙外保材料不但能起到保护墙体结构的作用同时还减少了外界温度、湿度各种射线对主体的影响，适合的保温隔热材料不仅能达到节能保温的目的，还能延长建筑物的寿命。

外墙保温一体化板是由黏结层、保温层、锚固件及密封材料等组成。不仅适用于新建筑的外墙保温与装饰，也同样适用于旧建筑的节能和装饰改造；既适用于各类公共建筑，也同样适用于住宅建筑的外墙外保温；既适用于北方寒冷地区的建筑，也同样适用于南方炎热地区的建筑。

现有的外墙保温板一般使用岩棉作为芯板。岩棉保温板是以玄武岩及其他天然矿石等

▶ 建 筑 材 料

为主要原料制成非连续性纤维,加入一定量的黏结剂等辅助剂,再经过沉降、固化、切割等工艺制成不同密度的板状产品。用于工业设备、建筑的绝热隔声等;同时随着建筑节能观念的推广,岩棉保温板的使用范围也越来越广,其种类也越来越多。

二、实验设备与原料

1. 主要设备

参与实验的主要设备有加热炉、模具。

2. 主要原料

实验采用的主要原料有岩棉带、玻璃纤维网格布、砂浆、胶黏剂、锚栓。

三、实验项目的配方设计

该实验设计一种防火防水保温一体化外墙板的制作方法,包括取岩棉带作为保温板芯板,将玻纤网格布与调制好的砂浆混合得到玻纤砂浆混合物;将岩棉带芯板的正反两面刷涂砂浆,再将玻纤砂浆混合物与岩棉带芯板进行滚压处理,多次干燥、翻面以及多次养护。

四、实验操作步骤

(1) 取岩棉带作为保温板芯板,将玻纤网格布与调制好的砂浆混合,得到玻纤砂浆混合物。

(2) 将岩棉带芯板的正反两面刷涂砂浆,并将步骤(1) 得到的玻纤砂浆混合物与岩棉带芯板进行滚压处理,然后使用加热炉对复合板进行干燥处理,干燥时间为 4~8 h,温度为 120~300 ℃,得到第一复合板。

(3) 将第一复合板再次进行滚压处理,继续使用加热炉对复合板进行干燥处理,干燥时间为 4~8 h,温度为 120~300 ℃,得到第二复合板。

(4) 将第二复合板按照规格进行切割得到基础岩棉带复合板。并对基础岩棉带复合板进行养护。

(5) 利用翻板结构将基础岩棉复合板进行翻面处理再次进行养护,得到岩棉带复合板。

(6) 以岩棉带复合板作为保温层,其一面涂覆抹面砂浆层,抹面层内设有多个外墙保温用锚栓。且每平方米锚栓数量大于等于 6 个,岩棉带复合板另一面涂覆胶黏剂黏结层,且黏结面要大于等于岩棉带复合板面积的 60%,最终得到免拆模板即为防水保温一体板。

五、实验数据和过程记录

(1) 将相关实验数据记录于表 11-10 中。

表 11-10 保温防水一体板制作实验数据记录

时 间	操 作	现 象

（2）记录实验过程中出现的现象，并分析出现此类现象的原因。

（3）根据实验过程及产品品质建立实验参数与产品质量的基本关系，并说明改进的方法。

（4）从不同角度对成型样品拍照，并将照片展示在报告中。

六、实验操作注意事项

（1）岩棉带芯板刷涂砂浆需均匀。

（2）干燥处理温度较高，避免烫伤。

任务七　建筑陶瓷砖的制备

【实验目的与要求】

（1）简述建筑陶瓷的分类及原料组成。

（2）阐述建筑陶瓷砖的制备流程和技术要点并能进行制备操作。

一、实验原理

陶瓷砖是由黏土和其他无机非金属原料，经研磨、混合、压制、施釉及烧结等过程，而形成的一种耐酸、耐碱的瓷质或石质的板状或块状陶瓷制品，用于装饰与保护建筑物、构筑物的墙面和地面的材料。其原材料多由黏土、石英砂，在室温下通过干压、挤压或其他成型方法成型，然后干燥，在一定温度下烧制而成。通过优化陶瓷砖的配方及原材料的种类、用量等工艺条件制备性能符合要求的陶瓷砖，同时能降低成本，治理环境污染，对人们的生活和社会经济效益有巨大的帮助。

二、实验设备与原料

1. 主要设备

参与实验的主要设备有电子天平、球磨机、干燥箱、干压成型机、马弗炉。

2. 主要原料

实验采用的主要原料有紫砂泥、煤矸石、长石、润滑剂。

三、实验项目的配方设计

按给出的应用场合设计符合应用要求的陶瓷砖基础配方。建筑陶瓷砖的基础配方见表 11-11。

表 11-11 建筑陶瓷砖的基础配方

原　料	含量/%
紫砂泥	50
煤矸石	30
长石	20

建筑陶瓷砖胚料制备实验的工艺流程如图 11-4 所示。

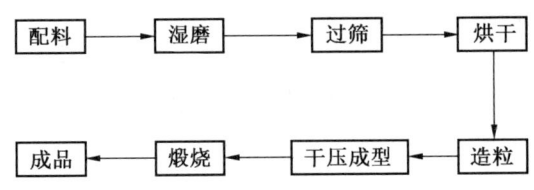

图 11-4 陶瓷砖胚料制备工艺流程

四、实验操作步骤

（1）称料。按照实验配方比例，用电子天平精确称量原料。

（2）球磨。将称量好的原料，装入行星球磨罐，按照球∶料∶水 = 1∶(2~1.5)∶0.6 的比例加入水和原料以及辅助原料，球磨 40 min，转速 300 r/min。

（3）造粒。将球磨出来的原料过 100 目的筛子，烘干，再加入 7% 左右的水，造粒，过 80 目筛。

（4）干压成型。加入润滑剂以减少颗粒与模具表面的摩擦和颗粒之间的摩擦。将处理后的粉体装入模具，用干压成型机以一定压力和压制方式使粉料成为致密坯体。

(5) 干燥。将成型后的试样放入干燥箱中干燥。
(6) 煅烧。将烘干好的试条放入箱式电阻炉中,在设定的最高烧成温度下保温 30 min,自然冷却后从马弗炉中取出,备用,然后进行性能检测。

五、实验数据和过程记录

(1) 将相关实验数据记录于表 11-12 中。

表 11-12 陶瓷砖制作实验数据记录

时　间	操　作	现　象

(2) 记录实验过程中出现的现象,并分析出现此类现象的原因。
(3) 根据实验过程及产品品质建立实验参数与产品质量的基本关系,并说明改进的方法。
(4) 从不同角度对成型样品拍照,并将照片展示在报告中。

六、实验操作注意事项

(1) 物料称量尽量准确。
(2) 严格控制煅烧的时间和温度。
(3) 压制成型的过程中尽量排出气泡。

任务八　建筑钢材性能的测定

【实验目的与要求】

(1) 完成钢材的屈服强度、抗拉强度与伸长率的测定操作。
(2) 阐述钢材受拉的拉力与应变之间的关系。
(3) 完成检验钢材冷弯性能的操作。

▶ 建 筑 材 料

一、实验原理

抗拉强度是建筑钢材最重要的性能之一。由拉力实验测定的屈服点、抗拉强度和伸长率是钢材抗拉性能的主要技术指标。钢材的受拉性能,可通过低碳钢受拉时的应力-应变图阐明。低碳钢在常温和静载条件下,要经历4个过程,即弹性阶段、塑性阶段、应变强化阶段和颈缩断裂阶段。钢材的抗拉性能通过伸长率等指标来反应。

冷弯性能是指钢材在常温下承受弯曲变形的能力,是建筑钢材的重要工艺性能。钢材的冷弯性能指标用试件在常温下所能承受的弯曲程度表示。弯曲程度则通过试件被弯曲的角度和弯心直径对试件厚度的比值来区分。实验时采用的弯曲角度越大,弯心直径对试件厚度的比值越小,表示对冷弯性能的要求越高。按规定的弯曲角和弯心直径进行实验时,试件的弯曲处不发生裂缝、裂断或起层,即认为冷弯性能合格。

二、实验设备与原料

1. 主要设备

参与实验的主要设备有万能试验机、钢筋切割机、游标卡尺。

2. 主要原料

实验采用的主要原料为钢筋试件。

三、实验项目取样规定

应按批进行检查,每批由同一厂别、同一炉罐号、同一规格、同一交货状态、同一进场(厂)时间为一验收批,每批数量不大于60 t取一组试样。自每批钢筋中任意抽取2根,于每根距端部50 mm处各取一套试样(2根试件)。在每套试样中取一根作拉伸实验,另一根作冷弯实验。

四、实验方法和步骤

该实验依据《金属材料 弯曲试验方法》(GB/T 232—2010)和《金属材料 拉伸试验 第1部分:室温试验方法》(GB/T 228.1—2021)的规定进行。

(一)拉伸实验

1. 试件制作和准备

钢筋截取后,不得进行车削加工,在试件表面平行轴向方向划直线,在直线上冲击两标距端点,两端点间划分10等分标点,如图11-5所示。

2. 实验步骤

(1)测量标距长度L_0,精确至0.1 mm。

(2)车削试件分别测量标距两端点和中部的直径,求出截面面积,取3个面积中最小面积值F_0作为计算面积。不经车削的试件其截面面积A_0,按钢筋的公称直径计算,公称

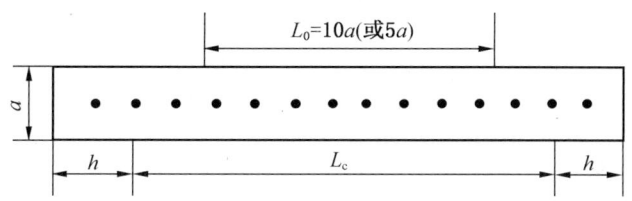

a—试样原始直径;L_0—标距长度;L_c—试样平行长度

(不小于L_0+a);h—夹头长度

图 11-5 钢材拉伸试件

直径为 8~10 mm 时,精确至 0.01 mm²;公称直径为 12~32 mm 时,精确至 0.1 mm;公称直径 32 mm 以上者,取整数。

(3)将试件固定在试验机夹头内开动试验机加荷,试件屈服前,加荷速度为 10 MPa/s,屈服后,夹头移动速度不大于 $0.5L_0/\min$。

(4)加荷拉伸时,当试验机刻度盘指针停止在恒定荷载,或不计初始效应指针回转时的最小荷载,就是屈服点荷载 F_s。

(5)继续加荷至试件拉断,记录刻度盘指针的最大荷载 F_b。

(6)将拉断试件在断裂处对接,并保持在同一轴线上。测量拉伸后标距两端点间的长度 L_1 精确至 0.1 mm。如试件拉断处到邻近的标距端点距离小于或等于 $L_0/3$,应按位移法确定 L_1(图 11-6),在长段上,从拉断处 O 点取基本等于短段格数,得 B 点。当长段所余格数为奇数时(图 11-6a),所余格数减 1 和加 1 之半,得 C,C_1 点,得 $AO+OB+BC+BC_1$ 为位移后得 L_1;当长段所余格数为偶时(图 11-6b),所余格数之半,得 C 点,得 $AO+OB+2BC$ 为位移后得 L_1。

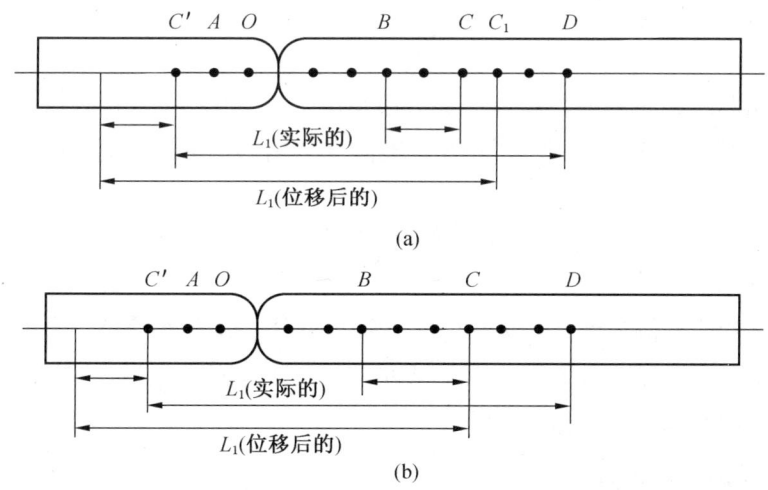

图 11-6 位移法测标距 L_1

3. 实验结果计算

（1）屈服强度 σ_s 按式（11-1）计算（精确至 10 MPa）

$$\sigma_s = \frac{F_s}{A_0} \tag{11-1}$$

（2）抗拉强度 σ_b 按式（11-2）计算（精确至 10 MPa）。

$$\sigma_b = \frac{F_b}{A_0} \tag{11-2}$$

（3）伸长 δ 按式（11-3）计算（精确至 1%）。

$$\delta_{10}(\delta_5) = \frac{L_1 - L_0}{L_0} \times 100\% \tag{11-3}$$

式中，δ_{10}、δ_5 分别表示 $L_0 = 10a$ 和 $L_0 = 5a$（a 为试样原始直径）时的伸长率。

（4）结果评定。

① 屈服点、抗拉强度、伸长率均应符合相应标准中规定的指标。

② 作拉伸检验的 2 根试件中，如有一根试件的屈服点、抗拉强度和伸长率 3 个指标中有一个指标不符合标准时，即为拉伸实验不合格，应取双倍试件重新测定；在第二次拉伸实验中，如仍有一个指标不符合规定。不论这个指标在第一次实验中是否合格；拉伸实验项目定为不合格，表示该批钢筋为不合格品。

③ 实验出现下列情况之一者，实验结果无效。

a）试件断在标距外或断在机械刻画的标距标记上，而且断后伸长率小于规定最小值；

b）操作不当，影响实验结果；

c）实验记录有误或设备发生故障。

（二）冷弯实验

1. 试件制作和准备

试样不经加工，长度 $L \approx 5a + 150$ mm（a 为试样原始直径）。

2. 实验步骤

（1）根据钢材等级选择好弯心直径和弯曲角度。

（2）根据试样直径选择压头和调整支辊间距。将试样放在试验机上。如图 11-7a 所示。

（3）开动试验机加荷弯曲试样达到规定的弯曲角度，如图 11-7b、图 11-7c 所示。

3. 结果评定

冷弯实验后弯曲外侧表面，如无裂纹、断裂或起层，即判为合格。作冷弯的 2 根试件中，如有一根试件不合格，可取双倍数量试件重新做冷弯实验。第二次冷弯实验中，如仍有一根不合格，即判该批钢筋为不合格品。

五、实验数据和过程记录

（1）将相关实验数据记录于表 11-13 中。

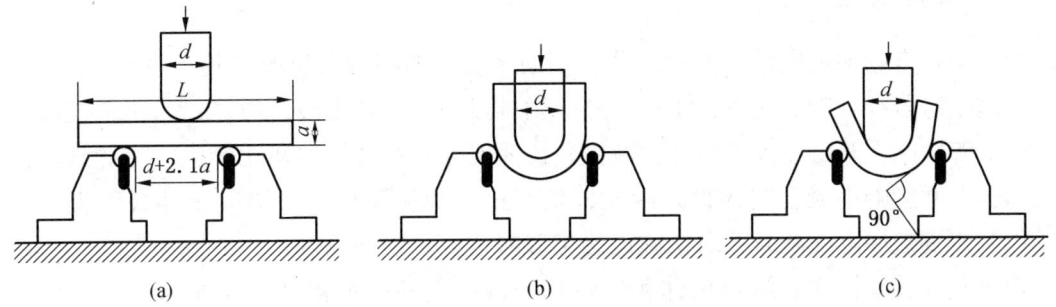

图 11-7 钢材冷弯实验装置

表 11-13 钢材拉伸实验数据记录

试件标号	钢筋直径 a/mm	试件面积 F_0/mm²	屈服荷载 P_S/N	屈服点 F_0/MPa	最大荷载 P_b/N	抗拉强度 σ_b/MPa	原标距长度 L_0/mm	断后标距长度 L_1/mm	伸长率/%
1									
2									
3									
4									
5									

(2) 记录实验过程中出现的现象,并分析出现此类现象的原因。

(3) 根据实验过程及产品品质建立实验参数与产品质量的基本关系,并说明改进的方法。

(4) 从不同角度对成型样品拍照,并将照片展示在报告中。

六、实验操作注意事项

(1) 标距尽量准确。

(2) 实验过程中注意安全,做好防护。

任务九 混凝土拌合物的制备与表观密度测定

【实验目的与要求】

(1) 掌握混凝土拌合物的制备方法。

(2) 掌握混凝土表观密度的测试方法。

▶ 建 筑 材 料

一、实验原理

混凝土拌合物的稠度根据构件尺寸、钢筋密度、捣实设备以及环境条件等因素确定。因此,施工时若拌合物的稠度大于设计值,则难以确保混凝土浇筑质量,易出现混凝土蜂窝、麻面等缺陷。若稠度大于设计值范围。说明混凝土拌合物水灰比增大,将导致混凝土强度降低,并影响混凝土耐久性。因此,生产过程中应该加强对混凝土拌合物稠度的检验,以利于发现问题,及时采取措施以确保混凝土拌合物的质量。

混凝土拌合物捣实后的单位体积质量称为混凝土的表观密度(kg/m^3)。拌合物的振实方法采用振动台和振棒两种,坍落度小于 70 mm 的混凝土宜用振动台振实,坍落度大于 70 mm 的宜用捣棒。混凝土拌合物表观密度的大小可以反映混凝土的密实程度,计算混凝土各种材料的用量须采用表观密度。

二、实验设备与原料

1. 主要设备

参与实验的主要设备有混凝土搅拌机、试样桶、捣棒、磅秤、振动台。

2. 主要原料

实验采用的主要原料有胶凝材料、粗骨料、细骨料、水。

三、实验项目取样规定

同一组混凝土拌合物的取样应从同一盘混凝土或同一车混凝土中取样。取样量应多于实验所需量的 1.5 倍,且宜不小于 20 L。混凝土拌合物的取样应具有代表性,宜采用多次采样的方法。一般在同一盘混凝土或同一车混凝土中约 1/4 处、1/2 处和 3/4 处分别取样,从第一次取样到最后一次取样不宜超过 15 min,然后人工搅拌均匀。

混凝土的配合比参照《普通混凝土用砂、石质量及检验方法标准》(JGJ 52—2006)的规定确定。

四、实验操作步骤

1. 混凝土拌合物的制备

(1)混凝土拌合物应采用搅拌机搅拌,搅拌前应将搅拌机冲洗干净,并预拌少量同种混凝土拌合物或水胶比相同的砂浆,搅拌机内壁挂浆后将剩余料卸出。

(2)称好的粗骨料、胶凝材料、细骨料和水应依次加入搅拌机,难溶和不溶的粉状外加剂宜与胶凝材料同时加入搅拌机,液体和可溶外加剂宜与拌合水同时加入搅拌机。

(3)混凝土拌合物宜搅拌 2 min 以上,直至搅拌均匀。

(4)混凝土拌合物一次搅拌量不宜少于搅拌机公称容量的 1/4,不应大于搅拌机公称容量,且不应少于 20 L。

(5) 实验室搅拌混凝土时,材料用量应以质量计。骨料的称量精度应为 ±0.5%;水泥、掺合料、水、外加剂的称量精度均应为 ±0.2%。

2. 混凝土拌合物表观密度的测定

(1) 表观密度实验的实验设备应符合下列规定:

① 容量筒应为金属制成的圆筒。筒外壁应有提手。骨料最大公称粒径不大于 40 mm 的混凝土拌合物宜采用容积不小于 5 L 的容量筒,筒壁厚不应小于 3 mm;骨料最大公称粒径大于 40 mm 的混凝土拌合物应采用内径与内高均大于骨料最大公称粒径 4 倍的容量筒。容量筒上缘及内壁应光滑平整,顶面与底面应平行并应与圆柱体的轴垂直。

② 电子天平的最大量程应为 50 kg,感量不应大于 10 g。

③ 振动台应符合现行行业标准《混凝土试验用振动台》(JG/T 245—2009)的规定。

④ 捣棒应符合现行行业标准《混凝土坍落度仪》(JG/T 248—2009)的规定。

(2) 混凝土拌合物表观密度测定实验步骤如下:

① 应将干净容量筒与玻璃板一起称重。

② 将容量筒装满水,缓慢将玻璃板从筒口一侧推到另一侧,容量筒内应满水并且不应存在气泡,擦干容量筒外壁,再次称重。

③ 两次称重结果之差除以该温度下水的密度应为容量筒容积 V;常温下水的密度可取 1 kg/L。

④ 容量筒内外壁应擦干净,称出容量筒质量 m,精确至 10 g。

(3) 混凝土拌合物试样应按下列要求进行装料,并插捣密实。

① 坍落度不大于 90 mm 时,混凝土拌合物宜用振动台振实。振动台振实时,应一次性将混凝土拌合物装填至高出容量筒筒口。装料时可用捣棒稍加插捣。振动过程中,混凝土低于筒口时,应随时添加混凝土,振动直至混凝土表面出浆为止。

② 坍落度大于 90 mm 时,混凝土拌合物宜用捣棒插捣密实。插捣时,应根据容量筒的大小决定分层与插捣次数。用 5 L 容量筒时,混凝土拌合物应分两层装入,每层的插捣次数应为 25 次;用大于 5 L 的容量筒时,每层混凝土的高度不应大于 100 mm,每层插捣次数应按每 10000 mm^2 截面不小于 12 次计算。各次插捣应由边缘向中心均匀地插捣,插捣底层时捣棒应贯穿整个深度,插捣第二层时,捣棒应插透本层至下一层的表面。每一层捣完后用橡皮锤沿容量筒外壁敲击 5~10 次,进行振实,直至混凝土拌合物表面插捣孔消失并不见大气泡为止。

③ 自密实混凝土应一次性填满,且不应进行振动和插捣。

④ 将筒口多余的混凝土拌合物刮去,表面有凹陷应填平;将容量筒外壁擦净,称出混凝土拌合物试样与容量筒总质量 m_2,精确至 10 g。

(4) 混凝土拌合物表观密度应按式 (11-4) 计算:

$$\rho = \frac{m_2 - m_1}{V} \times 1000 \tag{11-4}$$

▶ 建 筑 材 料

式中　ρ——混凝土拌合物表观密度，kg/m^3，精确至 $10\ kg/m^3$；

m_1——容量筒质量，kg；

m_2——容量筒和试样总质量，kg；

V——容量筒容积，L。

五、实验数据和过程记录

（1）将相关实验数据记录于表 11-14 中。

表 11-14　混凝土拌合物配合比及表观密度实验数据记录

编号	水泥	粗骨料	砂	水	外加剂	表观密度	现象
1							
2							
3							
4							
5							

（2）记录实验过程中出现的现象，并分析出现此类现象的原因。

（3）根据实验过程及产品品质建立实验参数与产品质量的基本关系，并说明改进的方法。

（4）从不同角度对成型样品拍照，并将照片展示在报告中。

六、实验操作注意事项

（1）对于集料公称最大粒径不大于 31.5 mm 的拌合物采用 5 L 的试样筒，对于集料公称最大粒径大于 31.5 mm 的混凝土拌合物采用的试样筒，其内径与高度均应大于集料公称最大粒径的 4 倍。

（2）实验前用湿布将集料筒内外擦拭干净。

（3）对坍落度不小于 70 mm 混凝土，宜采用人工捣实。对于 5 L 的试样筒，分两层装入，每层插捣 25 次；对于大于 5 L 的试样筒，每层装入的混凝土高度不大于 100 mm，插捣次数不小于 12 次/10000 mm^2，物料称量尽量准确。

任务十　水泥净浆强度的测定

【实验目的与要求】

（1）掌握水泥净浆强度的测定方法。

（2）阐述国家标准对水泥净浆强度的技术指标要求。

一、实验原理

水泥净浆是利用水泥和水拌和均匀而成的具有流动度好、不泌水、收缩率小、具有一定可塑性且硬化后强度稳定的混合物。实际中,水泥净浆一般应用在采用后张法的预应力混凝土结构中的孔道压浆,现行的关于水泥净浆检测标准只是相关标准附带提及,未有关于净浆的稠度和流动度及强度检测的统一标准。

二、实验设备与原料

1. 主要设备及用品

参与实验的主要设备有万能试验机、水泥净浆搅拌机、试模、磅秤、振动台。

2. 主要原料

实验采用的主要原料有水泥 P.Ⅱ52.5R、水。

三、实验项目的实验方法

参照《混凝土结构工程施工质量验收规范》(GB 50204—2015) 第 6.5.3 条的规定进行实验,即每组水泥净浆试件由 6 个边长为 70.7 mm 的立方体试块组成,水泥净浆立方体抗压强度实验的加荷速度为 0.25~1.5 kN/s。

水泥净浆的抗压强度为 6 个试件的强度平均值,在 1 组试件中如果抗压强度最小值或者最大值与平均值的偏差超过 20%,则采用强度值在中间的 4 个试件的平均值作为此组试件的强度评定值。

四、实验操作步骤

1. 水泥净浆的拌制

用水泥净浆搅拌机搅拌,搅拌锅和搅拌叶片先用湿布擦一遍。将拌合水倒入搅拌锅内,然后在 5~10 s 内将称好的 500 g 水泥小心加入水中(水灰比为 0.3~0.7),防止水和水泥溅出。拌和时,先将锅放在搅拌机的锅座上,顺时针转动锅至锁紧,再扳动手柄使搅拌锅上升至搅拌工作定位位置,启动搅拌机,低速搅拌 120 s,停 15 s,同时将叶片和锅壁上的水泥浆刮入锅中间,接着高速搅拌 120 s,停机。扳动手柄使搅拌锅向下移,逆时针转搅拌锅至松开位置,取下搅拌锅。

2. 水泥净浆试件制作与养护

(1) 试件用振实台成型时,将空试模(70.7 mm×70.7 mm×70.7 mm)和模套固定在振实台上。

(2) 用一个适当的勺子直接从搅拌锅里将水泥净浆分两层装入试模。装第一层时,每个槽里约放 300 g 水泥净浆,用大播料器在模套顶部沿每个模槽来回一次将料层播平,接着振实 60 次。再装入第二层水泥净浆,用小播料器播平,再振实 60 次。移走模套,从振实台上取下试模,用一金属直尺以近似90°方向以横向锯割动作慢慢向另一端移动,一次将超过试模部分的水泥净浆刮去,并用同一直尺在近乎水平的情况下将试体表面抹平。在试模上做标记或加字条标明试件编号和试件相对于振实台的位置。

(3) 去掉留在模子周围的水泥净浆,立即将试模送入养护箱中,做好标记。养护时不应将试模放在其他试模上,一直养护到规定的脱模时间时取出脱模。2个龄期以上的试体。在编号时应将同一试模中的3条试体分在2个以上龄期内。

(4) 脱模。对于24 h龄期的,应在破型实验前20 min内脱模;对于24 h以上龄期的,应在成型后20~24 h的脱模。砌筑水泥成型24 h后尚不易脱模时,可适当延长养护时间,但不应超过48 h,并做好记录。

(5) 脱模后将试件立即放在(20±1)℃的水中养护28 d。水平放置时刮平面应朝上。试件放在不易腐烂的箅子上,并彼此间保持一定的间距,以让水与试件的6个面接触。

(6) 到实验龄期的水泥试体应在实验(破型)前15 min从中取出,揩去试体表面的沉积物,并用湿布覆盖至实验为止。

3. 水泥净浆试件抗压实验

水泥净浆试件在标准养护龄期28 d后,使用万能试验机进行水泥净浆试块的抗压强度实验。抗压强度实验前应检查其外观,将净浆试块表面擦拭干净,并测量净浆试块的尺寸。当实测的尺寸与公称尺寸的差值不超过1 mm时,可按照公称尺寸进行计算;当差值超过1 mm时,按照实测尺寸进行试件承压面积的计算,并记录实验数据。

(1) 水泥净浆试件在标准养护龄期28 d后,从养护地点取出后,应尽快进行实验,以免试件内部温湿度发生显著变化。实验前先将试件擦拭干净,测量尺寸,并检查其外观。试件尺寸测量精确至1 mm,并据此计算试件的承压面积。如实测尺寸与公称尺寸之差不超过1 mm,可按公称尺寸进行计算。

(2) 将试件安放在试验机的下压板(下垫板)上,试件的承压面与成型时的顶面垂直,试件中心应与试验机下压板(下垫板)中心对准。开动试验机,当上压板(上垫板)与试件接近时调整球座,使接触面均衡受压。承压实验应均匀而连续地加荷,当试件接近破坏而迅速变形时,停止调整压力机油门,直至试件破坏,然后记录破坏荷载。

(3) 水泥净浆立方体抗压强度按式(11-5)计算(精确至0.1 MPa):

$$f_{m,cu} = \frac{N_\mu}{A} \qquad (11-5)$$

式中 $f_{m,cu}$——水泥净浆立方体抗压强度,MPa;

N_μ——立方体破坏载荷,N;

A——试件承压面积,mm^2。

五、实验数据和过程记录

(1) 将相关实验数据记录于表11-15中。

(2) 记录实验过程中出现的现象,并分析出现此类现象的原因。

(3) 根据实验过程及产品品质建立实验参数与产品质量的基本关系,并说明改进的方法。

(4) 从不同角度对成型样品拍照,并将照片展示在报告中。

表 11-15 水泥净浆强度实验数据记录

试样编号	水泥 P.Ⅱ 52.5R	水	抗压强度/MPa	操作	现象
1					
2					
3					
4					
5					

六、实验操作注意事项

(1) 试件养护期间注意观察试件养护情况,及时补充水量。

(2) 试件养护完成后,应尽快实验。

参 考 文 献

[1] 张光磊. 新型建筑材料[M]. 北京:中国电力出版社,2018.
[2] 吴蓁,徐小威,高珏. 建筑节能防水材料制备及检测实验教程[M]. 上海:同济大学出版社,2018.
[3] 陈桂萍. 建筑材料[M]. 北京:北京邮电大学出版社,2018.
[4] 许明丽,崔瑞,张志. 建筑材料[M]. 武汉:华中科技大学出版社,2014.
[5] 汪绯. 建筑工程材料[M]. 北京:高等教育出版社,2019.
[6] 陈立军,张春玉,赵洪凯. 混凝土及其制品工艺学[M]. 北京:中国建材工业出版社,2012.
[7] 宋少民,王林. 混凝土学[M]. 武汉:武汉理工大学出版社,2013.
[8] 李国新,宋学锋. 混凝土工艺学[M]. 北京:中国电力出版社,2013.
[9] 张爱勤,李晶,张旭,等. 混凝土性能与检测技术[M]. 哈尔滨:哈尔滨工业大学出版社,2012.
[10] 向积波,黎万凤,刚宪水. 建筑工程材料[M]. 北京:北京大学出版社,2018.
[11] 周玉. 材料分析方法[M]. 北京:机械工业出版社,2011.
[12] 王晓敏. 工程材料学[M]. 哈尔滨:哈尔滨工业大学出版社,2017.
[13] 赵焕起. 建筑废弃物再生骨料干粉砂浆的制备和性能研究[D]. 济南:济南大学,2014.
[14] 陆丽嫦. 环保节能型建筑材料的应用与发展分析[J]. 中华民居(下旬刊),2014,(1):17-19.
[15] 李红波. 建筑废弃物在建筑材料中的应用[J]. 城市建设理论研究:电子版,2014(35).
[16] 吴星. 传统建筑营建中的废旧材料再利用案例研究[D]. 天津:天津大学,2013.
[17] 胡越,游亚鹏. 塑料外衣:塑料建筑与外墙概览[M]. 上海:同济大学出版社,2016.